樹莓派

RaspberryPi

感謝您購買旗標書,
記得到旗標網站
www.flag.com.tw
更多的加值內容等著您⋯

● FB 官方粉絲專頁:旗標知識講堂

● 旗標「線上購買」專區:您不用出門就可選購旗標書!

● 如您對本書內容有不明瞭或建議改進之處,請連上旗標網站,點選首頁的 聯絡我們 專區。

　若需線上即時詢問問題,可點選旗標官方粉絲專頁留言詢問,小編客服隨時待命,盡速回覆。

　若是寄信聯絡旗標客服email,我們收到您的訊息後,將由專業客服人員為您解答。

　我們所提供的售後服務範圍僅限於書籍本身或內容表達不清楚的地方,至於軟硬體的問題,請直接連絡廠商。

學生團體　訂購專線:(02)2396-3257 轉 362
　　　　　傳真專線:(02)2321-2545

經銷商　　服務專線:(02)2396-3257 轉 331
　　　　　將派專人拜訪
　　　　　傳真專線:(02)2321-2545

作　　者/陳會安

發行所/旗標科技股份有限公司

台北市杭州南路一段15-1號19樓

電　　話/(02)2396-3257(代表號)

傳　　真/(02)2321-2545

劃撥帳號/1332727-9

帳　　戶/旗標科技股份有限公司

監　　督/陳彥發

執行編輯/黃馨儀

美術編輯/陳慧如

封面設計/陳憶萱

校　　對/黃馨儀

新台幣售價:880 元

西元 2024 年 12 月 初版

行政院新聞局核准登記-局版台業字第 4512 號

ISBN 978-986-312-811-3

國家圖書館出版品預行編目資料

Raspberry Pi 樹莓派:AI × OpenCV × LLM × AIoT
創客聖經 / 陳會安作. -- 臺北市:旗標科技股份有限公司,

2024.12　面;　公分

ISBN 978-986-312-811-3 (平裝)

1. CST: 電腦程式設計 2. CST: 人工智慧
3. CST: Python(電腦程式語言)

312.2　　　　　　　　　　　113014807

序
PREFACE

　　樹莓派（Raspberry Pi）是英國「樹莓派基金會」（The Raspberry Pi Foundation）開發和推廣的單板電腦，一台執行 Linux 作業系統的單板迷你電腦，其目的是希望使用低廉價格和自由軟體來推廣學校的基礎資訊科學教育。現在，全世界各地的無數創客已經成功使用樹莓派開發出各種不同的創意應用，包含：媒體中心、網路硬碟、遊戲機、人工智慧、機器人、自走車和物聯網等。

　　本書是從購買 Raspberry Pi 樹莓派開始，詳細說明如何安裝 Raspberry Pi OS 與設定樹莓派，以及遠端連線管理的方法。不需要螢幕、滑鼠和鍵盤，就可以從 Windows 作業系統透過遠端連線使用 Raspberry Pi 樹莓派，大幅降低 Linux 作業系統的使用門檻，讓你輕鬆在 Windows 作業系統玩翻 Raspberry Pi 樹莓派。

　　在內容上，本書除了完整說明 Raspberry Pi 樹莓派桌面環境的使用之外，在軟體部分更是一本最佳的 Linux 作業系統管理和人工智慧程式設計入門書，同時也是 Python 軟硬整合的應用實戰——詳細說明如何使用 Python 執行硬體介面控制、照相、建立串流視訊或物聯網應用的 Web 使用者介面，以及電腦視覺、人工智慧和打造多種智慧車等。

　　由於「創客」最常使用樹莓派搭配單晶片控制 Raspberry Pi Pico 或 Arduino 開發板，所以本書詳細說明如何在樹莓派使用樹莓派 Pico 開發板和 Arduino 開發板，並且同時使用 Python 語言來整合樹莓派和樹莓派 Pico 開發板。讀完本書，你將擁有能力整合各種創客神器，輕鬆打造出無限創意的應用專案。

人工智慧和物聯網是目前「創客」專注的當紅應用領域。在人工智慧部分，本書在詳細說明著名的 OpenCV 電腦視覺庫之後，分別介紹 OpenCV、YOLO11、MediaPipe、CVZone、TensorFlow Lite 和 OpenCV DNN，並說明如何使用 ChatGPT API 和 LLM 等生成式 AI，即可輕鬆以 Python 程式來執行即時的人臉偵測、臉部網格、多手勢追蹤、人體姿態估計、即時物體偵測、文字偵測和車牌辨識等人工智慧的相關應用。

在物聯網部分是使用 IBM 開發的 Node-RED 物聯網開發工具，只需拖拉節點建立流程（Flow），就可以讓你輕鬆玩翻物聯網。之後更進一步整合 Node-RED + Teachable Machine 人工智慧，輕鬆幫助我們建立 AIoT 智慧物聯網的相關應用。

▊ 如何閱讀本書

本書架構上是循序漸進從第 1 章認識樹莓派、其相關配件和基礎背景知識開始。接著在第 2 章說明樹莓派的購買清單和連接周邊，然後下載、安裝和設定 Raspberry Pi OS 作業系統，以便建立一台可用的 Linux 單板電腦；並且詳細說明如何建立遠端連線，讓我們可以直接透過 Windows 電腦來遠端遙控使用樹莓派。

第 3 章是 Raspberry Pi OS 作業系統的基本使用，著重於 Linux 作業系統的桌面環境。在第 4 章則是 Linux 系統管理，詳細說明終端機模式的相關指令，並且在最後說明如何安裝中文輸入法。而第 5 章說明如何在樹莓派架設 Web 伺服器、PHP 執行環境、MySQL 資料庫伺服器和 FTP 檔案伺服器。

第 6 章是建立 Python 開發環境，詳細說明如何在 Raspberry Pi OS 作業系統建立 Python 虛擬環境，安裝和使用 Visual Studio Code 和 Jupyter Notebook 整合開發環境，最後說明如何存取 MySQL 資料庫和使用

ChatGPT API。在第 7 章則是 GPIO 硬體介面，我們可以使用 Python 程式來控制 LED 燈、按鍵開關、蜂鳴器、PIR、光敏電阻、可變電阻，並整合生成式 AI 來進行硬體控制。而第 8 章是樹莓派 Pico 開發板和 MicroPython 語言。第 9 章是樹莓派官方 Pi 相機模組和 Webcam 攝影機的使用，以及建立 Web 網頁的串流視訊。

第 10~12 章是 OpenCV、YOLO、MediaPipe、CVZone、TensorFlow Lite、OpenCV DNN 和 LLM 的人工智慧應用。在第 13~14 章是物聯網實驗範例——詳細說明如何使用 Node-RED 物聯網開發工具來打造溫溼度監控的 Node-RED 儀表板，並在第 14 章使用 Node-RED 整合 Teachable Machine 來建立 AIoT 智慧物聯網的相關應用。

第 15 章是硬體介面實驗範例，說明了直流馬達控制與 Flask 框架後，就可以整合本書內容來打造出一台樹莓派 WiFi 遙控視訊車。第 16 章進一步整合超音波感測器、OpenCV 電腦視覺庫和 TensorFlow Lite，來打造出超音波自動避障車、特定色彩的物體追蹤車和 AI 自駕車。

附錄 A 是 Python 程式設計入門。附錄 B 是 Arduino 開發板和 Arduino IDE，並說明如何使用 Python 透過序列埠通訊來控制 Arduino 開發板。而最後的附錄 C 則是各章電子零件的採購清單。

編著本書雖力求完美，但學識與經驗不足，謬誤難免，尚祈讀者不吝指正。

陳會安於台北 hueyan@ms2.hinet.net

2024.10.30

書附檔案
ABOUT RESOURCES

　　為了方便讀者學習樹莓派 Raspberry Pi，筆者已將本書使用的範例檔案、專案和相關工具，以及附錄電子書都收錄在書附檔案中，檔案請讀者自行下載 (大小寫須符合)：

https://www.flag.com.tw/bk/st/F4786

　　依照網頁指示輸入關鍵字即可取得檔案，下載並解壓縮後方可使用。書附檔案說明如下表所示：

資料夾	說明
ch02~ch16、appa~appb	本書各章節 Python 程式、HTML 網頁檔案、MicroPython 程式、Node-RED 的 JSON 檔案和 Arduino 專案
tools	本書各章使用工具的安裝程式檔 (putty.exe 並不需要安裝)
ebooks	附錄 A~C 電子書

　　請注意！本書內容的 IP 位址可能會和讀者的 IP 位址不同。請別忘了，這些 IP 位址都需要改成您的樹莓派 IP 位址。

　　另外，由於許多 Python 套件的升級時程不一，在安裝 Python 套件時可能會出現很多問題，本書第 6 章有說明如何解決 Python 套件無法安裝的問題。

目錄
CONTENTS

chapter **01** **認識樹莓派**

1-1　認識樹莓派···1-2

　　1-1-1　樹莓派的硬體··1-2

　　1-1-2　樹莓派的軟體··1-3

1-2　樹莓派的型號···1-5

1-3　樹莓派的硬體規格···1-8

　　1-3-1　樹莓派的硬體規格··1-8

　　1-3-2　樹莓派 5 的硬體配置圖··1-10

1-4　樹莓派的硬體配件···1-12

1-5　你需要知道的背景知識···1-17

　　1-5-1　Intel x86 與 ARM···1-18

　　1-5-2　Linux 與 Windows 作業系統·······································1-20

　　學習評量···1-22

chapter **02** **購買、安裝與使用樹莓派**

2-1　購買樹莓派與周邊裝置··2-2

　　2-1-1　樹莓派的購買清單··2-2

　　2-1-2　連接樹莓派與周邊裝置···2-3

2-2　安裝 Raspberry Pi OS 至 Micro-SD 卡·······································2-5

　　2-2-1　下載和安裝 Raspberry Pi Imager·································2-5

　　2-2-2　將 Raspberry Pi OS 映像檔寫入 Micro-SD 卡··········2-7

　　2-2-3　將 Micro-SD 卡插入樹莓派···2-13

2-3　在 Windows 用 VNC 遠端連線使用樹莓派·································2-14

2-4　設定 Raspberry Pi OS··2-26

　　2-4-1　設定 Raspberry Pi OS 作業系統中文介面·················2-26

2-4-2　啟用 SSH 和 VNC 伺服器⋯⋯⋯⋯⋯⋯⋯⋯⋯⋯⋯⋯⋯⋯2-28

2-4-3　設定 WiFi 無線網路⋯⋯⋯⋯⋯⋯⋯⋯⋯⋯⋯⋯⋯⋯⋯⋯2-28

2-4-4　藍牙裝置配對⋯⋯⋯⋯⋯⋯⋯⋯⋯⋯⋯⋯⋯⋯⋯⋯⋯⋯⋯2-29

2-5　在瀏覽器用 Raspberry Pi Connect 遠端連線使用樹莓派⋯2-31

學習評量 ⋯⋯⋯⋯⋯⋯⋯⋯⋯⋯⋯⋯⋯⋯⋯⋯⋯⋯⋯⋯⋯⋯⋯2-37

chapter 03　Raspberry Pi OS 基本使用

3-1　認識 Linux、終端機和桌面環境⋯⋯⋯⋯⋯⋯⋯⋯⋯⋯⋯⋯3-2

3-1-1　終端機和桌面環境⋯⋯⋯⋯⋯⋯⋯⋯⋯⋯⋯⋯⋯⋯⋯⋯3-2

3-1-2　Raspberry Pi OS 作業系統的使用方式⋯⋯⋯⋯⋯⋯⋯3-3

3-2　使用 Raspberry Pi OS 桌面環境⋯⋯⋯⋯⋯⋯⋯⋯⋯⋯⋯3-4

3-3　Raspberry Pi OS 應用程式介紹⋯⋯⋯⋯⋯⋯⋯⋯⋯⋯⋯3-6

3-3-1　軟體開發⋯⋯⋯⋯⋯⋯⋯⋯⋯⋯⋯⋯⋯⋯⋯⋯⋯⋯⋯3-6

3-3-2　網際網路⋯⋯⋯⋯⋯⋯⋯⋯⋯⋯⋯⋯⋯⋯⋯⋯⋯⋯⋯3-8

3-3-3　影音 / 美工繪圖⋯⋯⋯⋯⋯⋯⋯⋯⋯⋯⋯⋯⋯⋯⋯⋯3-9

3-3-4　附屬應用程式⋯⋯⋯⋯⋯⋯⋯⋯⋯⋯⋯⋯⋯⋯⋯⋯3-11

3-3-5　幫助⋯⋯⋯⋯⋯⋯⋯⋯⋯⋯⋯⋯⋯⋯⋯⋯⋯⋯⋯⋯3-14

3-3-6　安裝建議的應用程式⋯⋯⋯⋯⋯⋯⋯⋯⋯⋯⋯⋯⋯3-15

3-4　Raspberry Pi OS 偏好設定⋯⋯⋯⋯⋯⋯⋯⋯⋯⋯⋯⋯⋯3-17

3-4-1　新增 / 刪除應用程式⋯⋯⋯⋯⋯⋯⋯⋯⋯⋯⋯⋯⋯3-17

3-4-2　外觀設定⋯⋯⋯⋯⋯⋯⋯⋯⋯⋯⋯⋯⋯⋯⋯⋯⋯⋯3-19

3-4-3　鍵盤及滑鼠⋯⋯⋯⋯⋯⋯⋯⋯⋯⋯⋯⋯⋯⋯⋯⋯⋯3-22

3-4-4　主功能表編輯器⋯⋯⋯⋯⋯⋯⋯⋯⋯⋯⋯⋯⋯⋯⋯3-23

3-4-5　樹莓派設定⋯⋯⋯⋯⋯⋯⋯⋯⋯⋯⋯⋯⋯⋯⋯⋯⋯3-24

3-4-6　螢幕設定⋯⋯⋯⋯⋯⋯⋯⋯⋯⋯⋯⋯⋯⋯⋯⋯⋯⋯3-28

3-4-7　音效輸出設定⋯⋯⋯⋯⋯⋯⋯⋯⋯⋯⋯⋯⋯⋯⋯⋯3-28

3-5　在 Raspberry Pi OS 執行命令⋯⋯⋯⋯⋯⋯⋯⋯⋯⋯⋯3-30

3-6　在 Windows 和樹莓派之間交換檔案⋯⋯⋯⋯⋯⋯⋯⋯3-32

學習評量 ⋯⋯⋯⋯⋯⋯⋯⋯⋯⋯⋯⋯⋯⋯⋯⋯⋯⋯⋯⋯⋯⋯3-35

chapter **04** **Linux 系統管理**

4-1 啟動終端機使用命令列的 Linux 指令 4-2

4-2 Linux 的常用指令 4-4

4-2-1 檔案系統指令 4-4

4-2-2 網路與系統資訊指令 4-13

4-2-3 檔案下載與壓縮指令 4-17

4-2-4 sudo 超級使用者指令 4-20

4-2-5 nano 文字編輯器 4-21

4-2-6 關機指令 4-22

4-3 Linux 的使用者與檔案權限指令 4-23

4-3-1 使用者管理指令 4-23

4-3-2 檔案權限管理指令 4-25

4-4 Linux 作業系統的目錄結構 4-27

4-5 使用命令列安裝和解除安裝應用程式 4-31

4-5-1 認識套件管理 4-31

4-5-2 安裝應用程式 4-32

4-5-3 解除安裝應用程式 4-34

4-5-4 清除作業系統的暫存檔 4-35

4-6 安裝中文輸入法 4-36

學習評量 4-41

chapter **05** **使用樹莓派架設伺服器**

5-1 架設 Web 伺服器 5-2

5-1-1 安裝 Apache 伺服器 5-2

5-1-2 使用 Geany 編輯 HTML 網頁 5-4

5-2 安裝 PHP 開發環境 5-7

5-3 安裝設定 MySQL 資料庫系統 5-12

5-3-1 安裝 MySQL 資料庫系統 5-12

5-3-2 安裝 MySQL 管理工具 phpMyAdmin 5-15

5-3-3　使用 phpMyAdmin 建立 MySQL 資料庫 ·················· 5-20

5-4　架設 FTP 伺服器 ························ 5-27

　　5-4-1　在樹莓派架設 FTP 伺服器 ··················· 5-27

　　5-4-2　在 Windows 電腦使用 FTP 伺服器 ··············· 5-30

　　學習評量 ································ 5-32

chapter 06　建立 Linux 的 Python 開發環境

6-1　在樹莓派安裝 Python 虛擬環境工具 ················ 6-2

6-2　建立與管理 Python 虛擬環境 ··················· 6-5

6-3　安裝與使用 Visual Studio Code ················· 6-9

6-4　使用 Jupyter Notebook + Gradio 建立 AI 互動介面 ······ 6-15

　　6-4-1　安裝與啟動 Jupyter Notebook 開發環境 ·········· 6-15

　　6-4-2　在 Jupyter Notebook 開發環境安裝 Gradio ········· 6-18

　　6-4-3　使用 Gradio 建立 AI 互動介面 ·············· 6-20

6-5　Python 應用範例：存取 MySQL 資料庫 ·············· 6-25

6-6　Python 應用範例：使用 ChatGPT API ··············· 6-28

　　6-6-1　安裝 OpenAI 套件和取得 API Key ············· 6-28

　　6-6-2　在 Python 程式使用 ChatGPT API ············· 6-32

　　學習評量 ································ 6-35

chapter 07　GPIO 硬體介面

7-1　認識樹莓派的 GPIO 接腳 ···················· 7-2

7-2　使用 Python 的 GPIO Zero 模組 ················· 7-5

　　7-2-1　在 Python 虛擬環境安裝 GPIO 套件 ············ 7-5

　　7-2-2　認識 GPIO Zero 模組 ·················· 7-6

7-3　數位輸出與數位輸入 ······················ 7-7

　　7-3-1　數位輸出：閃爍 LED 燈 ················· 7-8

7-3-2　數位輸出：蜂鳴器 ⋯⋯⋯⋯⋯⋯⋯⋯⋯⋯⋯⋯ 7-10

7-3-3　數位輸入：使用按鍵開關控制 LED 燈 ⋯⋯⋯ 7-12

7-3-4　數位輸入：PIR ⋯⋯⋯⋯⋯⋯⋯⋯⋯⋯⋯⋯⋯⋯ 7-15

7-4　類比輸出 ⋯⋯⋯⋯⋯⋯⋯⋯⋯⋯⋯⋯⋯⋯⋯⋯⋯⋯⋯⋯⋯ 7-17

7-4-1　認識 PWM ⋯⋯⋯⋯⋯⋯⋯⋯⋯⋯⋯⋯⋯⋯⋯⋯ 7-18

7-4-2　類比輸出：LED 燈的亮度控制 ⋯⋯⋯⋯⋯⋯ 7-19

7-5　類比輸入 ⋯⋯⋯⋯⋯⋯⋯⋯⋯⋯⋯⋯⋯⋯⋯⋯⋯⋯⋯⋯⋯ 7-20

7-5-1　類比輸入：可變電阻 ⋯⋯⋯⋯⋯⋯⋯⋯⋯⋯⋯ 7-20

7-5-2　類比輸入：光敏電阻 ⋯⋯⋯⋯⋯⋯⋯⋯⋯⋯⋯ 7-23

7-6　GPIO 應用範例：使用生成式 AI 控制 LED 燈 ⋯⋯⋯ 7-26

學習評量 ⋯⋯⋯⋯⋯⋯⋯⋯⋯⋯⋯⋯⋯⋯⋯⋯⋯⋯⋯⋯⋯ 7-29

chapter 08　Pico W 開發板與 MicroPython 語言

8-1　認識 Raspberry Pi Pico 開發板 ⋯⋯⋯⋯⋯⋯⋯⋯⋯⋯ 8-2

8-2　MicroPython 語言的基礎 ⋯⋯⋯⋯⋯⋯⋯⋯⋯⋯⋯⋯⋯⋯ 8-4

8-3　使用 Thonny 建立 MicroPython 程式 ⋯⋯⋯⋯⋯⋯⋯⋯ 8-6

8-3-1　建立 Thonny 的 MicroPython 開發環境 ⋯⋯⋯ 8-6

8-3-2　建立你的第一個 MicroPython 程式 ⋯⋯⋯⋯ 8-9

8-4　使用 MicroPython 控制 Raspberry Pi Pico 開發板 ⋯⋯ 8-12

8-4-1　實驗範例：閃爍 LED 燈 ⋯⋯⋯⋯⋯⋯⋯⋯⋯ 8-12

8-4-2　實驗範例：使用按鍵開關點亮和熄滅 LED 燈 ⋯ 8-14

8-4-3　實驗範例：使用 PWM 調整 LED 燈亮度 ⋯⋯ 8-16

8-4-4　實驗範例：使用可變電阻調整 LED 燈亮度 ⋯ 8-18

8-4-5　實驗範例：蜂鳴器 ⋯⋯⋯⋯⋯⋯⋯⋯⋯⋯⋯ 8-20

8-4-6　實驗範例：光敏電阻 ⋯⋯⋯⋯⋯⋯⋯⋯⋯⋯ 8-23

8-4-7　實驗範例：控制伺服馬達 ⋯⋯⋯⋯⋯⋯⋯⋯ 8-25

8-5　Pico W 的 WiFi 連線 ⋯⋯⋯⋯⋯⋯⋯⋯⋯⋯⋯⋯⋯⋯⋯ 8-28

8-6　MicroPython 應用範例：用 Python 建立序列埠通訊 ⋯⋯ 8-31

學習評量 ⋯⋯⋯⋯⋯⋯⋯⋯⋯⋯⋯⋯⋯⋯⋯⋯⋯⋯⋯⋯⋯ 8-34

chapter **09** **相機模組與串流視訊**

9-1　認識樹莓派的相機模組 ⋯⋯⋯⋯⋯⋯⋯⋯⋯⋯⋯⋯⋯⋯⋯⋯ 9-2

9-2　安裝與設定樹莓派的相機模組 ⋯⋯⋯⋯⋯⋯⋯⋯⋯⋯⋯⋯⋯ 9-3

　　9-2-1　安裝樹莓派的相機模組 ⋯⋯⋯⋯⋯⋯⋯⋯⋯⋯⋯⋯ 9-3

　　9-2-2　在 Raspberry Pi OS 安裝相機模組的驅動程式 ⋯ 9-5

9-3　在終端機使用相機模組 ⋯⋯⋯⋯⋯⋯⋯⋯⋯⋯⋯⋯⋯⋯⋯⋯ 9-6

　　9-3-1　照相 ⋯⋯⋯⋯⋯⋯⋯⋯⋯⋯⋯⋯⋯⋯⋯⋯⋯⋯⋯⋯ 9-6

　　9-3-2　錄影 ⋯⋯⋯⋯⋯⋯⋯⋯⋯⋯⋯⋯⋯⋯⋯⋯⋯⋯⋯⋯ 9-10

9-4　使用 Python 程式操作相機模組 ⋯⋯⋯⋯⋯⋯⋯⋯⋯⋯⋯⋯ 9-11

　　9-4-1　相機模組的基本使用 ⋯⋯⋯⋯⋯⋯⋯⋯⋯⋯⋯⋯⋯ 9-11

　　9-4-2　設定照相參數 ⋯⋯⋯⋯⋯⋯⋯⋯⋯⋯⋯⋯⋯⋯⋯⋯ 9-13

9-5　在樹莓派建立串流視訊 ⋯⋯⋯⋯⋯⋯⋯⋯⋯⋯⋯⋯⋯⋯⋯⋯ 9-18

9-6　使用外接 USB 網路攝影機 ⋯⋯⋯⋯⋯⋯⋯⋯⋯⋯⋯⋯⋯⋯ 9-23

　　9-6-1　購買與安裝網路攝影機 ⋯⋯⋯⋯⋯⋯⋯⋯⋯⋯⋯⋯ 9-23

　　9-6-2　使用網路攝影機 ⋯⋯⋯⋯⋯⋯⋯⋯⋯⋯⋯⋯⋯⋯⋯ 9-26

　　9-6-3　使用網路攝影機連續拍照 ⋯⋯⋯⋯⋯⋯⋯⋯⋯⋯⋯ 9-28

　　學習評量 ⋯⋯⋯⋯⋯⋯⋯⋯⋯⋯⋯⋯⋯⋯⋯⋯⋯⋯⋯⋯⋯⋯ 9-30

chapter **10** **AI 實驗範例（一）：OpenCV + YOLO**

10-1　在樹莓派安裝 OpenCV ⋯⋯⋯⋯⋯⋯⋯⋯⋯⋯⋯⋯⋯⋯⋯ 10-2

10-2　OpenCV 的基本使用 ⋯⋯⋯⋯⋯⋯⋯⋯⋯⋯⋯⋯⋯⋯⋯⋯ 10-4

　　10-2-1　OpenCV 圖片處理 ⋯⋯⋯⋯⋯⋯⋯⋯⋯⋯⋯⋯⋯ 10-4

　　10-2-2　OpenCV 影片處理 ⋯⋯⋯⋯⋯⋯⋯⋯⋯⋯⋯⋯⋯ 10-12

　　10-2-3　OpenCV 網路攝影機操作 ⋯⋯⋯⋯⋯⋯⋯⋯⋯⋯ 10-15

10-3　AI 實驗範例：OpenCV 人臉偵測 ⋯⋯⋯⋯⋯⋯⋯⋯⋯⋯ 10-19

　　10-3-1　OpenCV 哈爾特徵層級式分類器 ⋯⋯⋯⋯⋯⋯⋯ 10-19

　　10-3-2　圖片內容的人臉偵測 ⋯⋯⋯⋯⋯⋯⋯⋯⋯⋯⋯⋯ 10-20

　　10-3-3　即時影像的人臉偵測 ⋯⋯⋯⋯⋯⋯⋯⋯⋯⋯⋯⋯ 10-23

10-4 AI 實驗範例：OpenCV + YOLO 物體偵測 ············ 10-24

 10-4-1　YOLO 物體偵測的深度學習演算法 ············ 10-24

 10-4-2　下載 YOLO 相關檔案 ············ 10-26

 10-4-3　建立 OpenCV + YOLO 物體偵測 ············ 10-28

10-5 AI 實驗範例：Ultralytics 的 YOLO11 ············ 10-34

學習評量 ············ 10-40

chapter 11　AI 實驗範例（二）：MediaPipe + CVZone 3D

11-1　Google MediaPipe 機器學習框架 ············ 11-2

 11-1-1　認識與安裝 MediaPipe ············ 11-2

 11-1-2　MediaPipe 人臉偵測 ············ 11-3

 11-1-3　MediaPipe 臉部網格 ············ 11-5

 11-1-4　MediaPipe 多手勢追蹤 ············ 11-7

 11-1-5　MediaPipe 人體姿態估計 ············ 11-9

11-2　CVZone 電腦視覺套件 ············ 11-12

 11-2-1　認識與安裝 CVZone ············ 11-12

 11-2-2　CVZone 人臉偵測 ············ 11-12

 11-2-3　CVZone 臉部網格 ············ 11-14

 11-2-4　CVZone 多手勢追蹤 ············ 11-16

 11-2-5　CVZone 人體姿態估計 ············ 11-22

11-3　手勢與人體姿態的 3D 角度與距離 ············ 11-25

 11-3-1　取得地標關鍵點的 3D 座標 ············ 11-25

 11-3-2　手勢的 3D 角度與距離 ············ 11-28

 11-3-3　人體姿態的 3D 角度與距離 ············ 11-30

11-4　AI 實驗範例：辨識剪刀、石頭和布的手勢 ············ 11-32

學習評量 ············ 11-35

chapter **12 AI 實驗範例（三）：TensorFlow Lite + OpenCV DNN + LLM**

12-1 TensorFlow Lite 影像分類 ⋯⋯⋯⋯⋯⋯⋯⋯⋯⋯⋯⋯ 12-2

　　12-1-1 認識 TensorFlow 和 TensorFlow Lite ⋯⋯⋯⋯ 12-2

　　12-1-2 使用預訓練模型進行影像分類 ⋯⋯⋯⋯⋯⋯ 12-5

12-2 OpenCV DNN 影像分類與文字偵測 ⋯⋯⋯⋯⋯⋯⋯⋯ 12-8

　　12-2-1 認識 OpenCV DNN 模組 ⋯⋯⋯⋯⋯⋯⋯⋯ 12-8

　　12-2-2 OpenCV DNN 模組的影像分類 ⋯⋯⋯⋯⋯ 12-9

　　12-2-3 OpenCV DNN 模組的文字偵測 ⋯⋯⋯⋯⋯ 12-13

12-3 使用 LLM 大型語言模型 ⋯⋯⋯⋯⋯⋯⋯⋯⋯⋯⋯⋯ 12-17

　　12-3-1 在樹莓派安裝 Ollama ⋯⋯⋯⋯⋯⋯⋯⋯⋯ 12-18

　　12-3-2 透過 Ollama 使用 LLM 大型語言模型 ⋯⋯ 12-20

　　12-3-3 使用 Python 程式碼與模型進行互動 ⋯⋯ 12-23

12-4 AI 實驗範例：TensorFlow Lite 即時物體偵測 ⋯⋯⋯ 12-26

12-5 AI 實驗範例：EasyOCR 的 AI 車牌辨識 ⋯⋯⋯⋯⋯ 12-31

12-6 AI + GPIO 實驗範例：使用 LLM 語意分析控制 GPIO ⋯ 12-34

　　學習評量 ⋯⋯⋯⋯⋯⋯⋯⋯⋯⋯⋯⋯⋯⋯⋯⋯⋯⋯ 12-36

chapter **13 IoT 實驗範例：溫溼度監控與 Node-RED**

13-1 認識 IoT 物聯網 ⋯⋯⋯⋯⋯⋯⋯⋯⋯⋯⋯⋯⋯⋯⋯ 13-2

13-2 DHT11 溫溼度感測器 ⋯⋯⋯⋯⋯⋯⋯⋯⋯⋯⋯⋯⋯ 13-3

13-3 Node-RED 物聯網平台 ⋯⋯⋯⋯⋯⋯⋯⋯⋯⋯⋯⋯ 13-6

　　13-3-1 在樹莓派安裝與啟動 Node-RED ⋯⋯⋯⋯ 13-6

　　13-3-2 在 Node-RED 建立第一個流程 ⋯⋯⋯⋯⋯ 13-10

　　13-3-3 控制 LED 燈 ⋯⋯⋯⋯⋯⋯⋯⋯⋯⋯⋯⋯ 13-13

　　13-3-4 按鍵開關與 LED 燈 ⋯⋯⋯⋯⋯⋯⋯⋯⋯ 13-16

13-4 MQTT 通訊協定 ··· 13-19

　13-4-1 認識 MQTT 通訊協定 ································· 13-19

　13-4-2 在 Node-RED 建立 MQTT 客戶端 ·········· 13-20

　13-4-3 在樹莓派使用 Python 建立 MQTT 客戶端 ······ 13-24

　13-4-4 在 Pico W 使用 MicroPython MQTT 客戶端 ······ 13-26

13-5 Node-RED 儀表板 ·· 13-29

　13-5-1 認識與安裝 Node-RED 儀表板 ················· 13-29

　13-5-2 使用 Node-RED 儀表板 ···························· 13-31

13-6 IoT 實驗範例：溫溼度監控的 Node-RED 儀表板 ········· 13-33

　13-6-1 溫溼度監控的 Node-RED 儀表板 ·············· 13-34

　13-6-2 使用 MQTT 出版 DHT11 感測器的溫溼度 ······ 13-35

　學習評量 ··· 13-36

chapter 14 AIoT 實驗範例：Node-RED + TensorFlow.js

14-1 認識 TensorFlow.js ·· 14-2

14-2 安裝與使用相關的 Node-RED 節點 ································ 14-3

　14-2-1 預覽和註記圖片 ····································· 14-3

　14-2-2 選擇 Raspberry Pi OS 作業系統檔案 ······ 14-7

　14-2-3 內嵌框架 ··· 14-9

　14-2-4 使用 Webcam 網路攝影機 ················· 14-12

14-3 AIoT 實驗範例：Node-RED 與 COCO-SSD ················ 14-14

14-4 AIoT 實驗範例：Node-RED 與 Teachable Machine ······ 14-20

　14-4-1 使用 Teachable Machine 訓練機器學習模型 ······ 14-20

　14-4-2 在 Node-RED 儀表板即時辨識 Webcam 影像 ······ 14-29

　學習評量 ··· 14-33

chapter 15 硬體介面實驗範例（一）：樹莓派 WiFi 遙控視訊車

15-1 認識樹莓派智慧車 15-2

15-2 樹莓派的直流馬達控制 15-3

15-3 再談 Python 的 Flask 框架 15-8

15-3-1 使用 Flask 框架建立 Web 網站 15-9

15-3-2 使用 Flask 框架控制 GPIO 15-15

15-3-3 建立 Web 介面的直流馬達控制 15-19

15-3-4 使用 Flask + OpenCV 建立串流視訊 15-23

15-4 打造樹莓派 WiFi 遙控視訊車 15-27

15-4-1 組裝 WiFi 遙控視訊車的硬體 15-27

15-4-2 撰寫遙控視訊車軟體的 Python 程式 15-30

15-4-3 建立 jQuery Mobile 行動頁面的控制程式 15-40

學習評量 15-44

chapter 16 硬體介面實驗範例（二）：樹莓派 AI 自駕車

16-1 OpenCV 色彩偵測與追蹤 16-2

16-1-1 OpenCV 圖片的色彩偵測 16-2

16-1-2 使用 OpenCV 即時追蹤黃色球體 16-8

16-2 打造自動避障和物體追蹤車 16-12

16-2-1 在樹莓派使用超音波感測器 16-12

16-2-2 打造超音波感測器的自動避障車 16-15

16-2-3 打造 OpenCV 黃色球體自動追蹤車 16-17

16-3 車道自動偵測系統 16-19

16-4 打造樹莓派 AI 自駕車 16-31

16-4-1　DeepPiCar 專案 ·· 16-31

16-4-2　車道偵測與自動導航行駛 ································ 16-40

16-4-3　深度學習的自動導航行駛 ································ 16-42

16-4-4　遷移學習的障礙物和交通號誌偵測 ·············· 16-45

學習評量 ··· 16-48

電子書

chapter A　Python 程式設計基礎

A-1　認識 Python 語言 ·· A-2

A-2　在樹莓派開發 Python 程式 ·· A-4

 A-2-1　使用 Geany 建立和執行 Python 程式 ·············· A-4

 A-2-2　在終端機啟動 Python Shell ··························· A-7

 A-2-3　Thonny ·· A-9

 A-2-4　在 Thonny 使用 Python 虛擬環境 ··············· A-11

A-3　Python 變數與運算子 ·· A-14

 A-3-1　使用 Python 變數 ······································ A-14

 A-3-2　Python 的運算子 ·· A-15

A-4　Python 流程控制 ·· A-17

 A-4-1　條件控制 ·· A-17

 A-4-2　迴圈控制 ·· A-19

A-5　Python 函式與模組 ·· A-22

 A-5-1　函式 ·· A-22

 A-5-2　使用 Python 模組 ·· A-24

A-6　Python 串列與字串 ·· A-26

 A-6-1　字串 ·· A-26

 A-6-2　串列 ·· A-33 chapter **B** 當樹莓派遇到 Arduino 開發板

B-1 認識 Arduino Uno 開發板 ⋯⋯⋯⋯⋯⋯⋯⋯⋯⋯⋯⋯⋯⋯⋯⋯ B-2
B-2 在樹莓派建立 Arduino 開發環境 ⋯⋯⋯⋯⋯⋯⋯⋯⋯⋯⋯⋯ B-4
B-3 使用 Arduino IDE 建立 Arduino 程式 ⋯⋯⋯⋯⋯⋯⋯⋯⋯ B-7
　　B-3-1 建立第一個 Arduino 程式 ⋯⋯⋯⋯⋯⋯⋯⋯⋯⋯⋯⋯ B-7
　　B-3-2 認識序列埠通訊 ⋯⋯⋯⋯⋯⋯⋯⋯⋯⋯⋯⋯⋯⋯⋯ B-10
　　B-3-3 使用序列埠送出資料 ⋯⋯⋯⋯⋯⋯⋯⋯⋯⋯⋯⋯⋯ B-13
　　B-3-4 使用序列埠讀取資料 ⋯⋯⋯⋯⋯⋯⋯⋯⋯⋯⋯⋯⋯ B-15
B-4 在樹莓派開發 Arduino 程式 ⋯⋯⋯⋯⋯⋯⋯⋯⋯⋯⋯⋯⋯ B-17
　　B-4-1 實驗範例：閃爍 LED 燈 ⋯⋯⋯⋯⋯⋯⋯⋯⋯⋯⋯⋯ B-17
　　B-4-2 實驗範例：使用按鍵開關點亮和熄滅 LED 燈 ⋯⋯ B-19
　　B-4-3 實驗範例：使用 PWM 調整 LED 燈亮度 ⋯⋯⋯⋯ B-21
　　B-4-4 實驗範例：使用可變電阻調整 LED 燈亮度 ⋯⋯⋯ B-22
　　B-4-5 實驗範例：蜂鳴器 ⋯⋯⋯⋯⋯⋯⋯⋯⋯⋯⋯⋯⋯⋯ B-24
　　B-4-6 實驗範例：光敏電阻 ⋯⋯⋯⋯⋯⋯⋯⋯⋯⋯⋯⋯⋯ B-26
　　B-4-7 實驗範例：控制伺服馬達 ⋯⋯⋯⋯⋯⋯⋯⋯⋯⋯⋯ B-28
B-5 使用 Python 建立 Arduino 序列埠通訊 ⋯⋯⋯⋯⋯⋯⋯ B-31

chapter **C** **Raspberry Pi 樹莓派零件購買清單**

chapter **1**

認識樹莓派

▷ 1-1 認識樹莓派

▷ 1-2 樹莓派的型號

▷ 1-3 樹莓派的硬體規格

▷ 1-4 樹莓派的硬體配件

▷ 1-5 你需要知道的背景知識

1-1 認識樹莓派

　　「樹莓派」(Raspberry Pi) 是一張尺寸約信用卡大小的單板迷你電腦，其主要目的是幫助學校推廣資訊科學教育，和讓動手做的**創客**（Maker）發揮創意開發各種電腦基礎的實作專案。

1-1-1 樹莓派的硬體

　　樹莓派 (Raspberry Pi) 是由英國「樹莓派基金會」(The Raspberry Pi Foundation) 開發和推廣，主要**執行 Linux 作業系統的單板迷你電腦**，其目的是以低廉價格和自由軟體來推廣學校的基礎資訊科學教育。現在，全世界各地的創客已經成功使用樹莓派開發出各種不同的創意應用，包含：媒體中心、網路硬碟、遊戲機、機器人、自走車、人工智慧和物聯網等應用。

　　樹莓派的硬體分成多種版本，提供不同 CPU 型號、記憶體容量和周邊裝置的支援，其硬體的基本結構圖，如下圖所示：

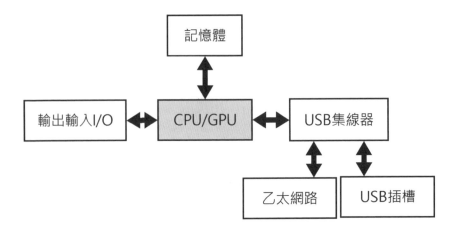

上述圖例是樹莓派 Model B 和 B+ 的硬體結構圖。Model A、A+ 和 Zero 不支援乙太網路，USB 插槽是直接連接 CPU。Model B 和 B+ 的乙太網路連接器和 USB 插槽是連接至內部 USB 集線器，並不是直接連接 CPU。

基本上，樹莓派基金會只負責單板電腦的設計與開發，硬體製造是授權其他廠商來生產和在網路上進行銷售。樹莓派的硬體部分是配備博通（Broadcom）開發的 ARM 架構處理器，256MB~8GB 記憶體，**使用 SD 卡或 Micro-SD 卡作為儲存媒體（沒有硬碟）**，擁有乙太網路/WiFi 網路和 USB 介面、HDMI、CSI 和 DSI 介面，例如：在 2023 年 10 月底發佈的樹莓派 5，如下圖所示：

1-1-2 樹莓派的軟體

樹莓派的軟體主要是執行開源的 Linux 作業系統，也可以執行其他非 Linux 的作業系統，例如：非官方的 Windows 10/11 ARM 作業系統。

認識 Raspberry Pi OS 作業系統

在樹莓派官網 https://www.raspberrypi.com/ 可以免費下載官方 Raspberry Pi OS 作業系統（源於 Debian 的 Linux 作業系統，原名 Raspbian），如下圖所示：

Raspberry Pi OS 作業系統提供類似 Windows 作業系統，名為 PIXEL 的桌面環境，預設內建多種工具軟體和軟體程式開發環境，可以滿足基本網路瀏覽、文字處理、遊戲和程式設計等學習上的種種需求。

樹莓派支援的作業系統

單獨一片樹莓派單板電腦並沒有什麼用，我們一定需要**安裝作業系統**，樹莓派才能成為真正一台單板迷你電腦。在樹莓派可以安裝的常用作業系統，其簡單說明如下表所示：

作業系統	說明
Raspberry Pi OS	樹莓派官方標準 Linux 套件版本，源於 Debian Linux，這是樹莓派初學者建議安裝的作業系統，原名 Raspbian
Ubuntu	著名的 Linux 套件版本，一套廣泛使用在 PC、手機和雲端的 Linux 作業系統

→ 接下頁

作業系統	說明
Arch Linux ARM	此 Linux 套件版本沒有桌面環境，適合專業使用者來使用
Pidora	一般用途的 Linux 套件版本，源於 Red Hat Linux
RISC OS	這不是 Linux 作業系統，而是針對樹莓派 ARM CPU 設計的一套作業系統，尺寸非常小且高效能，不過，並不能執行 Linux 應用程式
Windows 10/11 Windows 10/11 ARM	非官方支援，Windows 10/11 在 ARM64 推出的版本

1-2 樹莓派的型號

　　樹莓派原始版本分為 A 和 B 兩種型號（Model A 和 Model B），在本書是使用樹莓派 4 和樹莓派 5（屬於 Model B），另外有一種售價更低、尺寸更小的精簡版本 Zero。和完整個人電腦的 Pi400。

　　第一代樹莓派是在 2012 年 2 月推出的樹莓派 1 Model B，2013 年 2 月是 Model A，2014 年改良版樹莓派 1 Model B+ 和 Model A+，在 2014 年 4 月推出 Zero。2015 年 2 月是樹莓派 2，2016 年 2 月是樹莓派 3，2017 年 2 月推出 Zero W（支援 WiFi 的 Zero 版），2021 年 10 月推出 Zero2W。而樹莓派 4 是在 2019 年 6 月底發佈，並在 2023 年 10 月推出樹莓派 5。

Model A

　　Model A 共有 A 和 A+ 兩型，CPU 都是 BCM2835，記憶體有 256MB（Model A+ 有 256MB 或 512MB 兩種），支援 Video-out，不支援網路，沒有乙太網路連接器。Model A+ 提供 2 個 USB 插槽（Model A 只有 1 個），皆使用全尺寸 SD 卡。Model A 只有 26 個 GPIO 接腳，Model A+

則有 40 個接腳，但 Model A+ 的尺寸明顯比 Model A 來的小。樹莓派 1 Model A 的外觀如下圖所示：

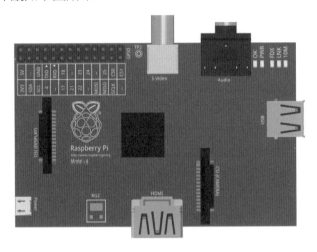

Model B

Model B 是樹莓派最複雜的型號。樹莓派 1 有 Model B 和 Model B+，CPU 都是 BCM2835。Model B 的記憶體有 256MB 或 512MB 兩種，Model B+ 則是只有 512MB。皆提供 2 個 USB 插槽和 1 個乙太網路連接器，並使用全尺寸 SD 卡。GPIO 接腳在 Model B 只有 26 個，Model B+ 則有 40 個。樹莓派 1 Model B 的外觀如下圖所示：

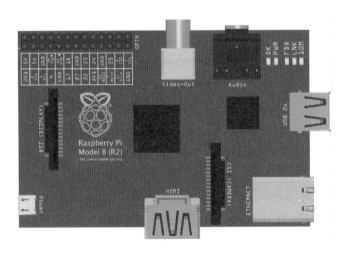

樹莓派 2 Model B 和樹莓派 3/4 Model B 的配置很相似。CPU 在樹莓派 2 是 32 位元的 BCM2836；樹莓派 3 是 64 位元的 BCM2837；樹莓派 4 是 64 位元的 BCM2711；樹莓派 5 是 64 位元的 BCM2712。記憶體從 1GB 到 8GB，並提供 4 個 USB 插槽和 1 個乙太網路連接器，使用的是 Micro-SD 卡，且 GPIO 接腳有 40 個。樹莓派 3 Model B 的外觀如下圖所示：

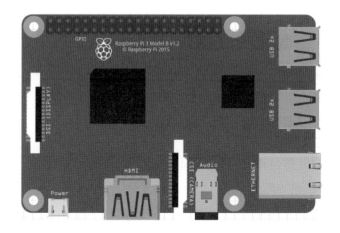

Zero

Zero 是尺寸最小的樹莓派，CPU 是 BCM2835，記憶體是 512MB，且只有 1 個 Micro-USB 插槽。使用 mini-HDMI 連接器，沒有音源/AV 連接器和 DSI，而 CSI 需要使用轉接器。雖然存在 40 個 GPIO 接腳的焊接洞，不過我們需要自行購買和焊接接腳。其外觀如下圖所示：

1-3 樹莓派的硬體規格

本書內容可以在樹莓派 4 以上版本測試執行，筆者建議購買樹莓派 5（8GB 記憶體），以便擁有執行人工智慧相關應用的效能。

1-3-1 樹莓派的硬體規格

樹莓派提供多種不同型號的板子，在本書是使用樹莓派 4 和樹莓派 5。

樹莓派 4 的硬體規格

樹莓派 4（完整名稱 是樹莓派 4 Model B）是在 2019 年 6 月底推出，其官方規格網頁如下所示：

https://www.raspberrypi.com/products/raspberry-pi-4-model-b/

樹莓派 4 的硬體規格說明，如下表所示：

CPU	BCM2711 四核心 64 位元 ARM Cortex-A72（ARM v8）
CPU 速度	1.5GHz，可超頻至 1.8GHz
GPU	VideoCore VI 3D 繪圖核心
記憶體	2GB、4GB、8GB
USB	2 個 USB 2.0 版；2 個 USB 3.0 版
網路	1 個乙太網路連接器
WiFi	802.11n/ac 無線網路
藍牙	Bluetooth 5.0，支援 Bluetooth Low Energy（BLE）
顯示	2 組 Micro-HDMI 連接器與音源 /AV 連接器
電源	USB Type-C 5V 3A
儲存	Micro-SD 卡插槽
介面	CSI 與 DSI
GPIO	40 個接腳

樹莓派 5 的硬體規格

樹莓派 5（完整名稱是樹莓派 5 Model B）是在 2023 年 10 月底推出，其官方規格網頁如下所示：

https://www.raspberrypi.com/products/raspberry-pi-5/

樹莓派 5 的硬體規格說明，如下表所示：

CPU	Broadcom BCM2712 四核心 64 位元 Arm Cortex-A76
CPU 速度	2.4GHz
GPU	VideoCore VII GPU 繪圖核心
記憶體	4GB、8GB
USB	2 個 USB 2.0 版；2 個 USB 3.0 版
網路	1 個乙太網路連接器
WiFi	雙頻 802.11ac 無線網路
藍牙	Bluetooth 5.0，支援 Bluetooth Low Energy（BLE）
顯示	2 組 Micro-HDMI 連接器
電源	USB Type-C 5V 5A
儲存	Micro-SD 卡插槽
介面	2 個 CSI/DSI 介面和 1 個 PCI Express 介面
GPIO	40 個接腳
其他	外部電池供電的 RTC 時鐘、實體電源按鈕和風扇電源連接器

1-3-2　樹莓派 5 的硬體配置圖

　　樹莓派 5 和樹莓派 4 的外型相似，在本書主要是使用樹莓派 5，樹莓派 4 為輔（在樹莓派 5 並沒有樹莓派 4 的音源/AV 連接器）。樹莓派 5 的硬體配置圖如下圖所示：

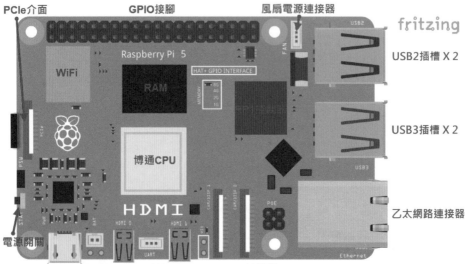

在上述硬體配置圖中，位在中間偏下的是博通 ARM 處理器，左上方是 WiFi 晶片，中間偏上是記憶體晶片，其右方是 RP1 控制晶片（取代之前的 VL805 USB 3.0 控制晶片）。在上邊二排是 GPIO 接腳，位在 GPIO 接腳的右邊是風扇電源連接器（樹莓派 4 不支援）。

樹莓派 5 右邊從上而下是 2 個 USB2、2 個 USB3 和乙太網路（Ethernet）插槽。在下邊從左至右依序是 USB Type-C 電源、2 個 Micro-HDMI 和 2 個 DSI/CSI 連接器。在左邊中間的 PCIe 介面插槽背面是 Micro-SD 插槽，用來安裝 Micro-SD 卡。其說明如下所示：

- **GPIO 接腳**（General Purpose Input/Output Pins）：位在樹莓派上邊有 2 排共 40 個接腳，這是用來連接外部電子電路或感測器模組。

- **USB 插槽**（USB Sockets）：在樹莓派右邊是兩組各 2 個的 USB 插槽，2 個藍色的是 USB 3.0，2 個黑色的是 USB 2.0，共有 4 個 USB 插槽，可以用來連接鍵盤和滑鼠等 USB 裝置。

- **乙太網路連接器**（Ethernet Connector）：位在右邊 USB 插槽的下方（樹莓派 4 是在最上方）是 RJ-45 接頭的乙太網路連接器，可以使用網路線來連接區域網路。

- **PCIe 介面**（PCI Express）：位在樹莓派左邊中間是 PCIe 介面，可以連接 SSD 硬碟和 10G 有線網路卡等高速裝置，來大幅提昇樹莓派的整體系統與網路效能（樹莓派 4 不支援）。

- **Micro-SD 卡插槽**（Micro-SD Card Slot）：位在樹莓派左邊中間的背面是 Micro-SD 卡插槽，因為樹莓派沒有硬碟，我們是在 Micro-SD 卡安裝作業系統，使用時請直接將 Micro-SD 卡插入至最底即可。

- **USB Type-C 插槽**：位在樹莓派下邊的最左方是電源供應的 USB Type-C 插槽，樹莓派 5 需要 5A（樹莓派 4 是 3A）電源供應。

- **HDMI 連接器**（HDMI Connector）：位在樹莓派下邊中間偏左是 2 組 Micro-HDMI 介面，可以連接支援 HDMI 介面的螢幕顯示裝置。

- **DSI/CSI 連接器**（DSI and CSI Connectors）：位在樹莓派下邊中間偏右是 2 個 DSI/CSI 兩用連接器（樹莓派 4 是 1 個 CSI，而其 DSI 位在 PCIe 介面的位置），可以連接樹莓派官方的相機模組，和 LCD 或觸控螢幕。

1-4　樹莓派的硬體配件

　　樹莓派只是一片名片大小的單板電腦，官方或第三方廠商都推出很多樹莓派的專屬硬體配件，在本節筆者準備介紹一些常用的樹莓派硬體配件。

樹莓派外殼

　　樹莓派因為只是一片電路板，為了保護這塊電路板，我們可以購買多種壓克力或不同材質的外殼來保護樹莓派。樹莓派官方版本的外殼如右圖所示：

 Tips　請注意！雖然樹莓派 4 和樹莓派 5 的外觀相似，不過，因為介面不同，樹莓派外殼並不能共用。

散熱片

如果會長時間使用樹莓派，建議購買一組 4 個散熱片貼在樹莓派正面的 3 個 IC（最大的貼在 CPU，長方形是記憶體，最小的是 USB 晶片）和 WiFi 晶片（黃銅色散熱片），如下圖所示（圖左是樹莓派 4，圖右是樹莓派 5）：

相機模組

樹莓派的相機模組是樹莓派的專屬配件，我們可以使用排線連接樹莓派的 CSI（Camera Serial Interface）連接器，讓樹莓派擁有照相和錄影功能，如下圖所示（圖左是樹莓派 4，圖右是樹莓派 5）：

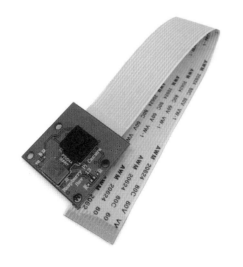

GPIO 接腳參考板（Reference Card）

樹莓派的 GPIO 接腳沒有任何說明文字，我們可以購買一片電路板的 GPIO 接腳參考板，如下圖所示：

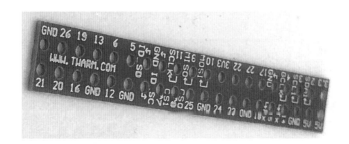

上述圖例是樹莓派 4 的 GPIO 接腳參考板，參考板是直接插在 40 個 GPIO 接腳上方，可以清楚標示各接腳的用途，避免在實作電子電路時不小心接錯了接腳，如下圖所示：

GPIO 接腳轉接器（Adapter）

樹莓派的 GPIO 接腳沒有十分堅固，為了避免經常使用接腳造成損傷，在市面上可以購買多種轉接器來**轉接至麵包板**，並且提供腳位名稱，方便我們使用 GPIO 接腳。常見轉接器有 T 型和 U 型二種，可以使用 40 個接頭的排線連接樹莓派的 GPIO 接腳，如下圖所示：

GPIO 接腳轉接器還有一種 I 型稱為 GPIO Cobbler，如下圖所示：

不論是購買 I、T 或 U 型的轉接器,我們都需要使用一條 40 個接頭的排線連接至樹莓派的 GPIO 接腳,如下圖所示:

樹莓派 B 型的 GPIO 多功能擴展板
(Raspberry Pi Model B GPIO Multi-Function Expansion Board)

樹莓派 B 型的 GPIO 多功能擴展板是將全部 40 個 GPIO 接腳拉出,其接線端子兼容工控擴展板,非常適合在工控環境之下使用,如下圖所示:

Raspberry Pi 主動冷卻器

　　樹莓派 5 有提供風扇電源連接器,可以連接有風扇的外殼,也可以安裝 Raspberry Pi 5 主動冷卻器。這是結合鋁製散熱片和溫控風扇的專用夾式的冷卻方案,就算是高負載下的樹莓派 5,也可以保持適當的操作溫度。與官方尺寸相同第三方廠商的主動冷卻器,如下圖所示:

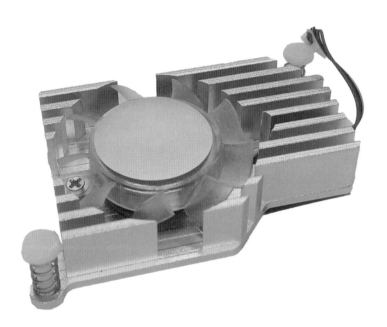

1-5 你需要知道的背景知識

　　在實際開始使用樹莓派前,一些與 Intel CPU 和 Windows 作業系統完全不同的背景知識,讀者需要有一定的認識。

1-5-1 Intel x86 與 ARM

Intel x86 與 ARM 是目前 PC 電腦和智慧型手機使用的 CPU 主流架構，其簡單說明如下所示：

- **Intel x86 架構：** Intel 英特爾公司在 1978 年從 Intel 8086 CPU 上開發出的 CPU 架構，x86 是一種複雜指令集（CISC，Complex Instruction Set Computing）處理器架構。這是目前桌上型和筆記型電腦主要使用的 CPU 架構。

- **ARM 架構：** 在 1980 年之後 Acorn 電腦公司開發的 CPU 架構，這是一種精簡指令集（RISC，Reduced Instruction Set Computing）處理器架構，已經廣泛使用在嵌入式系統，其設計目標是低成本、高效能和低耗電特性。目前絕大多數智慧型手機和樹莓派都是使用此架構的 CPU。

CISC 與 RISC 指令集

Intel x86 與 ARM 的 CPU 架構使用不同的指令集，稱為 CISC 和 RISC。基本上，早期開發的 CPU 都是 CISC，因為編譯器技術並不純熟，為了簡化程式設計，CPU 指令集愈加愈多，程式設計師只需一個指令就可以完成所需工作，造成 CPU 電晶體數量大幅成長，消耗功耗也直線上昇。

事實上，在整個 CISC 指令集的眾多指令中，只有約 20%的指令會常常使用。所以，在 1979 年加州大學柏克萊分校的 David Patterson 教授提出 RISC，指出 CPU 應該專注加速少少的常用指令，讓複雜指令直接使用軟體來處理，可以大幅簡化 CPU 設計來降低 CPU 功耗。

筆者準備使用一個簡單範例來說明 CISC 和 RISC 的差異，如下所示：

- **CISC：** 可以視為是一個支援乘法指令的 CPU，我們需要在 CPU 設計複雜電路來執行乘法，乘法運算只需一個指令就可以完成。

● **RISC**：不支援乘法指令，在 CPU 並不需要設計執行乘法的複雜電路，可以簡化 CPU 架構。而是大幅改進加法指令的電路設計，提供速度快 N 倍的加法運算電路。

　　RISC 架構的 CPU 一樣可以執行乘法，只是我們需要使用多個加法指令，使用軟體程式碼來執行乘法運算，所以 RISC 需要軟體優化來提昇執行效能。

樹莓派的 ARM 架構 CPU

　　樹莓派是使用 ARM 架構 CPU，這是博通（Broadcom）開發 BCM283x 系統的 SoC，SoC（System on Chip）是系統單晶片，將 ARM 架構的 CPU 和 GPU 集成到單一晶片的積體電路。各種樹莓派型號使用的 SoC 和 ARM 指令集版本，如下表所示：

樹莓派型號	SoC 型號	ARM 指令集
Model A、A+、B、B＋和 Zero	BCM2835	ARM v6
Pi 2 Model B	BCM2836	32 位元 ARM v7
Pi 3 Model B	BCM2837	64 位元 ARM v8
Pi 4 Model B	BCM2711	64 位元 ARM v8
Pi 5 Model B	BCM2712	64 位元 ARM v8

　　樹莓派的 ARM 架構 CPU，不同於傳統 PC 桌上型和筆記型電腦使用的 x86 架構 CPU。因為指令集不同，樹莓派並**不能執行 Windows 作業系統的軟體應用程式**，在樹莓派 Raspberry Pi OS 作業系統提供的是替代功能的辦公室軟體，包含文書處理、試算表和簡報軟體，不過，並不是 Windows 作業系統熟悉的 Word、Excel 和 PowerPoint，而是 LibreOffice 辦公室軟體。

1-5-2　Linux 與 Windows 作業系統

　　樹莓派除了 CPU 架構與傳統 PC 桌上型和筆記型電腦不同之外，另一個最大差異是執行的作業系統（Operating System）。目前 PC 桌上型和筆記型電腦主流的作業系統是微軟 Windows 作業系統，和 Apple 電腦的 macOS（舊名 OS X）作業系統（源於 Unix 的作業系統）。

　　在樹莓派執行的作業系統是一種開放原始碼（Open Source）的 GNU/Linux 作業系統。簡單的說，這些作業系統的原始程式碼（Source Code）可以自行下載，誰都看得到，如果你看得懂，你也可以修改它。不同於 Windows 作業系統是微軟公司的財產，你只能購買、安裝和授權使用 Windows 作業系統，並不能下載原始程式碼，也不允許使用者任意修改原始程式碼。

Linux 作業系統

　　Linux 作業系統核心（Kernel）是 Linus Benedict Torvalds 在 1991 年 10 月 5 日首次發布，最初只是支援英特爾 x86 架構 PC 電腦的一個免費作業系統。Linus Torvalds 希望在 PC 電腦也可以執行 Unix 作業系統，Unix 作業系統是當時大型電腦普遍執行的作業系統，換句話說，Linux 作業系統是源於 Unix 作業系統。

　　目前的 Linux 作業系統已經移植到各種電腦硬體平台，包含：單板電腦（例如：樹莓派）、智慧型手機（Android）、平板電腦、PC 電腦、路由器、智慧電視和電子遊戲機等，Linux 也可以在專業伺服器電腦和其他大型平台上執行，例如：大型主機、雲端運算中心和超級電腦。

　　嚴格來說，Linux 只是作業系統核心（Kernel），我們所泛稱的 Linux 作業系統是指基於 Linux 核心的一套完整作業系統，包含相關軟體應用程式、開發工具和桌面環境 GUI 圖形使用介面，稱為「套件版本」（Distributions），或稱為 Linux 發行版。

基本上，不同 Linux 套件版本都是針對不同需求所開發，它們都擁有相同的特點：使用相同 Linux 核心（版本可能不同）和都是開放原始碼（Open Source），而且大部分應用程式都可以在不同 Linux 套件版本執行，例如：針對 Debian Linux 開發的應用程式，也可以在 Ubuntu、Fedora、openSUSE 和 Arch Linux 等 Linux 套件版本上執行。

Windows 作業系統

Windows 作業系統是微軟公司開發的 GUI 圖形使用介面的作業系統，其主要操作邏輯是使用滑鼠和圖形使用介面的視窗與控制項來操作 Windows 電腦，我們幾乎不需要從鍵盤輸入任何文字指令，就可以操作 Windows 電腦。

對於熟悉 Windows 作業系統的使用者來說，Linux 作業系統是一種完全不同的使用經驗，像是在 Windows 作業系統熟悉的軟體工具不能在 Linux 作業系統上執行，還好，我們可以找到相同功能的 Linux 對應工具。

此外，目前很多使用者根本不曾使用過 Windows 作業系統「命令提示字元」視窗和下達 MS-DOS 指令。Linux 作業系統雖然提供桌面環境，不過，仍然有很多功能需要下達 Linux 指令來完成。Windows 與 Linux 作業系統對應使用介面的簡單說明，如下所示：

● **Windows 作業系統和 Linux 桌面環境**：事實上，Windows 作業系統是對應 Linux 作業系統的桌面環境。在樹莓派的 Raspberry Pi OS 作業系統預設啟動 **PIXEL 桌面環境**，在第 3 章有進一步的說明。

● **命令提示字元視窗和終端機**：一般來說，在 Windows 作業系統，沒有人會預設啟動進入「命令提示字元」視窗的命令列模式；但 Linux 作業系統的專業使用者大多預設進入命令列模式（而不是桌面環境），這稱為 CLI（Command-Line Interface）命令列使用介面。簡單的說，這就是文字使用介面，我們只能使用鍵盤輸入 Linux 指令來操作電腦，滑鼠在 CLI 幾乎是英雄無用武之地，在第 4 章有進一步的說明。

本書內容為了讓大多數熟悉 Windows 作業系統的使用者也能夠輕鬆使用 Linux 作業系統，在內容上主要說明 Raspberry Pi OS 作業系統的 PIXEL 桌面環境，只有在桌面環境沒有提供的功能，或操作上更複雜的部分才會啟動終端機視窗，使用鍵盤輸入文字內容的 Linux 指令來完成相關操作。

學習評量

1. 請說明什麼是樹莓派？何謂樹莓派基金會？

2. 在樹莓派執行的是開源 _____ 作業系統，官方建議安裝的作業系統名稱是 _____，其桌面環境名稱是 _____。

3. 請簡單描述樹莓派 5 的硬體配置為何？什麼是 GPIO 多功能擴展板和 Raspberry Pi 主動冷卻器？

4. 請簡單說明 Intel x86 和 ARM？CISC 和 RISC 的 CPU 有何不同？

5. 請比較 Linux 和 Windows 作業系統在操作上的主要差異為何？

chapter 2

購買、安裝與
使用樹莓派

▷ 2-1 購買樹莓派與周邊裝置

▷ 2-2 安裝 Raspberry Pi OS 至 Micro-SD 卡

▷ 2-3 在 Windows 用 VNC 遠端連線使用樹莓派

▷ 2-4 設定 Raspberry Pi OS

▷ 2-5 在瀏覽器用 Raspberry Pi Connect 遠端連線使用樹莓派

2-1 購買樹莓派與周邊裝置

樹莓派只是一片信用卡大小的單板電腦，並不包含任何周邊裝置，例如：螢幕、滑鼠與鍵盤。我們需要購買相關周邊裝置和連接線，並且在 Micro-SD 寫入作業系統映像檔後，才能啟動和使用樹莓派。

 Tips **請注意！** 本書主要是透過 Windows 作業系統來遠端使用樹莓派，你只需購買樹莓派、USB 電源和 Micro-SD 卡，不需螢幕、滑鼠與鍵盤，就可以參閱第 2-3 節透過 WiFi 基地台用 VNC 來遠端使用樹莓派。

2-1-1 樹莓派的購買清單

單獨購買一片樹莓派並無法馬上使用，我們需要完整購買樹莓派所需的周邊裝置和連接線，才能連接組裝成可使用的樹莓派桌上型迷你電腦。樹莓派一定需要購買的項目清單，如下表所示：

購買項目	說明
樹莓派	樹莓派 4 或樹莓派 5（建議購買）
電源供應器	USB Type-C 接頭的電源供應器，樹莓派 4 是 15W 3A；樹莓派 5 是 27W 5A
Micro-SD 記憶卡	32GB 以上著名品牌的 Micro-SD 記憶卡，因為本書說明 AI 應用，建議使用 64GB 以上
Micro-SD 記憶卡讀卡機	在 Windows 電腦擁有 Micro-SD 記憶卡的讀卡機，以便將 Raspberry Pi OS 作業系統映像檔寫入 Micro-SD 記憶卡
區域網路線/WiFi 基地台	如果用區域網路連線 Internet，需要購買網路線，在本書是用 WiFi 無線網路，你需要一台 WiFi 基地台

如果是準備組裝成第 2-1-2 節的樹莓派桌上型迷你電腦，你還需要購買下列項目清單（**遠端連線使用並不需要購買**），如下表所示：

購買項目	說明
鍵盤和滑鼠	使用 USB 接頭的滑鼠與鍵盤
電視或電腦螢幕	支援 HDMI 介面的電視或電腦螢幕，樹莓派 4/5 支援連接 2 台 4K 雙螢幕
螢幕連接線	HDMI 連接線，樹莓派 4/5 是 Micro-HDMI 接頭（樹莓派 3 是標準接頭），若使用標準接頭的 HDMI 連接線需要加購 Micro-HDMI 轉接頭

樹莓派 4/5 在運行時溫度會有些高，建議在樹莓派安裝鋁製散熱片，或者使用鋁製或內建風扇的外殼來幫忙散熱。樹莓派 5 可加購和安裝官方的 Raspberry Pi 主動冷卻器（Active Cooler）。

一般使用來說，樹莓派 5 仍然可以使用樹莓派 4 的電源供應器，並沒有什麼問題，不過，對於連接的 USB 裝置所能提供的電流就會有所限制，例如：連接第 8 章的 Raspberry Pi Pico 開發板或其他外部裝置。

2-1-2　連接樹莓派與周邊裝置

當準備或購買好第 2-1-1 節樹莓派購買清單的項目後，我們就可以連接樹莓派與周邊裝置，組裝成一台樹莓派的桌上型迷你電腦。因為網路可以使用無線或有線方式連接，所以會有兩種連接方式。

第一種方式：連接區域網路

鍵盤和滑鼠連接至樹莓派的 USB 連接埠，需佔用 2 個 USB 連接埠。網路部分是使用網路線連接網路集線器來建立 Internet 連線。樹莓派 4/5 可接 2 個螢幕，第 1 個螢幕是連接 USB 電源旁的 Micro-HDMI 連接埠，如下圖所示：

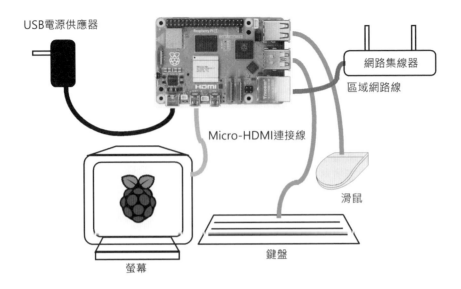

USB電源供應器

網路集線器

區域網路線

Micro-HDMI連接線

滑鼠

螢幕

鍵盤

第二種方式：使用 WiFi 無線網路

　　網路部分是連接 WiFi 基地台，樹莓派 4/5 內建 WiFi 無線網路卡。除網路連接外，其他部分與第一種方式相同，如下圖所示：

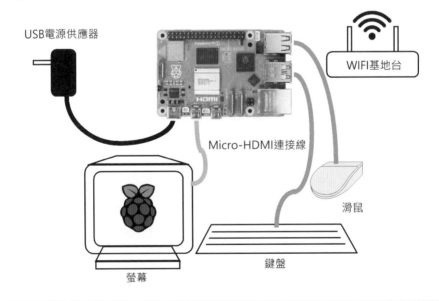

USB電源供應器

WIFI基地台

Micro-HDMI連接線

滑鼠

螢幕

鍵盤

Tips **請注意！**雖然樹莓派支援藍牙介面的滑鼠與鍵盤，但若不是使用遠端連接，第 1 次使用仍然需要使用 USB 鍵盤和滑鼠來進行藍牙滑鼠與鍵盤的配對操作。

安裝 Raspberry Pi OS
至 Micro-SD 卡

樹莓派單板電腦並**沒有硬碟**，我們是在 Micro-SD 卡安裝作業系統，雖然樹莓派支援多種作業系統，對於初學者來說，建議使用官方 Raspberry Pi OS 作業系統，這是入門樹莓派的最佳選擇。

樹莓派基金會提供 Raspberry Pi Imager 工具來幫助我們安裝 Raspberry Pi OS 作業系統。

2-2-1　下載和安裝 Raspberry Pi Imager

Raspberry Pi Imager 可以將 Raspberry Pi OS 映像檔寫入 Micro-SD 卡，其免費下載的 URL 網址，如下所示：

https://www.raspberrypi.org/software/

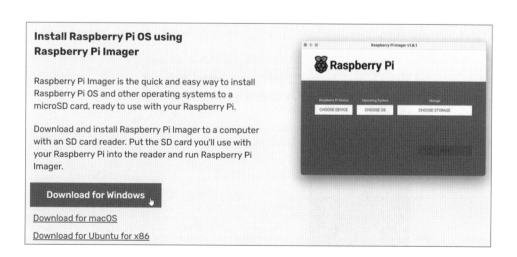

上述網頁內容左邊可以下載指定作業系統的 Raspberry Pi Imager，在本書是使用 Windows 作業系統，請按 **Download for Windows** 鈕下載 Raspberry Pi Imager，在本書的下載檔名是 **imager_1.8.5.exe**。其安裝步驟如下所示：

Step 1 請雙擊下載檔 **imager_1.8.5.exe**，可以看到歡迎安裝的精靈畫面，請按 **Install** 鈕。

Step 2 等到安裝完成可以看到完成安裝的精靈畫面，按 **Finish** 鈕完成安裝。

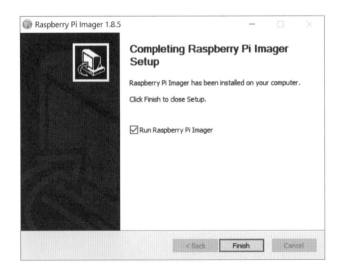

上述精靈畫面步驟如果勾選 **Run Raspberry Pi Imager**，完成安裝就會馬上啟動 Raspberry Pi Imager。

2-2-2　將 Raspberry Pi OS 映像檔寫入 Micro-SD 卡

在本書是使用 Raspberry Pi Imager 安裝完整最新版的 Raspberry Pi OS，包含相關工具程式，其步驟如下所示：

Step 1　請將 Micro-SD 卡插入 USB 讀卡機，並連上 Windows 電腦的 USB 連接埠。

Step 2　執行「開始/Raspberry Pi/Raspberry Pi Imager」命令，在安全性警告按**是**鈕後，首先按 **CHOOSE DEVICE** 鈕，選擇樹莓派裝置的種類是 4 或 5。

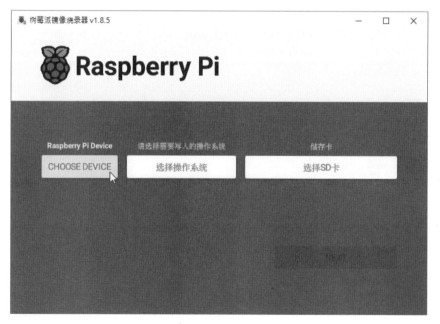

Step 3　請選你的樹莓派是 Raspberry Pi 5 或 Raspberry Pi 4。

Step

4
按第 2 個**選擇操作系統**鈕，選擇 OS 映像檔的作業系統，請選擇第 1 個 **Raspberry Pi OS（64-bit）**最新的 Bookworm 作業系統。

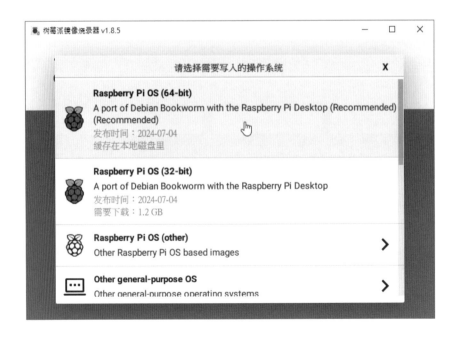

$Step$
5 在看到我們選擇的裝置和作業系統後，按**選擇 SD 卡**鈕選擇寫入的
Micro-SD 卡。

$Step$
6 選 **Mass Storage Device USB Device - ??.? GB** 的 Micro-SD 卡。
請注意！不要選到 Windows 電腦的硬碟。

Step **7** 在完成選擇後，按 **NEXT** 鈕繼續。

Step **8** 在寫入映像檔前，我們可以客製化 Raspberry Pi OS 的設定，如此在第 1 次啟動時，就不需重複設定，請按**編輯設置**鈕進行編輯。

Step **9** 在 **GENERAL** 標籤的第 1 個核取方塊，可以設置主機名稱，即樹莓派名稱，請用預設值不用更改。接著，請勾選 **Set username and password**，設定使用者名稱 **pi** 和密碼（在本書是 a123456）。再勾選**配置 WIFI** 輸入基地台名稱和密碼，下方選 **TW**。最後勾選**語言設置**，在時區選 **Asia/Taipei**，鍵盤布局選 **tw**。

Step
10

選 **SERVICES** 標籤，勾**開啟 SSH 服務**啟用 SSH，選**使用密碼登入**
認證方式後，按**保存**鈕儲存設定。

Step
11 請按**是**鈕套用客製化設定。

Step
12 因為寫入操作會清除 Micro SD 卡上的所有資料,請按**是**鈕確認執行寫入操作。

Step
13 請等待下載和寫入 OS 映像檔,因為還需要驗證,所以需花一些時間,等到完成後,請按**繼續**鈕。

$\begin{array}{c} Step \\ \boxed{14} \end{array}$ 請移除讀卡機的 Micro-SD 卡,因為 OS 映像檔的關係,Windows 電腦會顯示格式化 Micro-SD 卡的訊息視窗,請不用理會此訊息視窗。

2-2-3 將 Micro-SD 卡插入樹莓派

在成功下載、完成客製化與寫入 Raspberry Pi OS 作業系統映像檔至 Micro-SD 卡後,就可以將 Micro-SD 卡插入樹莓派背面的 Micro-SD 插槽 (取出 Micro-SD 卡請直接拉出記憶卡即可),如下圖所示:

在完成安裝 Raspberry Pi OS 至 Micro-SD 卡和插入樹莓派後，請參閱第 2-1-2 節的圖例連接樹莓派和周邊裝置後，就可以如同 Windows 電腦一般的啟動和使用樹莓派。

為了方便初學者透過 Windows 作業系統來學習樹莓派，你不需要連接鍵盤、滑鼠和螢幕，就可以直接從 Windows 電腦透過 SSH 或 VNC 來遠端連線使用樹莓派。本節是接續第 2-2 節，使用 SSH 開啟 VNC 伺服器後，透過 WiFi 基地台，在 Windows 作業系統用 VNC 來遠端使用樹莓派的桌面環境。

步驟一：啟動樹莓派用 SSH 遠端連線來啟用 VNC 伺服器

基本上，樹莓派只需插入電源，就會馬上啟動 Raspberry Pi OS 作業系統。樹莓派 4 沒有電源開關，樹莓派 5 有手動電源開關，可以手動按一下按鍵，放開後再按一下來關機（顯示紅色 LED）；如果是用手動關機，就可以再按一下來啟動樹莓派（顯示綠色 LED）。

在啟動後，我們需要使用 SSH 遠端連線來啟用 VNC 伺服器，使用的是免費 **SSH 工具 PuTTY**，其官方下載網址如下所示：

https://www.chiark.greenend.org.uk/~sgtatham/putty/latest.html

Alternative binary files

The installer packages above will provide versions of all of these (except PuTTYtel

(Not sure whether you want the 32-bit or the 64-bit version? Read the FAQ entry.)

putty.exe (the SSH and Telnet client itself)

64-bit x86:	putty.exe	(signature)
64-bit Arm:	putty.exe	(signature)
32-bit x86:	putty.exe	(signature)

在「Alternative binary files」區段成功下載 PuTTY 工具 putty.exe 後，就可以在 Windows 電腦用 SSH 遠端連線樹莓派，其步驟如下所示：

Step 1
將樹莓派插上電源啟動 Raspberry Pi OS 作業系統和連線 WiFi 基地台。樹莓派 5 如果已用電源關關手動關機，請再按一下啟動樹莓派。

Step 2
稍等一下，就可以使用 ping 工具判斷樹莓派是否成功啟動和取得 IP 位址。請在 Windows 作業系統搜尋 CMD 啟動「命令提示字元」視窗後，輸入 ping 指令測試樹莓派連線，參數 -4 是回應 IPv4 的 IP 位址。當成功傳送資料和取得 IP 位址（在本書是 192.168.1.116）後，表示已經成功啟動樹莓派，如下所示：

```
ping -4 raspberrypi.local  Enter
```

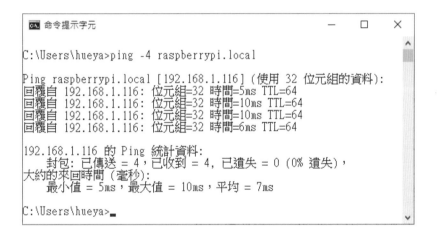

Tips 使用 ping 指令測試樹莓派是否連線時，若遇到「Ping 要求找不到主機 raspberrypi.local。請檢查名稱，然候再試一次。」這種情況，可先檢察 Windows 電腦連線的 WiFi 和樹莓派配置的 WiFi 是否一致。而若輸出「要求等候逾時。」可嘗試將 Windows 連線至不同的 WiFi，並重新配置樹莓派的 WiFi。

$\overset{Step}{\boxed{3}}$ 執行下載的 **putty.exe** 啟動 PuTTY 工具。在「PuTTY Configuration」對話方塊的 **Host Name（or IP address）** 欄輸入樹莓派的主機名稱 **raspberrypi.local** 或 IP 位址，Port 埠號是 22，下方選 **SSH**，最後按 **Open** 鈕。

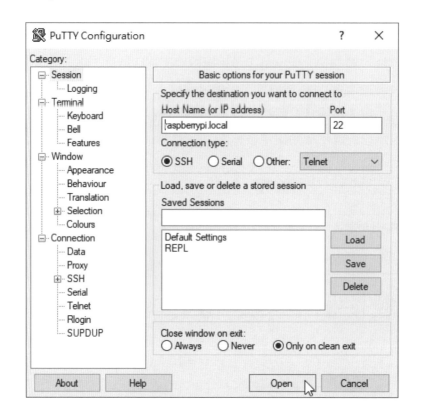

$\overset{Step}{\boxed{4}}$ 如果主機 SSH 金鑰沒有儲存，就會出現一個警告訊息，不用理會，請按 **Accept** 鈕。

Step **5** 開啟命令列模式的連線視窗，在 **login as:** 提示文字後輸入第 2-2-2 節的使用者名稱 **pi**，按 Enter 鍵；接著輸入第 2-2-2 節的密碼 **a123456**，按 Enter 鍵。稍等一下，當看到提示字元「$」，就表示已經成功連線樹莓派，如下圖所示：

　　上述畫面是 **Linux 終端機的命令列模式**（對應 Windows 作業系統的「命令提示字元」視窗），我們可以在此畫面輸入命令列的 Linux 指令來操作樹莓派，其進一步說明請參閱第 4 章。

接著，我們需要使用樹莓派設定工具來啟用 VNC 伺服器，請繼續上述步驟，如下所示：

6 請輸入下列指令來啟動設定工具，如下所示：

```
$ sudo raspi-config [Enter]
```

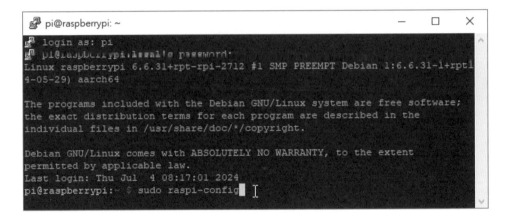

Step

7 使用鍵盤上/下方向鍵移至 **Interface Options** 選項，按 [Enter] 鍵。

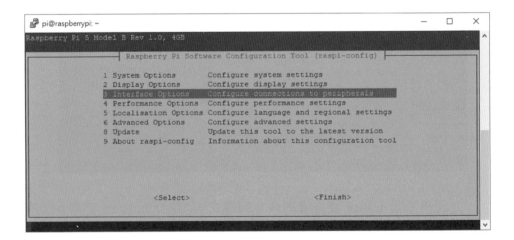

Step 8 再使用鍵盤上/下方向鍵移至 **VNC** 選項，按 Enter 鍵。

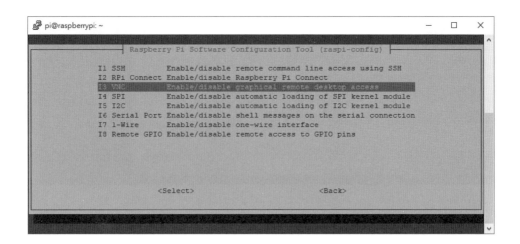

Step 9 請使用鍵盤左/右方向鍵移至 **<Yes>**，按 Enter 鍵啟用 VNC 伺服器。

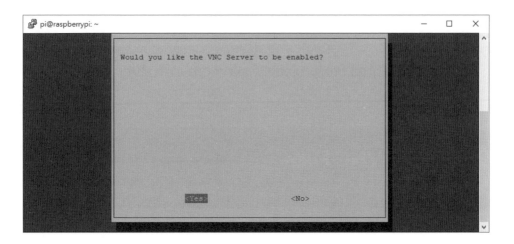

Step 10 可以看到訊息指出 VNC 伺服器已經啟用，目前是在 **<Ok>**，請按 Enter 鍵回到主選單。

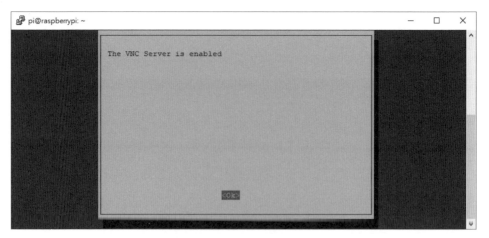

Step

11 在主選單按 Esc 鍵，就可以結束樹莓派設定工具。

步驟二：下載與安裝 VNC 檢視器

VNC 檢視器（VNC Viewer）是連線 VNC 伺服器（VNC Server）的客戶端程式，在本書是用 TigerVNC 檢視器，其下載網址如下所示：

> https://sourceforge.net/projects/tigervnc/files/stable/

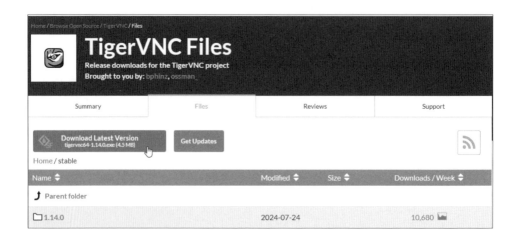

請按 **Download Latest Version** 鈕下載 TigerVNC 檢視器，在本書的下載檔名是 **tigervnc64-1.14.0.exe**。其安裝步驟如下所示：

Step **1** 請雙擊下載檔 **tigervnc64-1.14.0.exe**，如果看到藍色的「Windows 已經保護你的電腦」訊息視窗，請按**其他資訊**超連結，再按**仍要執行**鈕來執行此檔案。

Step **2** 在歡迎安裝的精靈畫面，按 **Next >** 鈕。

Step **3** 勾選 **I accept the agreement** 同意授權後，按 **Next >** 鈕。

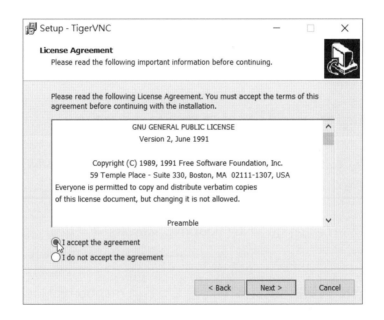

Step **4** 選擇安裝路徑，不用更改，按 **Next >** 鈕。

Step **5** 建立開始功能表命令，不用更改，按 **Next >** 鈕。

Step **6** 請按 **Install** 鈕開始安裝。

Step

7 等到安裝完成可以看到完成安裝的精靈畫面，按 **Finish** 鈕完成安裝。

步驟三：使用 VNC 檢視器遠端連線桌面環境

當成功下載安裝 TigerVNC 檢視器後，就可以啟動 TigerVNC 檢視器遠端連線樹莓派的 VNC 伺服器，其步驟如下所示：

Step

1 請執行「開始/TigerVNC/TigerVNC Viewer」命令啟動 TigerVNC 檢視器。

Step

2 在 **VNC 伺服器**欄輸入樹莓派的主機名稱 raspberrypi.local 或 IP 位址，按**選項**鈕。

3 在左邊選**輸入**標籤，右邊選**若無游標則改顯示一個點**後，按**確認**鈕。

Step

4 再按**連線**鈕，可以看到一個警告訊息指出未知認證，請按**確認**鈕。

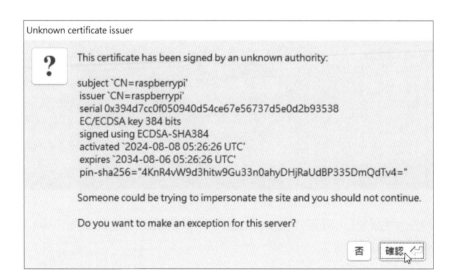

Step 5 在「VNC 認證」對話方塊的**使用者名稱：**欄輸入 **pi**，**密碼：**欄輸入 **a123456**，按**確認**鈕。

Step 6 可以看到成功連接遠端樹莓派的 PIXEL 桌面環境，如下圖所示：

　　現在，我們就可以直接在 Windows 作業系統透過遠端桌面來進行樹莓派設定和使用樹莓派。

步驟四：登出 Raspberry Pi OS 作業系統

如同 Windows 作業系統，樹莓派的 Raspberry Pi OS 作業系統一樣需要正確的關機，也就是結束 Raspberry Pi OS 作業系統，其步驟如下所示：

Step 1 請在 PIXEL 桌面環境執行「Menu/Shutdown」命令（中文是**登出**命令）。

Step 2 可以看到「Shutdown Options」對話方塊，請按 **Shutdown** 鈕關機。

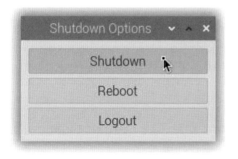

上述 **Reboot** 鈕是重新啟動 Raspberry Pi OS 作業系統；**Logout** 鈕是登出使用者。

Step 3 可以看到一個 TigerVNC 檢視器中斷連線的警告訊息，請按**否**鈕（按**確認**鈕是嘗試重新連線），稍等一下，你的樹莓派就可以移除電源。

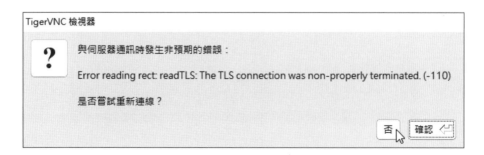

2-4 設定 Raspberry Pi OS

當成功進入 Raspberry Pi OS 桌面環境後，我們就可以進行相關設定，如果在第 2-2-2 節沒有進行客製化設定，第 1 次啟動就需設定 Raspberry Pi OS（其設定內容和第 2-2-2 節相同）。

2-4-1 設定 Raspberry Pi OS 作業系統中文介面

在第 2-2-2 節的客製化設定只有設定時區和鍵盤，並沒有語言，我們準備將 Raspberry Pi OS 作業系統改為中文介面，其步驟如下所示：

Step 1 請啟動樹莓派後，執行「Menu/Preferences/Raspberry Pi Configuration」命令。

Step 2 在「Raspberry Pi Configuration」對話方塊，選 **Localisation** 標籤的本地化設定，然後按 **Set Locale**… 鈕進行設定。

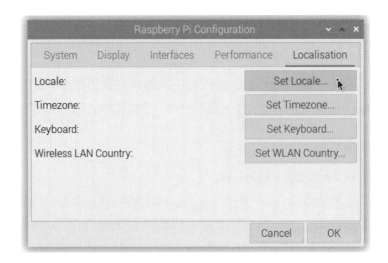

在 **Language** 語言欄選 **zh（Chinese）**，**Country** 欄選 **TW**
（Taiwan），**Character Set** 字元集欄選 **UTF-8**，按 **OK** 鈕。

請稍等一下，等待設定完成後，在「Raspberry Pi Configuration」對
話方塊按 **OK** 鈕，可以看到一個訊息視窗，請按 **Yes** 鈕重新啟動樹
莓派，就可以完成語言設定。

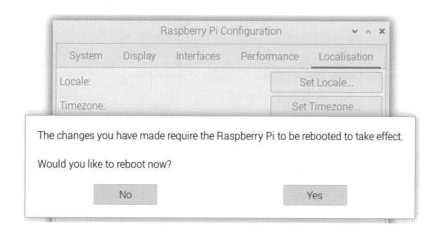

　　在成功重新啟動樹莓派後，可以看到桌面環境的介面語言已經改成中
文。

2-4-2　啟用 SSH 和 VNC 伺服器

若是使用樹莓派桌上型迷你電腦，在 Raspberry Pi OS 預設是停用 SSH 介面和 VNC 伺服器，此時，如果需要進行遠端連線，就可以在圖形介面啟用 SSH 和 VNC 伺服器，其步驟如下所示：

Step 1 請執行「選單/偏好設定/Raspberry Pi 設定」命令，可以看到「Raspberry Pi 設定」對話方塊。

Step 2 選**介面**標籤，分別開啟 SSH 列和 VNC 列的開關來啟用 SSH 和 VNC 後，按**確定**鈕完成設定。

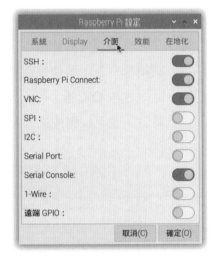

上述 Raspberry Pi Connect 預設是啟用，其進一步說明請參閱第 2-5 節。

2-4-3　設定 WiFi 無線網路

Tips　請注意！如果是使用 VNC 遠端連線使用樹莓派，請**勿**任意更改 WiFi 連線的設定，否則就會同時中斷遠端連線。

我們只需點選 Raspberry Pi OS 桌面環境的右上方 WiFi 圖示，稍等一下，就可以看到目前可用的基地台清單，如下圖所示：

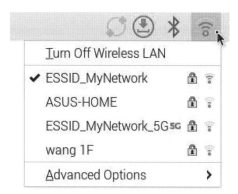

上述第 1 個命令 **Turn Off Wireless LAN** 是關閉無線網路。在選擇基地台後，如果有連線密碼，就會顯示對話方塊來輸入密碼。

2-4-4 藍牙裝置配對

樹莓派支援藍牙（Bluetooth），藍牙裝置配對是點選第 1 個藍牙圖示。在功能表第 1 個 **Turn Off Bluetooth** 命令是關閉藍牙功能，第 2 個 **Make Discoverable** 命令可以讓其他裝置搜尋到樹莓派，**Add Device…** 命令是新增藍牙裝置，如下圖所示：

請執行 **Add Device…** 命令新增藍牙裝置，可以在「Add New Device」對話方塊，顯示搜尋到可用藍牙裝置，在選擇後，按 **Pair** 鈕進行配對。

當成功配對裝置後，就可以看到成功配對的訊息視窗，請按**確定**鈕。

　　現在，樹莓派就可以使用藍牙來連接此裝置，以此例是藍牙滑鼠。點選此裝置，因目前在連線中，我們可以執行 **Disconnect**… 命令中斷連線（如果中斷連線時就執行 **Connect**… 命令連線裝置）；**Remove**… 命令是移除此藍牙裝置，如下圖所示：

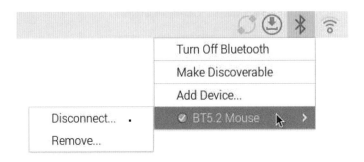

2-5 在瀏覽器用 Raspberry Pi Connect 遠端連線使用樹莓派

Raspberry Pi Connect 是樹莓派全新的遠端桌面控制方案，可以讓我們從全世界任何角落透過瀏覽器來連線 Raspberry Pi 桌面環境與命令列。我們只需申請 Raspberry Pi ID 和安裝 Connect 工具，就可以在瀏覽器進入 connect.raspberrypi.com 來進行遠端連線。

 Tips 　**請注意！** Raspberry Pi OS 需要 64 位元 Bookworm 以上版本才能安裝 Connect 工具（只適用樹莓派 4 或 5），而且是使用預設 Wayland 圖形顯示協議（第 4-6 節有進一步說明），才能在瀏覽器進行遠端連線。

步驟一：申請 Raspberry Pi ID

在樹莓派使用 Raspberry Pi Connect 需要申請 Raspberry Pi ID，其申請步驟如下所示：

Step **1** 請啟動瀏覽器進入 https://connect.raspberrypi.com/sign-in，點選 **create one for free** 超連結申請 ID，如下圖所示：

Step **2** 依序輸入電子郵件地址、2 次密碼和暱稱後，勾選 **I agree to the Terms and Conditions**，在通過人類驗證後，按 **Continue** 鈕。

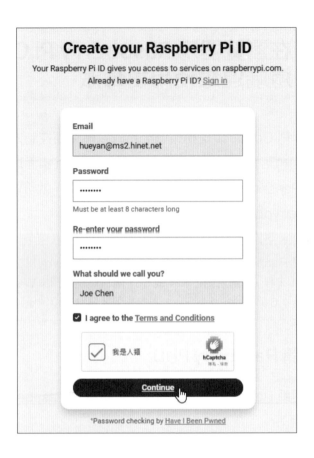

Step

3 接著驗證你的電子郵件地址。

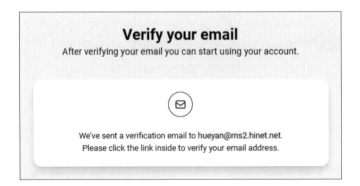

Step

4 請啟動電子郵件工具,在收到驗證郵件後,按 **Verify email** 鈕,就可以完成 Raspberry Pi ID 的申請。

步驟二：在 Raspberry Pi OS 安裝 Connect 工具

　　我們是使用 SSH 連線樹莓派 Raspberry Pi OS 來安裝 Connect 工具，其步驟如下所示：

Step
1

請啟動樹莓派後，執行 **putty.exe** 啟動 PuTTY 工具，使用 SSH 連線樹莓派後，就可以開啟命令列模式的連線視窗。

Step
2

在 **login as:** 提示文字後輸入使用者名稱和密碼，稍等一下，當看到提示字元「$」，就表示已經成功連線。首先需要更新系統，請依序執行下列命令列指令，如下所示：

```
$ sudo apt update   Enter
$ sudo apt -y upgrade   Enter
```

```
pi@raspberrypi:~ $ sudo apt update
已有:1 http://deb.debian.org/debian bookworm InRelease
已有:2 http://deb.debian.org/debian-security bookworm-security InRelease
已有:3 http://deb.debian.org/debian bookworm-updates InRelease
已有:4 http://archive.raspberrypi.com/debian bookworm InRelease
正在讀取套件清單... 完成
正在重建相依關係... 完成
正在讀取狀態資料... 完成
41 packages can be upgraded. Run 'apt list --upgradable' to see them.
pi@raspberrypi:~ $ sudo apt -y upgrade
正在讀取套件清單... 完成
正在重建相依關係... 完成
正在讀取狀態資料... 完成
```

Tips 系統需更新一段時間，請耐心等待。

Step **3** 執行安裝 Connect 工具的命令列指令，如下所示：

```
$ sudo apt install rpi-connect Enter
```

Step **4** 在成功安裝後，我們需要重新啟動樹莓派來啟動 Connect 服務，其命令列指令如下所示：

```
$ sudo reboot Enter
```

關於命令列應用程式安裝的詳細說明，請參閱第 4-5-2 節。

步驟三：連接你的樹莓派裝置和 Raspberry Pi ID

在成功安裝 Connect 工具且重新啟動樹莓派後，我們就可以連接你的樹莓派和 Raspberry Pi ID，其步驟如下所示：

Step **1** 請再次啟動 PuTTY 工具，使用 SSH 連線樹莓派後，就可以開啟命令列模式的連線視窗。

Step **2** 執行下列命令列指令來生成驗證 URL 網址，如下所示：

```
$ rpi-connect signin Enter
```

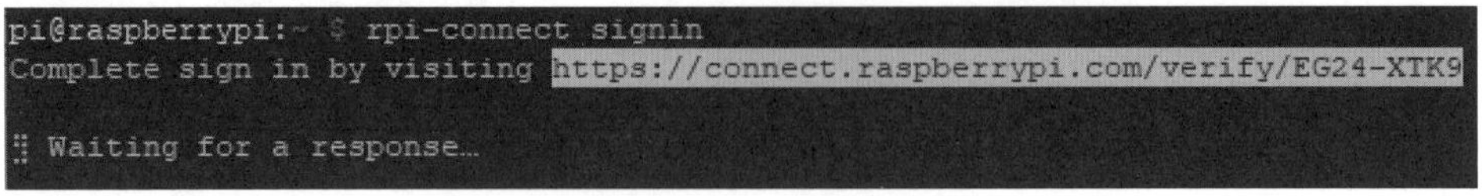

pi@raspberrypi:~ $ rpi-connect signin
Complete sign in by visiting https://connect.raspberrypi.com/verify/EG24-XTK9
Waiting for a response…

Step **3** 請用滑鼠拖拉選取上述 URL 網址後，按滑鼠左鍵，即可複製至剪貼簿。然後啟動瀏覽器進入此驗證網址，即可按下按鈕登入你的 Raspberry Pi ID，如下圖所示：

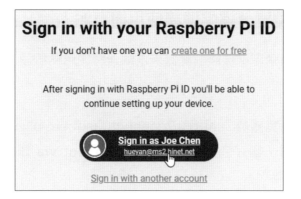

在欄位輸入裝置名稱後,按 **Create device and sign in** 鈕建立且登錄此裝置。

可以看到已經成功登錄此裝置,如下圖所示:

步驟四：在瀏覽器遠端連線使用樹莓派

現在，我們就可以透過瀏覽器來遠端連線使用樹莓派，其步驟如下所示：

Step 1　請啟動瀏覽器登入 https://connect.raspberrypi.com/，可以看到裝置清單，請在裝置名稱後，按 **Connect via** 鈕，執行 **Screen sharing** 命令。

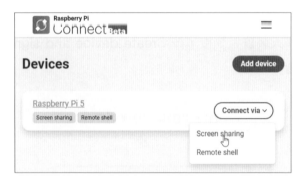

Step 2　可以看到開啟一個新的瀏覽器視窗，連線顯示 Raspberry Pi OS 的桌面環境，如下圖所示：

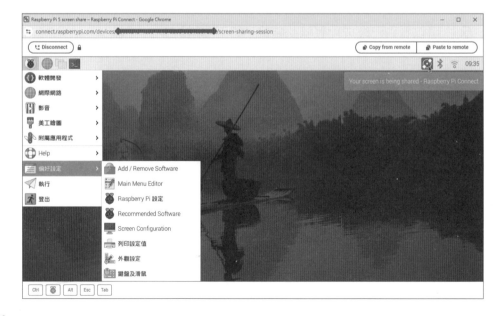

　　按左上角 **Disconnect** 鈕可以中斷連線。在桌面環境工作列右上方的第 1 的圖示，就是 Raspberry Pi Connect 圖示，可以看到目前是使用 Raspberry Pi Connect 來分享螢幕。

學習評量

1. 請自行一一列出樹莓派所需的購買清單。

2. 請以你手上的樹莓派和周邊裝置為例，試著繪出樹莓派是如何連接這些周邊裝置。

3. 請參考第 2-2 節的步驟在樹莓派的 Micro-SD 卡安裝 Raspberry Pi OS 作業系統後，參考第 2-3 節的說明和步驟，在 Windows 作業系統使用 VNC 遠端連線來使用樹莓派。

4. 當成功啟動樹莓派後，請參考第 2-4 節的說明與步驟，將 Raspberry Pi OS 作業系統改為中文使用介面，和執行藍牙裝置配對。

5. 當成功啟動樹莓派後，請參考第 2-5 節的說明和步驟，可以透過瀏覽器使用 Raspberry Pi Connect 來遠端連線使用樹莓派。

MEMO

chapter

3

Raspberry Pi OS
基本使用

▷ 3-1   認識 Linux、終端機和桌面環境

▷ 3-2   使用 Raspberry Pi OS 桌面環境

▷ 3-3   Raspberry Pi OS 應用程式介紹

▷ 3-4   Raspberry Pi OS 偏好設定

▷ 3-5   在 Raspberry Pi OS 執行命令

▷ 3-6   在 Windows 和樹莓派之間交換檔案

3-1 認識 Linux、終端機和桌面環境

樹莓派的 Raspberry Pi OS 作業系統是一種 Linux 作業系統，Linux 是一套開放原始碼的作業系統專案，其開發的「核心」(Kernel) 可以免費讓任何人使用，例如：Android 作業系統的核心也是 Linux。

3-1-1 終端機和桌面環境

Linux 核心 (Kernel) 是作業系統的心臟，負責使用者和硬體之間的通訊。

> **Tips** **請注意！**核心並不包含應用程式，如果電腦只有安裝 Linux 核心，事實上，我們根本做不了什麼事。

目前市面上的 Linux 作業系統，只有其 Linux 核心相同，各家廠商會依據不同需求建立客製化的套件版本 (Distributions)，套件會搭配不同的應用程式和桌面環境。樹莓派官方的 Linux 套件稱為 Raspberry Pi OS，這是源於著名的 Debian Linux 套件，所以，Debian Linux 就是 Raspberry Pi OS 作業系統的父套件。

早期 Linux 作業系統只有控制台的命令列模式，稱為「**終端機**」(Terminal)，我們需要使用鍵盤輸入文字的 Linux 指令來指揮電腦工作，所有 Linux 套件的終端機幾乎相同。但是，隨著視窗操作系統的興起，Linux 也支援稱為 X Window 的視窗系統，即 GUI 圖形使用介面 (Graphical User Interface)，或稱為「**桌面環境**」(Desktop Environment)。

Linux 套件因為各家支援的桌面環境不同,所以在外觀上有很大的差異,例如:GNOME 和 KDE 是二套著名的 Linux 桌面環境。Raspberry Pi OS 作業系統的桌面環境在舊版稱為 LXDE(Lightweight X11 Desktop Environment),在 2016 年 9 月推出 PIXEL(Pi Improved X Window Environment, Lightweight),這是源於 X Window 的輕量型桌面環境。

3-1-2 Raspberry Pi OS 作業系統的使用方式

對於熟悉 Windows 作業系統的使用者來說,Raspberry Pi OS 這種 Linux 作業系統在使用上有一些差異。大部分 Windows 作業系統的使用者並不需要了解或使用到「**命令提示字元**」視窗的 MS-DOS 指令,因為視窗操作系統已經提供所有的操作功能。

Linux 作業系統的桌面環境雖然也可以執行大部分的功能,不過,仍然有部分功能只能在終端機下達 Linux 指令來達成,而且,有時使用 Linux 指令反而更簡單。Raspberry Pi OS 作業系統的 2 種主要使用方式,其說明如下所示:

- **終端機的命令列模式**:對比 Windows 作業系統是在「命令提示字元」視窗輸入 MS-DOS 指令,我們需要下達 Linux 指令來使用 Raspberry Pi OS 作業系統,其進一步說明請參閱第 4 章。

- **桌面環境**:對比 Windows 作業系統的視窗操作環境,可以使用滑鼠和視窗介面來使用 Raspberry Pi OS 作業系統,在本章就是說明 Linux 作業系統的桌面環境。

3-2　使用 Raspberry Pi OS 桌面環境

Raspberry Pi OS 作業系統的桌面環境是 PIXEL，一套輕量化的 X Window，對於熟悉 Windows 作業系統的使用者來說，在操作上應該沒有什麼太大的問題。

主功能表

在桌面左上角的第 1 個圖示是選單（Menu）的主功能表，對比 Windows 作業系統就是開始功能表，點選圖示即可開啟主功能表，如右圖所示：

右述主功能表是使用分類方式來管理各種應用程式，各分類的應用程式說明，請參閱第 3-3 節。

應用程式列

在桌面上方的橫條是應用程式列，對比 Windows 作業系統，就是位在下方的工作列。當在 Raspberry Pi OS 開啟應用程式，該應用程式標籤就會顯示在應用程式列上，例如：啟動檔案管理程式和新增/刪除應用程式，如下圖所示：

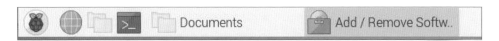

　　上述應用程式列的最右邊圖示依序是 Raspberry Pi Connect、可更新安裝、藍牙和 WiFi，最後是時間，如下圖所示：

　　在應用程式列的第 1 個圖示是選單（對應 Windows 的開始功能表），之後有 3 個預設的快速啟動圖示。而第 2 個地球圖示是瀏覽器（Web Browser），點選可以啟動 Chromium 瀏覽器，如下圖所示：

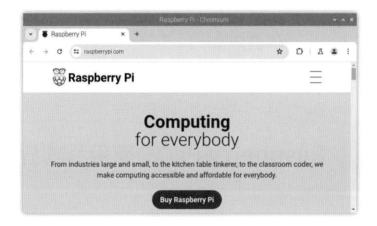

　　我們只需在上方欄位輸入 URL 網址，按 [Enter] 鍵，就可以瀏覽網站內容。點選第 3 個檔案管理圖示，可以開啟檔案管理程式（File Manager），如下圖所示：

上述檔案管理程式顯示的是使用者 pi 的根目錄「/home/pi」，其操作方式和 Windows 作業系統的檔案總管很相似，在右下角可以看到檔案系統的總共（Total）和可用空間（Free space）。

點選第 4 個圖示可以啟動 LX 終端機（Terminal），即 Windows 的「命令提示字元」視窗，其進一步說明請參閱第 4 章，如下圖所示：

3-3 Raspberry Pi OS 應用程式介紹

Raspberry Pi OS 作業系統預設安裝多種實用的應用程式，我們可以使用 Raspberry Pi OS 作業系統的相關應用程式，來寫程式、瀏覽網頁、收發電子郵件、編輯文件、播影片和繪圖等。

3-3-1 軟體開發

樹莓派本來的目的就是為了程式設計教學，所以在「軟體開發」（Programming）分類下提供多種程式編輯工具和整合開發環境，如下圖所示：

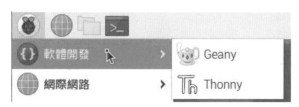

Geany

Geany 是 Linux 作業系統（也支援 Windows 作業系統）著名的輕量級程式碼編輯器，支援多種程式語言，包含：C、Java、PHP、HTML、Python、Perl 和 Pascal 等語言，其官方網址：https://www.geany.org/。Geany 執行畫面（以此例是 C 語言），如下圖所示：

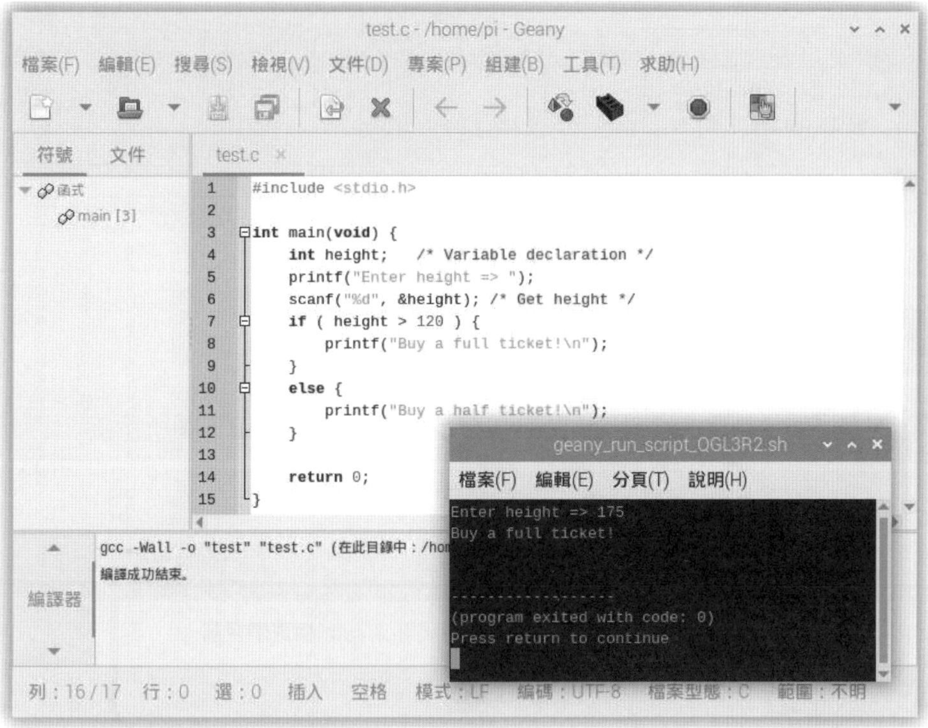

Thonny

Thonny 是愛沙尼亞 Tartu 大學所開發，一套完全針對初學者的免費 Python 整合開發環境，**支援多種開發板的 MicroPython 程式語言**。在本書第 8 章是使用 Thonny 來開發 MicroPython 程式。Thonny 執行畫面，如下圖所示：

「網際網路」(Internet) 分類包含 2 種網頁瀏覽器，如下圖所示：

Chromium 網頁瀏覽器

Chromium 網頁瀏覽器（Chromium Web Browser）是 Raspberry Pi OS 內建的網頁瀏覽器，相當於 Windows 作業系統的 Microsoft Edge 或 Google Chrome 瀏覽器。

FireFox

FireFox 就是 Mozilla Firefox，中文稱為火狐，這是一套自由及開放原始碼的網頁瀏覽器，如下圖所示：

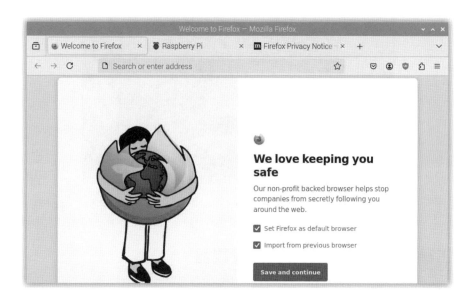

影音/美工繪圖

在「影音」(Sound & Video) 分類有媒體播放程式，「繪圖」(Graphics) 分類是秀圖的圖片檢視器，如下圖所示：

影音/VLC 媒體播放器

VLC Media Player (VLC 媒體播放器) 是 VideoLAN 計劃的開源多媒體播放器，支援眾多音訊與視訊解碼器及檔案格式，其官方網址：https://www.videolan.org/vlc/。VLC Media Player 執行畫面正在播放影片，如下圖所示：

美工繪圖/Eye of MATE 圖片檢視器

Eye of MATE 圖片檢視器（Image Viewer）可以預覽數位相機、抓圖程式或檔案系統中的圖檔，如下圖所示：

3-3-4 附屬應用程式

「附屬應用程式」(Accessories) 分類是對比 Windows 作業系統的附屬應用程式，提供一些基本操作的好用工具，如下圖所示：

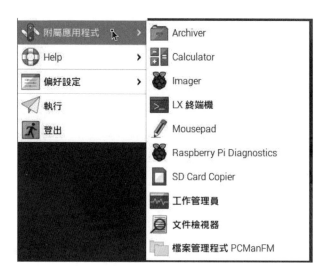

Archiver

Archiver 是 Raspberry Pi OS 作業系統內建的 ZIP 工具，可以幫助我們建立和解壓縮檔案，如下圖所示：

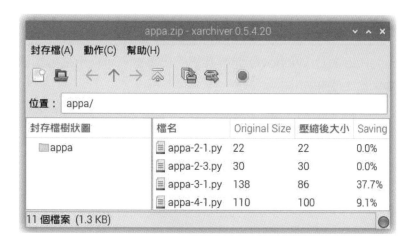

Calculator

Calculator 對比 Windows 小算盤，這是一個科學計算機，其執行畫面（已經執行「檢視/科學模式」功能表命令切換成工程計算機），如下圖所示：

Imager

Imager 就是第 2 章 Raspberry Pi Imager 的 Raspberry Pi OS 版。

LX 終端機

LX 終端機相當於是 Windows 作業系統的「命令提示字元」視窗，可以讓我們輸入執行 Linux 指令，詳見第 4 章的說明。

MousePad

MousePad 對比 Windows 作業系統的記事本，可以用來編輯簡單的純文字檔案，如下圖所示：

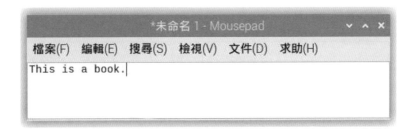

Raspberry Pi Diagnostics

Raspberry Pi Diagnostics 官方診斷工具可以測試 Micro-SD 卡的讀寫速度。

SD Card Copier

SD Card Copier 可以建立目前 Micro-SD 卡的備份，我們需要一張空白的 Micro-SD 卡和讀卡機來進行資料備份，如下圖所示：

工作管理員

工作管理員（Task Manager）可以檢視目前 CPU 和記憶體的使用量，並且列出開啟的應用程式清單和使用多少資源，對於出錯的應用程式，我們可以在右鍵快顯功能表來結束或強行中止，如下圖所示：

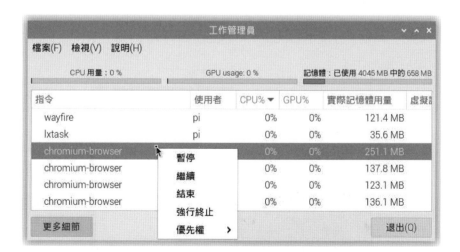

文件檢視器

文件檢視器可以預覽 PDF 格式的文件檔案，如下圖所示：

檔案管理程式 PCManFM

檔案管理程式（File Manager）是樹莓派的檔案總管，使用圖形化方式來管理連接儲存裝置的檔案，在第 3-2 節已經說明此應用程式。

3-3-5　幫助

「Help」（幫助）分類是 Debian 和 Raspberry Pi 的線上參考手冊和說明文件，如下圖所示：

Bookshelf

Raspberry Pi 相關圖書、MagPi 雜誌的書架，如下圖所示：

Debian 參考手冊

Debian Reference 是使用瀏覽器開啟 Debian Linux 作業系統的線上參考文件。

Get Started、Help、Projects 和 The MagPi

Raspberry Pi OS 的開始使用、幫助、專案的線上說明文件、教學文件和 MagPi 雜誌。

3-3-6 安裝建議的應用程式

Raspberry Pi OS 預設只會安裝部分應用程式，我們需要自行安裝所需的應用程式。例如：安裝 Scratch 3（同時一併安裝 Sense HAT Emulator），其安裝步驟如下所示：

Step
1 請執行「選單/偏好設定/Recommended Software」命令啟動 Recommended Software，可以看到分類顯示的建議應用程式清單。

Step
2 在左邊選 **Programming** 軟體開發，可以在右邊看到此分類下建議的應用程式清單，請勾選 **Scratch 3** 後，按 **Apply** 鈕。

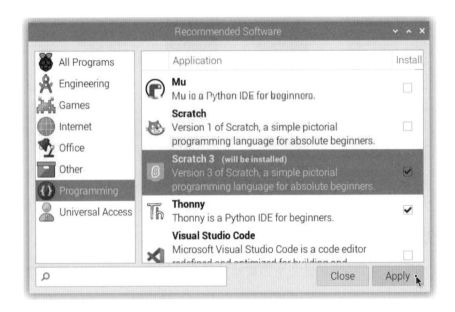

Step
3 可以在畫面上看到下載和安裝進度，等到下載和安裝完成，就可以看到完成安裝 Installation complete 的訊息視窗，請按 **OK** 鈕。

Step
4 在選單的「軟體開發」分類可以看到安裝的 Scratch 3 和 Sense HAT Emulator，如下圖所示：

現在，我們可以依需求來安裝所需的應用程式，例如：編輯文件是安裝 **Office** 分類下的 **LibreOffice** 辦公室軟體（對比微軟 Office 辦公室軟體）。

3-4 Raspberry Pi OS 偏好設定

Preferences 偏好設定可以新增/刪除應用程式、設定外觀、音效、主功能表和 Raspberry Pi 設定，如下圖所示：

上述**執行**（Run）命令可以執行應用程式，**登出**（Shutdown）命令是關機。

3-4-1 新增/刪除應用程式

Add/Remove Software 新增/刪除應用程式可以使用圖形介面來新增或刪除應用程式。請執行「選單/偏好設定」下的「Add/Remove Software」命令，在左邊是分類管理系統已安裝和可新增的應用程式清單，選取**程式設計**分類，稍等一下，可以在右邊顯示以英文字母排序的程式清單，如下圖所示：

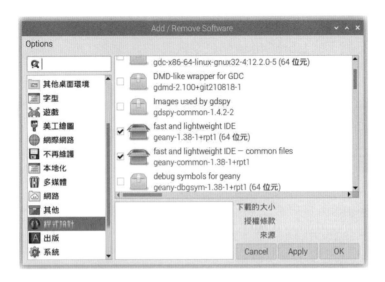

　　在上述圖例如果程式已經安裝，程式清單的名稱前會有勾號，例如：
Geany，沒有勾號就是可新增的應用程式。

新增應用程式

　　因為 Raspberry Pi OS 支援的應用程式相當多，建議用搜尋方式來新
增應用程式。請在左上方欄位輸入程式名稱的關鍵字，例如：抓圖程式
gnome-screenshot，按 Enter 鍵，稍等一下，可以在右邊列出符合條件
的應用程式清單，如下圖所示：

請勾選此應用程式，按右下角 **Apply** 鈕開始下載安裝，可以看到輸入密碼的「身份驗證」(Authentication) 對話方塊。在**密碼**欄輸入密碼，再按**驗證**鈕開始安裝。

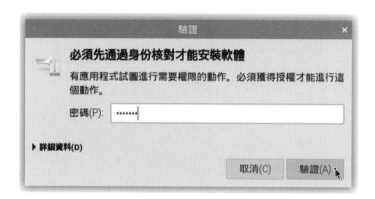

可以看到目前安裝進度視窗，請稍等一下，在完成後，就可以在主功能表的「附屬應用程式」分類看到安裝的應用程式**螢幕擷圖**。

 Tips　請注意！因為 Linux 應用程式的安裝和刪除是使用套件管理，在安裝新的應用程式時，就會自動安裝所需相關聯的應用程式，所以在主功能表可能會多出更多的應用程式。

刪除應用程式 (解除安裝)

刪除應用程式的步驟和新增應用程式相反，在取消勾選已經安裝的應用程式後，按 **Apply** 鈕，就可以解除安裝已經安裝的應用程式。

3-4-2　外觀設定

外觀設定 (Appearance Settings) 可以設定桌面、功能表和系統的外觀，請執行「選單/偏好設定/外觀設定」命令，可以看到四個標籤的「外觀設定」對話方塊。在最後的預設 (Default) 標籤可以設定大、中和小三種螢幕尺寸的預設值。

桌面標籤

在桌面（Desktop）標籤是桌面的外觀設定，包含桌布圖片、色彩和文字色彩等，如下圖所示：

上述欄位說明如下所示：

- **佈局**（Layout）：選擇是否有背景圖片和顯示方式是置中和擴展，無圖片（No image）是沒有背景圖片。

- **照片**（Picture）：選擇佈局使用的背景圖片。

- **色彩**（Colour）：選擇佈局使用的背景色彩。

- **文字色彩**（Text Colour）：選擇文字色彩。

- **Desktop Folder**：桌面目錄。

在下方勾選 **Documents** 可以在桌面顯示文件圖示，**Wastebasket** 是垃圾桶圖示，**Mounted Disks** 是掛載的硬碟圖示。

選單列標籤

在選單列（Menu Bar）
標籤是主功能表的外觀設
定，包含尺寸、位置和色
彩，如右圖所示：

上述大小（Size）可以指定主功能表尺寸是大（Large）、中（Medium）
和小（Small），位置（Position）選擇位在頂部（Top）或底部（Bottom），而
色彩（Colour）和文字色彩（Text Colour）分別是背景和文字的色彩。

系統標籤

在系統（System）標籤是系統外觀設定的字型和高亮度色彩，如下圖
所示：

上述字型（Font）可以更改系統使用的字型，突顯色彩（Highlight Colour）和突顯文字色彩（Highlight Text Colour）是高亮度的背景和文字色彩，Mouse Cursor 是設定滑鼠游標的尺寸是大、中或小，Theme 是指定佈景樣式的 Light 淺或 Dark 深樣式。

3-4-3 鍵盤及滑鼠

鍵盤及滑鼠（Mouse and Keyboard）是用來設定鍵盤與滑鼠的靈敏度，請執行「選單/偏好設定/鍵盤及滑鼠」命令，可以看到擁有二個標籤的「Mouse and Keyboard Settings」對話方塊。

滑鼠標籤

在滑鼠（Mouse）標籤上方的「Motion」區段可以拖拉調整滑鼠的加速度（Acceleration），在之下的「Double-click」區段是調整雙擊之間的延遲時間（Delay），最後的**慣用左手**（Left handed）核取方塊，可以設定使用左手來操作滑鼠，如下圖所示：

鍵盤標籤

在鍵盤（Keyboard）標籤
是在「Character Repeat」區段
拖拉調整重複按鍵的重複延遲
（Delay）和重複間隔（Interval）
時間，按 **Keyboard Layout** 鈕
指定鍵盤配置，如右圖所示：

3-4-4 主功能表編輯器

Main Menu Editor 主功能表編輯器是用來客製化 Raspberry Pi OS 的
主功能表，請執行「選單/偏好設定/Main Menu Editor」命令，可以看到
「Main Menu Editor」對話方塊。

按右上角**新增選單**和**新增項目**鈕可以新增選單和項目，下方按鈕是用來調整項目位置和刪除項目。

3-4-5 樹莓派設定

Raspberry Pi 設定是用來進行樹莓派的系統、介面、效能和本地化的相關設定，請執行「選單/偏好設定/Raspberry Pi 設定」命令，可以看到五個標籤的「Raspberry Pi 設定」對話方塊。

系統標籤

在系統（System）標籤可以更改密碼、指定樹莓派的主機名稱、是否預設進入桌面環境和是否自動登入等，如下圖所示：

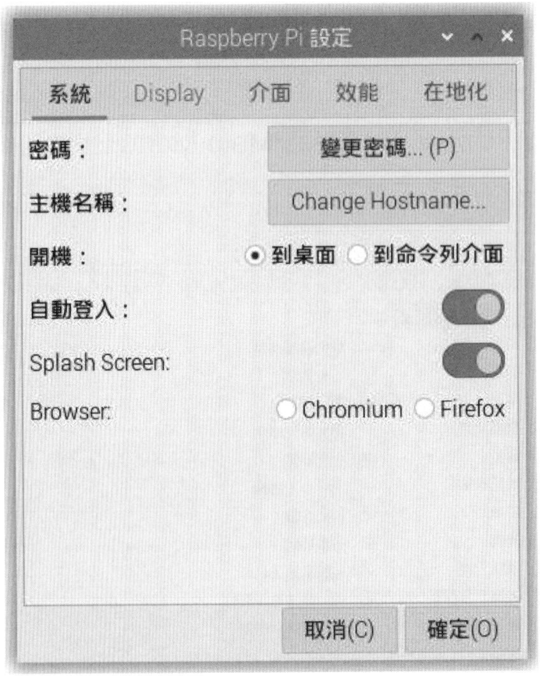

上述各欄位的說明，如下所示：

- **密碼**（Password）：按**變更密碼**鈕可以更改登入使用者的密碼，即預設使用者 pi 的密碼。

- **主機名稱**（Hostname）：指定樹莓派的主機名稱，這就是網路上看到的名稱。

- **開機**（Boot）：指定啟動 Raspberry Pi OS 是進入桌面環境**到桌面**（To Desktop），或是終端機的**到命令列介面**（To CLI）。

- **自動登入**（Auto Login）：是否啟動 Raspberry Pi OS 自動登入使用者 pi，勾選就是自動以使用者 pi 來登入。

- **Splash Screen**：在啟動時是否顯示 PIXEL 歡迎畫面，預設值**啟用**是顯示。

- **Browser**：設定瀏覽器是 Chromium 或 Firefox。

Display 標籤

在 Display 標籤是顯示設定 Screen Blanking，即設定是否在一段時間後，螢幕就會自動變黑，如右圖所示：

介面標籤

在介面（Interface）標籤
是用來啟用和停用樹莓派的
一些硬體或軟體介面，如右
圖所示：

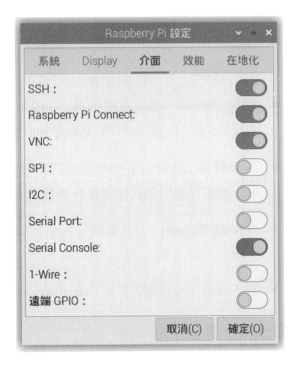

上述 SSH（Secure Shell）是遠端使用終端機，Raspberry Pi Connect
和 VNC 是遠端連線樹莓派桌面環境，SPI、I2C、Serial Port 和 1-Wire 是
啟用樹莓派 GPIO 的硬體通訊協定，Serial Console 是序列埠終端機，最後
遠端 GPIO（Remote GPIO）是否允許遠端使用 GPIO。

效能標籤

在效能（Performance）標籤是設定效能。Overlay File System 允許將
一層檔案系統層（通常是唯讀層）疊加在另一個檔案系統層（通常是可寫
層）之上，Disable USB Current LimitUSB 是 USB 連接埠的電流限制，如
下圖所示：

在地化標籤

　　在地化（Localisation）標籤是本地化設定，用來設定語言、時區、鍵盤和 WiFi 國家（WiFi Country），可以指定不同國家使用的 WiFi 頻率，如右圖所示：

3-4-6　螢幕設定

樹莓派 4/5 支援雙螢幕，所以在偏好設定提供 Screen Configuration 來進行螢幕設定。請執行「選單/偏好設定/Screen Configuration」命令，可以看到「Screen Layout Editor」視窗。

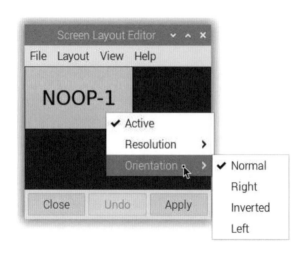

上述圖例顯示一個 NOOP-1 的螢幕（因為是遠端連線），HDMI-1 是第 1 個螢幕，HDMI-2 是第 2 個。修改螢幕設定請執行右鍵快顯功能表的命令，Resolution 是解析度，Frequency 是頻率，Orientation 是方向。

 Tips　**請注意！** 在完成螢幕設定後，別忘了執行「Layout/套用」命令來套用螢幕設定後，執行「File/退出」命令來結束螢幕設定。

3-4-7　音效輸出設定

樹莓派的音效裝置可以設定輸出至 HDMI 或使用 3.5mm 音源孔（AV Jack），我們需要實際連線 HDMI 螢幕或使用 3.5mm 音頻插孔外接喇叭，才能使用音效輸出設定。

Tips 　**請注意！**樹莓派 4 才有 3.5mm 音源孔，樹莓派 5 並沒有。

　　當成功連接音效輸出，在桌面環境右上角就會出現喇叭圖示，請在圖示上，執行右鍵快顯功能表，就可以切換音效來源和設定音效裝置，如下圖所示：

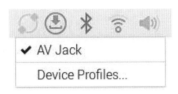

　　上述圖例因為是遠端連線樹莓派 4（不是樹莓派 5），所以有 AV Jack，如果有連接 HDMI 螢幕，就可以切換成 **HDMI**。執行 **Device Profiles** 命令，可以看到「Device Profiles」對話方塊，我們可以設定 AV Jack 和 HDMI 的輸出或關閉輸出，如下圖所示：

3-5 在 Raspberry Pi OS 執行命令

在 Raspberry Pi OS 執行「選單/執行」命令可以輸入應用程式名稱來執行指定的應用程式，例如：在第 3-4-1 節安裝的 gnome-screenshot，如下圖所示：

在欄位輸入應用程式名稱 gnome-screenshot，按**確定**鈕，可以啟動螢幕擷圖程式來抓取螢幕。在「/home/pi/Pictures」目錄可以看到抓取的螢幕擷圖，如下圖所示：

Tips **請注意！** 主功能表的項目名稱並不是應用程式的真正名稱，例如：Web
瀏覽器是輸入 chromium-browser，Sense HAT Emulator 是輸入 sense_
emu_gui。

補充說明

　　我們可以使用第 3-4-4 節的 Main Menu Editor 查詢執行工具的命令，請
選擇命令後，例如：選附屬應用程式的 Calculator 後，按**屬性**鈕，就可以在
Command 欄看到執行的程式名稱 galculator，如下圖所示：

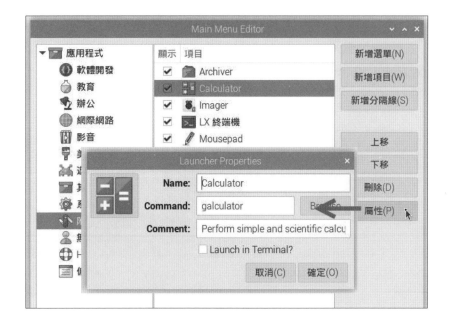

3-6 在 Windows 和樹莓派之間交換檔案

在 Windows 作業系統的 PC 電腦可以安裝 SFTP 客戶端，然後使用 SFTP 通訊協定，在 Windows 作業系統和樹莓派之間交換檔案，例如：將本書的 Python 範例程式上傳至樹莓派。

下載與安裝 WinSCP

WinSCP 是免費的 SFTP 客戶端，其官方下載網址如下所示：

https://winscp.net/eng/dowload.php

WinSCP 6.3 is a major application update. New features and enhancements include:

- Single large file can be downloaded using multiple SFTP connections.
- Support for OpenSSH certificates for host verification.
- File hash can be used as criterion for synchronization.
- Improved behavior when duplicating and moving remote files.
- Support for HMAC-SHA-512.
- TLS/SSL core upgraded to OpenSSL 3.
- List of all changes.

DOWNLOAD WINSCP 6.3.4 (11 MB)

Get it from Microsoft

OTHER DOWNLOADS

2,536,722 downloads since 2024-06-17   What is this?

請點選 **DOWNLOAD WINSCP 6.3.4** 超連結下載安裝程式，其下載檔案名稱是 **WinSCP-6.3.4-Setup.exe**。

請執行安裝程式，先選**為所有使用者安裝**後，按**是**鈕，就可以在安裝精靈畫面依序按**接受**、2 次**下一步**、**安裝**鈕。接著，請在匯入 PuTTY SSH 訊息視窗，按**否**鈕，就可以按**完成**鈕來完成 WinSCP 的安裝。

使用 WinSCP 在 Windows 和樹莓派之間交換檔案

在成功下載和安裝 WinSCP 後，就可以啟動 WinSCP 在 Windows 和樹莓派之間交換檔案，其步驟如下所示：

Step **1**　請執行「開始/WinSCP」命令啟動 WinSCP，可以看到「登入」對話方塊。

Step **2**　在**主機名稱**欄輸入樹莓派主機名稱或 IP 位址後，在下方**使用者名稱**欄輸入使用者 pi，**密碼**欄輸入密碼 a123456，按**登入**鈕進行登入。

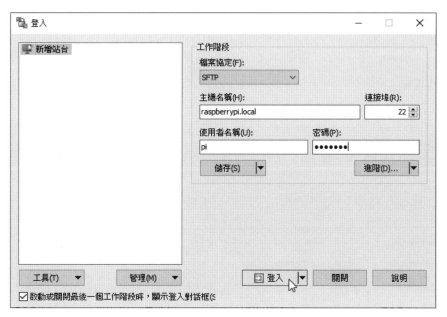

Step **3**　如同 PuTTY，因為主機 SSH 金鑰沒有儲存，請按**接受**鈕。

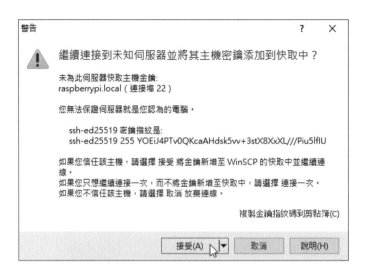

Step 4 稍等一下，可以看到本地 PC 和遠端樹莓派的檔案系統，如下圖所示：

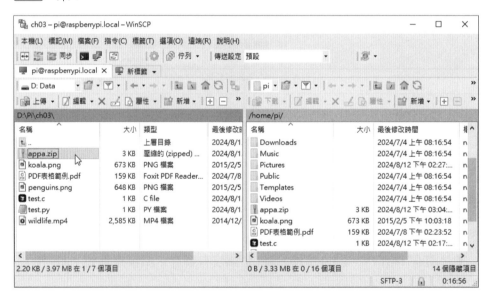

上述圖例左邊是 PC 端，選擇檔案後，按上方**上傳**鈕可以上傳檔案至樹莓派。在右邊是樹莓派登入使用者 pi 的根目錄，選取檔案，按上方**下載**鈕，可以從樹莓派下載檔案至 PC 電腦的 Windows 作業系統。

學習評量

1. 請簡單說明 Linux、終端機和桌面環境是什麼？

2. 在樹莓派 Raspberry Pi OS 是使用 _____ 工具來開發 Python 程式；
   _____ 工具來寫 C 程式。

3. 樹莓派 Raspberry Pi OS 建議安裝的辦公室軟體是 _____ 辦公室
   軟體，對應 Windows 記事本的程式是 _____。

4. 請簡單說明樹莓派 Raspberry Pi OS 如何安裝新的應用程式，和如何使
   用**執行**命令啟動應用程式。

5. 請參考第 3-6 節的說明將附錄 A 的 Python 程式範例上傳至樹莓派。

MEMO

chapter **4** Linux 系統管理

▷ 4-1 啟動終端機使用命令列的 Linux 指令

▷ 4-2 Linux 的常用指令

▷ 4-3 Linux 的使用者與檔案權限指令

▷ 4-4 Linux 作業系統的目錄結構

▷ 4-5 使用命令列安裝和解除安裝應用程式

▷ 4-6 安裝中文輸入法

4-1 啟動終端機使用命令列的 Linux 指令

　　Raspberry Pi OS 作業系統預設進入 PIXEL 桌面環境，如果需要下達 Linux 指令，請使用 CLI 命令列介面（Command-Line Interface）。在第 2-3 節我們使用 PuTTY 遠端連線的畫面，就是終端機的 CLI 命令列介面。

啟動 LX 終端機的 CLI 命令列介面

　　在桌面環境是啟動終端機來執行命令列的 Linux 指令，請執行功能表的「附屬應用程式/LX 終端機」命令，或點選上方應用程式列的第 4 個圖示來啟動 LX 終端機，如下圖所示：

　　上述視窗如同 Windows 作業系統的「命令提示字元」視窗，我們可以在 **pi@raspberrypi:~ $** 提示文字的「$」符號後，輸入 Linux 指令；在「@」符號前的 pi 就是使用者名稱。關於 Linux 指令的進一步說明請參閱本章各節。

更改 LX 終端機的字型尺寸

因為樹莓派的螢幕預設解析度很高，如果 LX 終端機的字型尺寸有些小，看起來有些困難，我們可以更改字型尺寸與色彩，其步驟如下所示：

Step **1** 請啟動 LX 終端機，執行「編輯/偏好設定」命令，可以看到「LX 終端機」對話方塊，在**風格**標籤，點選**終端機字型**欄位的內容。

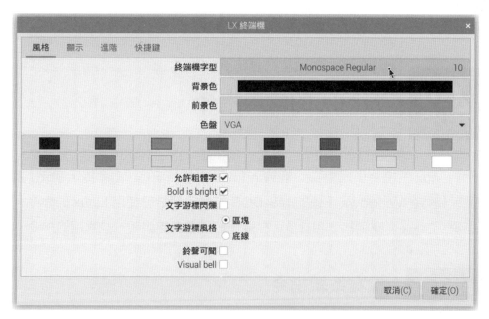

Step **2** 在「請挑選字型」對話方塊下方**大小（Size）**欄按 **+** 鈕放大尺寸至 14，按**選取**鈕。接著點選**前景色**並選取**白色**，再按**確定**鈕。

可以看到字型已經放大，前景色的游標色彩也已改成白色，如下圖
所示：

4-2 Linux 的常用指令

Linux 主控台模式相當於是 Windows 作業系統的「命令提示字元」視
窗，我們在 Windows 下達的 MS-DOS 指令，相當於使用 Linux 的命令列
指令。Linux 命令列指令相當多，在這一節筆者準備說明一些常用的指令。

4-2-1 檔案系統指令

Linux 檔案系統指令是用來處理作業系統檔案和目錄的相關指令，可以
建立目錄，複製、搬移和刪除檔案或目錄，如下所示：

pwd 指令：顯示目前的工作目錄

pwd 指令可以顯示目前的工作目錄（Working Directory），如下所示：

```
$ pwd [Enter]
```

請輸入 pwd 後，按 [Enter] 鍵，可以顯示目前的工作目錄「/home/pi」（因為預設的登入使用者名稱是 pi），如下圖所示：

ls 指令：顯示檔案和目錄資訊

ls 指令是 list 簡寫，可以顯示目前工作目錄的檔案和目錄清單，如下所示：

```
$ ls  [Enter]
```

上述指令可以顯示目前工作目錄「/home/pi」下的檔案和目錄清單，如下圖所示：

上述圖例只顯示檔案和目錄名稱清單，我們可以加上 -l（小寫字母 L），來顯示詳細資訊的權限、擁有者、尺寸、日期和最後修改日期等資訊，如下所示：

```
$ ls -l  [Enter]
```

上述指令在輸入 ls 後，空一格，再輸入參數 -l，可以顯示目前工作目錄「/home/pi」下檔案和目錄的詳細資訊，如下圖所示：

如果沒有指明路徑，預設是顯示目前工作目錄。我們也可以自行加上路徑參數，顯示指定路徑的檔案和目錄資訊（如果指定檔案名稱，就是顯示此檔案的資訊），如下所示：

```
$ ls -l /home/pi  Enter
```

上述指令顯示目錄「/home/pi」下檔案和目錄的詳細資訊。

cd 指令：切換目錄

cd 指令的全名是 Change Directory，可以切換至其他目錄，如下所示：

```
$ cd Desktop  Enter
```

Tips　請注意！目錄名稱區分英文大小寫，請輸入 Desktop，而非 desktop。

上述指令因為目前工作目錄是「/home/pi」，可以切換至「/home/pi/Desktop」目錄。此外，還能**使用「~」代表切換至目前使用者的根目錄，「..」是回到上一層目錄，「.」是目前目錄**，如下所示：

```
$ cd ~ [Enter]
$ cd .. [Enter]
$ cd . [Enter]
```

mkdir 指令：建立新目錄

mkdir 指令可以建立新目錄，例如：建立名為 Joe 的目錄，如下所示：

```
$ mkdir Joe [Enter]
```

上述指令可以在「/home/pi」目錄下，建立名為 Joe 的新目錄。

rm 指令：刪除檔案

rm 指令可以刪除指定檔案，參數是欲刪除的檔案名稱。請先使用 Mousepad 工具建立名為 test.txt 的檔案，如下圖所示：

上述 Joe 目錄是之前使用 mkdir 指令新增的目錄，test.txt 是新增的文字檔案。我們可以使用 rm 指令刪除 test.txt 檔案，如下所示：

```
$ rm test.txt Enter
```

上述指令因為目前工作目錄是「/home/pi」，可以刪除此目錄下的 test. txt 檔案。

 Tips 請注意！rm 指令並沒有真的刪除檔案，只是標記檔案空間成為可用的空間。

rmdir 指令：刪除目錄

rmdir 指令可以刪除沒有檔案的空目錄，參數是欲刪除的目錄名稱，如下所示：

```
$ rmdir Joe Enter
```

 Tips 請注意！我們需要將整個目錄中的檔案都刪除後，才能使用 rmdir 指令刪除空目錄。

cp 指令：複製檔案

cp 指令可以複製指定檔案，第 1 個參數是欲複製的檔案名稱，第 2 個參數是複製新增的檔案名稱，可以是不同的檔名。例如：先使用 Mousepad 建立名為 file.txt 的檔案後，複製 file.txt 檔案成為 file2.txt 檔案，如下所示：

```
$ cp file.txt file2.txt Enter
```

上述指令可以在目前工作目錄「/home/pi」之下複製一個新檔案，所以共有 2 個檔案，如下圖所示：

cp 指令不只可以複製在同一個目錄，也可以複製至其他目錄，如同移動一個新檔案至其他目錄，如下所示：

```
$ cp file.txt Documents/file2.txt  Enter
```

當執行上述 cp 指令後，我們可以在「/home/pi/Documents」目錄新增一個名為 file2.txt 的檔案。

mv 指令：移動檔案或替檔案更名

mv 指令可以移動指定檔案至指定的目錄，第 1 個參數是欲移動的檔案名稱，第 2 個參數的目的地的目錄。例如：將之前 file.txt 檔案移至「/home/pi/Documents」目錄，如下所示：

```
$ mv file.txt /home/pi/Documents  Enter
```

上述指令可以將檔案 file.txt 移至「/home/pi/Documents」目錄，目前在「/home/pi/Documents」目錄下共有 2 個檔案（file2.txt 是 cp 指令複製的檔案），如下圖所示：

mv 指令除了移動檔案至指定目錄，如果有指定第 2 個參數的檔案名稱，就是替檔案更名，例如：將「/home/pi」目錄的 file2.txt 檔案更名為 file3.txt，如下所示：

```
$ mv file2.txt file3.txt  Enter
```

find 指令：搜尋檔名

find 指令是用來在檔案系統搜尋指定的檔名，例如：搜尋副檔名 .txt 的文字檔案，如下所示：

```
$ find /home/pi/Documents -name '*.txt'  Enter
```

上述第 1 個參數是開始搜尋的 Documents 目錄，-name 參數是使用檔名範本來搜尋，在之後的參數值 '*.txt' 就是範本，可以找出副檔名 .txt 的 2 個檔案，如下圖所示：

```
                              pi@raspberrypi: ~              ∨  ∧  ×
 檔案(F)  編輯(E)  分頁(T)  說明(H)
 pi@raspberrypi:~ $ find /home/pi/Documents -name '*.txt'
 /home/pi/Documents/file2.txt
 /home/pi/Documents/file.txt
 pi@raspberrypi:~ $ █
```

如果已經知道檔案名稱，我們可以直接搜尋指定檔案，例如：搜尋文字檔案 file2.txt，如下所示：

```
$ find . -name 'file2.txt'  Enter
```

上述指令的「.」是目前目錄，可以找到 1 個檔案，如下圖所示：

```
                              pi@raspberrypi: ~              ∨  ∧  ×
 檔案(F)  編輯(E)  分頁(T)  說明(H)
 pi@raspberrypi:~ $ find . -name 'file2.txt'
 ./Documents/file2.txt
 pi@raspberrypi:~ $ █
```

上述圖例只有 1 個目錄，我們可以更改第 1 個參數搜尋目錄的搜尋範圍，例如：改在「/」目錄進行搜尋，如下所示：

```
$ find / -name 'file2.txt'  Enter
```

上述指令的執行結果因為權限不足，可以看到更多目錄都不允許搜尋，如下圖所示：

我們可以使用第 4-2-4 節的 **sudo 指令**以更大權限來執行 **find 指令**，
如下所示：

```
$ sudo find / -name 'file2.txt' Enter
```

上述指令的執行結果，可以看到只有 2 個目錄不允許搜尋，如下圖所示：

df 指令：顯示檔案系統的磁碟使用狀況

df 指令可以顯示檔案系統磁碟清單的使用狀況，如下所示：

```
$ df Enter
```

上述指令可以顯示所有掛載至檔案系統的磁碟清單，和各磁碟空間的
使用狀況，如下圖所示：

```
                              pi@raspberrypi: ~              ˅ ˄ ✕
檔案(F)  編輯(E)  分頁(T)  說明(H)
pi@raspberrypi:~ $ df
檔案系統              1K-區塊      已用      可用 已用% 掛載點
udev               1896144        0   1896144    0% /dev
tmpfs               414224     5984    408240    2% /run
/dev/mmcblk0p2 59226032  5641360  50556304   11% /
tmpfs              2071104      368   2070736    1% /dev/shm
tmpfs                 5120       48      5072    1% /run/lock
/dev/mmcblk0p1    522230    76424    445806   15% /boot/firmware
tmpfs               414208      208    414000    1% /run/user/1000
pi@raspberrypi:~ $ ▉
```

clear 指令：清空終端機的內容

如果覺得 LX 終端機的內容有些混亂，我們可以執行 clear 指令來清空
終端機螢幕的內容，如下所示：

```
$ clear  Enter
```

4-2-2　網路與系統資訊指令

Linux 網路指令可以查詢主機名稱、IP 位址、連線狀態和網路設定，如
下所示：

ping 指令：檢查連線狀態

ping 指令可以檢查其他主機或 IP 位（顯示 IP v6 的位址）的連線狀態，
例如：HiNet 網站 www.hinet.net，如下所示：

```
$ ping www.hinet.net  Enter
```

上述封包測試並不會停止，請按 [Ctrl] + [C] 鍵結束測試，可以在最後看到統計資料。

hostname 指令：顯示主機名稱或 IP 位址

hostname 指令可以顯示目前的主機名稱，如下所示：

```
$ hostname [Enter]
```

上述圖例顯示主機名稱 raspberrypi。如果需要查詢 IP 位址，請加上 -I 參數（大寫英文字母 i），如下所示：

```
$ hostname -I [Enter]
```

```
                          pi@raspberrypi: ~                    ∨ ^ ×
檔案(F)  編輯(E)  分頁(T)  說明(H)
pi@raspberrypi:~ $ hostname -I
192.168.1.116 2001:b011:3011:9609:7e5a:63d4:759c:8c20
pi@raspberrypi:~ $
```

ifconfig 指令：顯示網路介面設定

ifconfig 指令可以顯示目前系統各網路介面設定的詳細資料，如下所示：

```
$ ifconfig  Enter
```

```
                          pi@raspberrypi: ~                    ∨ ^ ×
檔案(F)  編輯(E)  分頁(T)  說明(H)
pi@raspberrypi:~ $ ifconfig
eth0: flags=4099<UP,BROADCAST,MULTICAST>  mtu 1500
        ether d8:3a:dd:bf:b7:4c  txqueuelen 1000  (Ethernet)
        RX packets 0  bytes 0 (0.0 B)
        RX errors 0  dropped 0  overruns 0  frame 0
        TX packets 0  bytes 0 (0.0 B)
        TX errors 0  dropped 0 overruns 0  carrier 0  collisions 0
        device interrupt 106

lo: flags=73<UP,LOOPBACK,RUNNING>  mtu 65536
        inet 127.0.0.1  netmask 255.0.0.0
        inet6 ::1  prefixlen 128  scopeid 0x10<host>
        loop  txqueuelen 1000  (Local Loopback)
        RX packets 228  bytes 23274 (22.7 KiB)
        RX errors 0  dropped 0  overruns 0  frame 0
        TX packets 228  bytes 23274 (22.7 KiB)
        TX errors 0  dropped 0 overruns 0  carrier 0  collisions 0

wlan0: flags=4163<UP,BROADCAST,RUNNING,MULTICAST>  mtu 1500
        inet 192.168.1.116  netmask 255.255.255.0  broadcast 192.168.1.255
        inet6 2001:b011:3011:9609:7e5a:63d4:759c:8c20  prefixlen 64  scopeid 0x0<global>
        inet6 fe80::3de6:2e53:d048:415c  prefixlen 64  scopeid 0x20<link>
        ether d8:3a:dd:bf:b7:4d  txqueuelen 1000  (Ethernet)
```

上述圖例顯示 eth0、lo、wlan0 等介面的詳細網路設定。如果針對指定介面，可以加上介面名稱參數，wlan0 可以取得 WiFi 的 IP 位址，如下所示：

```
$ ifconfig wlan0 Enter
```

```
                              pi@raspberrypi: ~                    ∨ ^ ×
檔案(F)  編輯(E)  分頁(T)  說明(H)
pi@raspberrypi:~ $ ifconfig wlan0
wlan0: flags=4163<UP,BROADCAST,RUNNING,MULTICAST>  mtu 1500
        inet 192.168.1.116  netmask 255.255.255.0  broadcast 192.168.1.255
        inet6 2001:b011:3011:9609:7e5a:63d4:759c:8c20  prefixlen 64  scopeid 0x0<global>
        inet6 fe80::3de6:2e53:d048:415c  prefixlen 64  scopeid 0x20<link>
        ether d8:3a:dd:bf:b7:4d  txqueuelen 1000  (Ethernet)
        RX packets 9225  bytes 837346 (817.7 KiB)
        RX errors 0  dropped 0  overruns 0  frame 0
        TX packets 15696  bytes 15736598 (15.0 MiB)
        TX errors 0  dropped 0 overruns 0  carrier 0  collisions 0

pi@raspberrypi:~ $
```

lsusb 指令：顯示連接的 USB 裝置

　　lsusb 指令可以顯示目前系統上 USB 插槽的狀態，與連接的 USB 裝置清單，如下所示：

```
$ lsusb Enter
```

```
                              pi@raspberrypi: ~                    ∨ ^ ×
檔案(F)  編輯(E)  分頁(T)  說明(H)
pi@raspberrypi:~ $ lsusb
Bus 004 Device 001: ID 1d6b:0003 Linux Foundation 3.0 root hub
Bus 003 Device 002: ID 14cd:1212 Super Top microSD card reader (SY-T18)
Bus 003 Device 001: ID 1d6b:0002 Linux Foundation 2.0 root hub
Bus 002 Device 001: ID 1d6b:0003 Linux Foundation 3.0 root hub
Bus 001 Device 003: ID 0457:0151 Silicon Integrated Systems Corp. Super
 Flash 1GB / GXT  64MB Flash Drive
Bus 001 Device 001: ID 1d6b:0002 Linux Foundation 2.0 root hub
pi@raspberrypi:~ $
```

　　上述圖例的第 5 個是 USB 行動碟，第 2 個是 USB 讀卡機。

lsmod 指令：顯示載入的模組清單

　　lsmod 指令可以顯示目前 Linux 核心載入的模組清單，在附錄 B 我們會使用此指令來查詢載入的驅動程式模組，如下所示：

```
$ lsmod  Enter
```

```
                          pi@raspberrypi: ~
檔案(F)  編輯(E)  分頁(T)  說明(H)
pi@raspberrypi:~ $ lsmod
Module                  Size  Used by
rfcomm                 81920  4
snd_seq_dummy          49152  0
snd_hrtimer            49152  1
snd_seq                98304  7 snd_seq_dummy
snd_seq_device         49152  1 snd_seq
algif_hash             49152  1
algif_skcipher         49152  1
af_alg                 49152  6 algif_hash,algif_skcipher
bnep                   49152  2
rpivid_hevc            65536  0
aes_ce_blk             49152  4
brcmfmac_wcc           49152  0
binfmt_misc            49152  1
```

4-2-3　檔案下載與壓縮指令

　　我們可以使用 Linux 指令從 Web 網站下載檔案和進行檔案壓縮與解壓縮。

wget 指令：從 Web 網站下載檔案

　　wget 指令可以從 Web 網站下載指定檔案至樹莓派，我們只需知道檔案的 URL 網址，就可以使用此指令來下載檔案，如下所示：

```
$ wget https://fchart.github.io/img/koala.png  Enter
```

上述指令可以從網站下載一個 PNG 圖檔，如下圖所示：

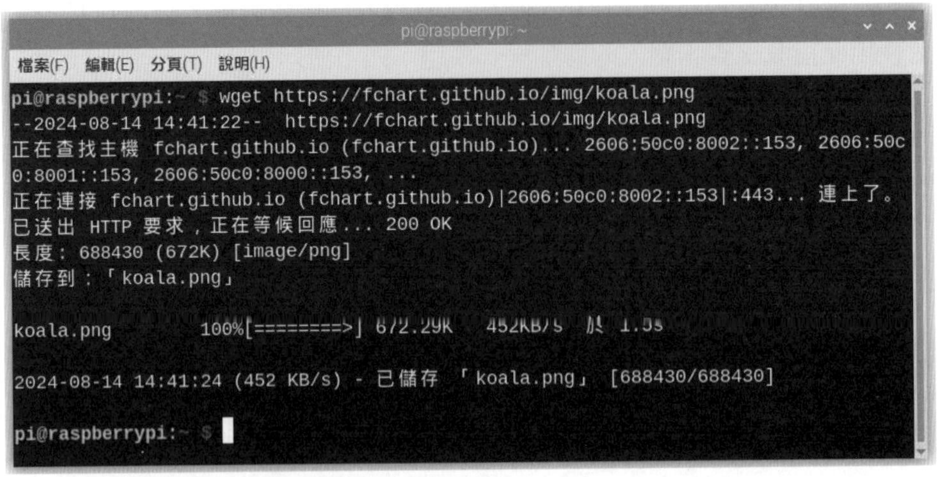

unzip 指令：解壓縮 ZIP 格式檔案

unzip 指令可以解壓縮 ZIP 格式的檔案，如下所示：

```
$ unzip test.zip  Enter
```

上述指令可以解壓縮名為 test.zip 的 ZIP 格式壓縮檔。

tar 指令：壓縮和解壓縮 TAR 格式檔案

Linux 作業系統使用的檔案壓縮格式是 TAR，我們可以使用 tar 指令建立壓縮檔和進行解壓縮。首先請將「/home/pi/Documents」目錄的 file.txt 和 file2.txt 兩個檔案複製到上一層目錄，然後將這 3 個 .txt 檔案建立成 TAR 格式的壓縮檔，如下所示：

```
$ tar -cvzf file.tar.gz *.txt  Enter
```

上述 tar 指令使用 -c 參數建立壓縮檔 file.tar.gz，最後的參數是壓縮目前目錄下所有副檔名 .txt 的檔案，如下圖所示：

同一個 tar 指令也可以解壓縮，使用的是 -x 參數，請使用 mkdir 指令建立 Tmp 目錄後，將 file.tar.gz 檔案複製至此目錄，就可以切換至 Tmp 目錄來解壓縮檔案，如下所示：

```
$ mkdir Tmp Enter
$ cp file.tar.gz Tmp/file.tar.gz Enter
$ cd Tmp Enter
$ tar -xvzf file.tar.gz Enter
```

上述 tar 指令可以壓縮檔 file.tar.gz 解壓縮至目前的 Tmp 目錄，如下圖所示：

4-2-4 sudo 超級使用者指令

sudo 指令的全名是 Super-user Do，對於登入使用者來說，有些指令需要超級使用者 **root** 才能執行，此時可以使用 sudo 指令暫時使用超級使用者 root 來執行之後的 Linux 指令，如下所示：

```
$ sudo ls  Enter
```

上述指令的執行結果和單純 ls 相同，因為 ls 指令是顯示目前工作目錄的檔案和目錄清單，並不需要使用超級使用者來執行。

如果需要使用第 4-2-1 節的 find 指令搜尋「/」目錄的整個檔案系統，就需要使用 sudo 才能擁有權限來搜尋目錄，如下所示：

```
$ sudo find / -name 'firefox-bin'  Enter
```

上述指令的執行結果因為使用 sudo，就可以成功執行檔名搜尋，如下圖所示：

樹莓派安全關機指令 shutdown 也需要使用 sudo，如下所示：

```
$ sudo shutdown -h now  Enter
```

上述指令可以安全地替樹莓派關機。在第 4-3-2 節說明的使用者指令和第 4-5 節安裝和解除安裝應用程式指令，部分指令就需要使用 sudo 來執行 Linux 指令。

4-2-5　nano 文字編輯器

在 Linux 作業系統安裝應用程式常常需要更改文字內容的設定檔，如果使用桌面環境的 Mousepad 進行編輯，我們需要更改檔案或目錄的擁有者，以便擁有權限來進行檔案內容的編輯。

另一種方式是直接使用 Linux 作業系統的文字編輯器，然後使用 sudo 指令來開啟和編輯文字檔案，最常用的是 nano 文字編輯器，請輸入下列指令來啟動 nano，如下所示：

```
$ sudo nano Enter
```

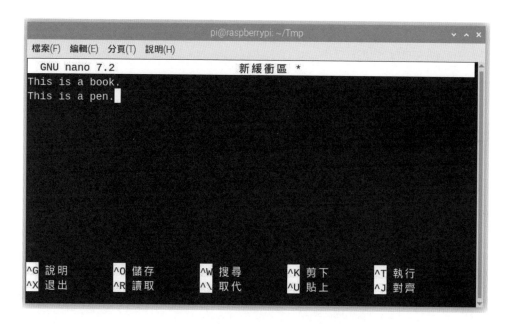

上述指令啟動一個空白文字檔案，我們可以馬上輸入文字內容，如果是開啟存在檔案，請在後面空一格，再加上檔案名稱。在上述執行畫面下方是常用按鍵說明，這是使用 Ctrl 鍵開始的操作按鍵。nano 文字編輯器的基本操作說明，如下表所示：

操作	按鍵說明
移動游標	使用上、下、左和右方向鍵
上一頁/下一頁	按 Ctrl + Y 鍵是上一頁，按 Ctrl + V 鍵是下一頁
搜尋文字	按 Ctrl + W 鍵後，在下方輸入關鍵字，按 Enter 鍵開始搜尋
開啟/儲存檔案	按 Ctrl + R 鍵開啟檔案，按 Ctrl + O 鍵儲存檔案
離開	按 Ctrl + X 鍵

4-2-6 關機指令

我們可以使用 SSH 下達關機的 Linux 指令 shutdown 來安全地替樹莓派關機，**這需要使用 sudo 來執行**，如下所示：

```
$ sudo shutdown -h now Enter
```

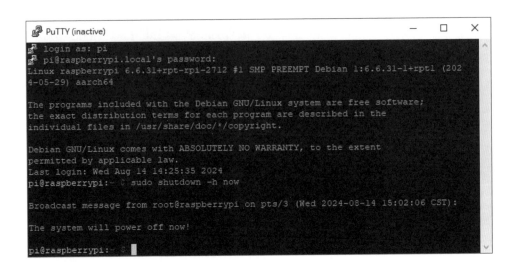

4-3 Linux 的使用者與檔案權限指令

　　樹莓派的 Raspberry Pi OS 作業系統預設建立 2 位使用者，root 系統管理者（超級使用者）和在安裝時新增的使用者 pi，我們可以使用 Linux 指令來新增系統的使用者和指定檔案的權限。

4-3-1 使用者管理指令

　　Linux 使用者管理指令可以查詢登入使用者、新增使用者和更改使用者密碼。

who 指令：顯示登入使用者清單

　　who 指令可以顯示目前登入系統的使用者清單，如下所示：

```
$ who  Enter
```

　　上述指令的執行結果可以顯示登入使用者 pi，如下圖所示：

useradd 指令：新增使用者

　　useradd 指令可以新增作業系統的使用者，我們需要使用 sudo 指令執行 useradd 指令來新增使用者。例如：在 Raspberry Pi OS 作業系統新增名為 joe 的使用者，如下所示：

```
$ sudo useradd -m -G adm,dialout,cdrom,sudo,audio,video,plugdev,games,user
s,input,netdev,gpio,i2c,spi joe  Enter
```

 Tips **請注意！**上述指令是同一列指令，在之間並沒有換行，而且任何「,」逗號之後都不可有空白字元。

　　在上述指令的最後是新增的使用者名稱，可以建立一位空的新使用者 joe，如下圖所示：

　　在「/home」目錄可以看到新增 joe 的使用者根目錄，如下圖所示：

passwd 指令：更改使用者密碼

對於 Linux 作業系統的使用者，例如：預設登入的 pi，或之前新增的 joe，我們都可以使用 passwd 指令來更改使用者密碼，例如：更改使用者 joe 的密碼，如下所示：

```
$ sudo passwd joe Enter
```

上述指令也需要使用 sudo 執行，我們需要輸入 2 次密碼來更新使用者密碼，如下圖所示：

4-3-2　檔案權限管理指令

Linux 檔案權限管理指令主要有 2 個，一個是更改檔案權限，一個是更改檔案的擁有者。

chmod 指令：更改檔案權限

chmod 指令可以更改指定檔案的權限，我們是使用字元來指定檔案權限，即檔案擁有者擁有檔案的哪些權限。擁有者的字元 u 是使用者（User），g 是群組（Group），o 是其他使用者（Other Users）。檔案權限字元 r 是讀取（Read），w 是寫入（Write），x 是執行（Execute）。

例如：替檔案 file.txt 的擁有者新增執行權限，如下所示：

```
$ chmod u+x file.txt  Enter
```

上述指令的「+」號表示新增，可以替檔案新增執行權限，如下圖所示：

上述圖例在執行 chmod 指令後，再執行 ls -l 指令，可以看到前方的權限新增了 x。除了新增，我們也可以使用「=」符號指定檔案的權限，如下所示：

```
$ chmod u=rw file.txt  Enter
```

上述指令的「=」號指定檔案擁有讀寫權限，當執行 ls -l 指令，可以看到前方的 x 不見了，如下圖所示：

chown 指令：更改檔案的擁有者

chown 指令可以更改檔案擁有者的使用者或群組，我們需要使用 sudo 指令來執行 chown 指令，如下所示：

```
$ sudo chown joe:root file.txt  Enter
```

上述指令的「:」號前是使用者 joe，之後是群組 root。當執行 ls -l 指令，可以看到擁有者從 pi pi 改成 joe root，如下圖所示：

4-4　Linux 作業系統的目錄結構

不同於 Windows 作業系統的周邊硬體裝置都有不同名稱和圖示來表示，在 Linux 作業系統的硬碟、目錄和裝置都是檔案系統的一個目錄，稱為**根檔案系統**（Root File System）。

在 Linux 作業系統是使用一個目錄來對應連接的硬碟裝置，稱為虛擬目錄（Virtual Directories），因此 Linux 作業系統的目錄有可能是儲存檔案的目錄，也有可能是對應指定裝置的虛擬目錄。

在 Linux 作業系統檢視目錄結構

我們可以在終端機使用 **ls /** 指令，在 Terminal 終端機檢視**根目錄結構**，如下圖所示：

在桌面環境可以開啟檔案管理程式（File Manager）來檢視目錄結構。預設顯示使用者 pi 的根目錄「/home/pi」，如下圖所示：

請在上方輸入「/」，可以看到 Linux 檔案系統的根目錄，如下圖所示：

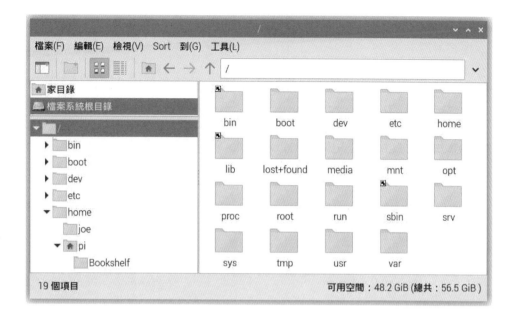

根目錄「/」下的子目錄說明

在 Linux 作業系統根目錄「/」下各子目錄的簡單說明，如下所示：

● **bin 目錄**：儲存作業系統相關的二進位檔案，例如：執行桌面環境的相關檔案。

● **boot 目錄**：啟動樹莓派所需的 Linux 核心和其他套件。

● **dev 目錄**：對應裝置的虛擬目錄，此目錄並沒有真的存在 Micro-SD 卡，所有系統連接的硬碟和音效卡等裝置就是在此目錄存取。

● **etc 目錄**：儲存系統設定檔案的目錄，包含使用者清單和加密的密碼。

● **home 目錄**：使用者的根目錄，所有系統的使用者都會對應此目錄下的子目錄，例如：使用者 pi 是對應「/home/pi」目錄。

● **lib 目錄**：儲存各種不同應用程式函式庫的目錄。

- **lost+found 目錄**：一個特殊的目錄，用來儲存當系統當機時找回的遺失檔案片段。

- **media 目錄**：這個特殊目錄是對應 USB 行動碟和外接式光碟機等可移除儲存裝置（Removable Storage Devices）。

- **mnt 目錄**：此目錄是用來手動掛載（Mount）儲存裝置的目錄，例如：外接式硬碟。

- **opt 目錄**：這是儲存安裝應用程式的目錄，當我們在樹莓派安裝新的應用程式，就是儲存在此目錄。

- **proc 目錄**：在此虛擬目錄是執行應用程式的行程（Processes）資訊。

- **root 目錄**：root 超級使用者（Super-user）的檔案是儲存在此目錄，其他使用者是儲存在「/home」子目錄。

- **run 目錄**：這是背景程式使用的一個特殊目錄。

- **sbin 目錄**：在此目錄儲存 root 使用者使用的一些特殊二進位檔案，這是一些用來維護系統的檔案。

- **srv 目錄**：儲存作業系統服務所需的資料，在 Raspberry Pi OS 是空目錄。

- **sys 目錄**：這是一個虛擬目錄，讓 Linux 核心用來儲存系統資訊。

- **tmp 目錄**：所有暫存檔案會自動儲存在此目錄。

- **usr 目錄**：此目錄是讓使用者存取（User-accessible）應用程式來儲存資料。

- **var 目錄**：這是用來儲存各應用程式的更改資料或變數。

4-5 | 使用命令列安裝和解除安裝應用程式

雖然 Raspberry Pi OS 桌面環境提供新增和解除安裝應用程式的工具，但因為分類的應用程式太多，並不容易搜尋到欲安裝的應用程式，在實務上，反而使用命令列指令來安裝和解除安裝應用程式更簡單。

4-5-1 | 認識套件管理

在說明如何使用命令列安裝和解除安裝應用程式前，我們需要先了解 Linux 作業系統的應用程式管理，這和 Windows 作業系統有很大的不同，在 Linux 作業系統是使用套件管理（Package Manager）來管理作業系統上安裝的應用程式。

套件管理簡介

套件管理（Package Manager）或稱為套件管理系統（Package Management System）是一組工具程式，用來管理和追蹤作業系統上應用程式的安裝、更新、設定與刪除的操作。每一個套件（Package）包含軟體本身、相關資料、軟體描述和套件之間的相依關係等資料，套件管理工具在安裝應用程式時，可以參考套件之間的相依關係，自動安裝相關套件，以便安裝的應用程式可以成功且正確的執行。

基本上，套件管理會維護一個套件管理資料庫，儲存應用程式的版本和相依關係，以便了解作業系統安裝的軟體是否有新版本，和需要安裝更新哪些相關套件。

Linux 作業系統的套件管理工具

Linux 作業系統的套件管理工具有很多種，樹莓派 Raspberry Pi OS 作業系統源於 Debian，套件管理工具是使用和 Debian 和 Ubuntu 相同的 apt，常見 Linux 套件管理工具還有 Fedora 和 Red Hat 使用的 yum，和 Arch Linux 的 pcman 等。

 Tips 請注意！各種套件管理工具的指令並不相同，在本書是以樹莓派 Raspberry Pi OS 作業系統的 apt 為例。

4-5-2 安裝應用程式

我們除了可以使用第 3 章的圖形介面來安裝應用程式，也可以直接在終端機輸入命令列指令來安裝應用程式。當升級已經安裝的應用程式時，Linux 作業系統實際上是再次重新安裝應用程式。

步驟一：更新套件資料庫

在安裝應用程式前，我們需要先使用 update 來更新套件資料庫，這就是在更新 Raspberry Pi OS，如下所示：

```
$ sudo apt update  Enter
```

上述 sudo 指令後是 apt，使用套件管理資料庫執行應用程式安裝；而空一格後的 update，可以更新套件管理資料庫。

步驟二：升級已經安裝的應用程式

在更新套件管理資料庫後，我們就可以使用 upgrade 升級已經安裝的所有應用程式（此步驟可以不用執行），這就是在升級 Raspberry Pi OS，如下所示：

```
$ sudo apt -y upgrade [Enter]
```

上述指令可以升級已經安裝的所有應用程式，因為過程可能會按 [y] 鍵確認繼續，所以加上 -y 參數，如此就不需自行按 [y] 鍵進行確認。

步驟二：安裝應用程式套件

在使用 update 更新套件資料庫後（upgrade 可以不執行），我們就可以安裝應用程式。因為安裝過程可能會顯示套件所需空間，我們需要輸入 [y] 鍵確認繼續安裝，如果不想輸入，請在指令加上 -y 參數，例如：安裝 nethack-console 的一個命令列小遊戲，如下所示：

```
$ sudo apt -y install nethack-console [Enter]
```

上述指令使用 install 安裝小遊戲的套件，當再次看到提示文字的「$」符號時，就表示已經成功安裝應用程式，如下圖所示：

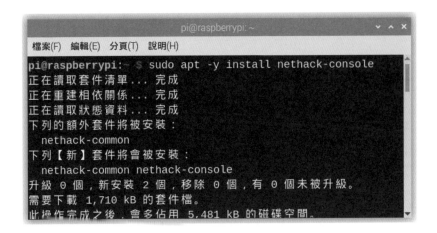

在遊戲（Game）分類可以看到新增了一個遊戲，如下圖所示：

4-5-3 解除安裝應用程式

　　解除安裝應用程式就是從套件管理刪除套件，在第 3-4-1 節我們已經
安裝 gnome-screenshot，現在即可執行下列指令來將其解除安裝，如下所
示：

```
$ sudo apt -y remove gnome-screenshot  Enter
```

補充說明

　　當新增或刪除套件時，如果看到有不再使用套件的訊息文字，除了使用 remove 自行一一刪除不再使用的套件外，我們也可以使用下列指令，自動刪除這些不再使用的套件，如下所示：

```
$ sudo apt -y autoremove  Enter
```

　　請注意！單純使用 remove 解除安裝的套件仍然有可能保留一些設定檔，如果需要完全刪除套件，請使用 **purge**，例如：完全解除安裝 nethack-console 套件，如下所示：

```
$ sudo apt -y purge nethack-console  Enter
```

4-5-4　清除作業系統的暫存檔

　　當在 Raspberry Pi OS 執行安裝和解除安裝應用程式後，作業系統會留下一些更新下載的安裝檔，和不再需要的相依套件，我們可以執行下列指令來清除更新下載的安裝檔，如下所示：

```
$ sudo apt -y clean  Enter
```

　　執行下列指令可以清除不再需要的相依套件，如下所示：

```
$ sudo apt -y autoremove --purge  Enter
```

　　在執行上述指令清除暫存檔後，記得執行下列指令來重新啟動樹莓派，如下所示：

```
$ sudo reboot  Enter
```

4-6 安裝中文輸入法

　　Linux 作業系統支援中文輸入法和中文字型，Raspberry Pi OS 已經支援中文字型，如果需要輸入中文內容，我們需要安裝中文輸入法。目前有 Fcitx、SCIM 和 Ibus 等多種中文輸入法框架可供選擇，在本書是安裝 Fcitx 5 和新酷音輸入法。

 Tips　**請注意！**並不是每一種應用程式都支援中文輸入。

安裝 Fcitx 5 中文輸入法

　　樹莓派 Raspberry Pi OS (Bookworm) 的桌面環境是使用 Wayland 圖形顯示協議。Wayland 是 Linux 作業系統的現代化圖形顯示協議，取代傳統 X Window System (X11)，可以提供更高效、更安全和更靈活的圖形環境框架。

　　Fcitx 5 是對於 Wayland 支援較佳的 Fcitx 新版本，這是一套 Linux 作業系統的輸入法框架，支援注音、倉頡、嘸蝦米和拼音等多種中文輸入法，而且支援多國語言輸入和多種輸入功能，例如：正簡轉換、快速輸入、單字提示和 Unicode 字元輸入等。

補充說明

當在 Raspberry Pi OS 安裝其他中文輸入法時，可能需要設定改用傳統 X11 圖形顯示協議才能使用。此時，請在終端機執行 sudo raspi-config 指令後，選 **6 Advanced Options**，再選 **A6 Wayland** 來改成 **W1 X11**。

我們可以在終端機使用下列指令安裝 Fcitx 5 和新酷音輸入法（類似 Windows 作業系統的新注音輸入法），如下所示：

```
$ sudo apt update [Enter]
$ sudo apt -y install fcitx5 [Enter]
$ sudo apt -y install fcitx5-chewing [Enter]
$ sudo apt -y install fcitx5-chinese-addons [Enter]
```

上述第 2 個指令是安裝 Fcitx 5 中文輸入法框架，第 3 個指令是安裝新酷音輸入法，第 4 個指令是安裝其他中文輸入法。

在 Raspberry Pi OS 啟用 Fcitx 5 中文輸入法

當成功安裝 Fcitx 5 中文輸入法後，我們需要設定 Raspberry Pi OS 啟用 Fcitx 5 中文輸入法，其步驟如下所示：

Step **1** 請執行「選單/偏好設定/輸入法」命令設定輸入法，可以看到目前的輸入法設定，按**確定**鈕。

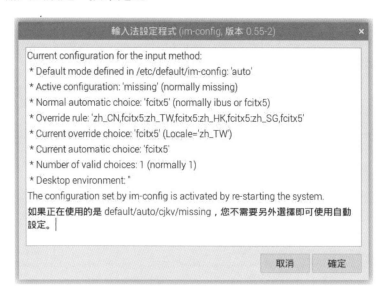

按**是**鈕確認要啟用指定的輸入法。

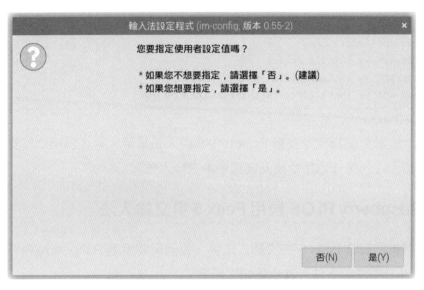

選 **fcitx5**，按**確定**鈕啟用 Fcitx 5 中文輸入法。

Step
4　可以看到使用者選擇的輸入法已經更改，請按**確定**鈕。

Step
5　請重新啟動樹莓派，就可以完成啟用 Fcitx 5 中文輸入法。

使用 Fcitx 5 中文輸入法

　　在重新啟動樹莓派後，就可以在應用程式工作列的右上角看到 Fcitx 5 輸入法的鍵盤圖示，如下圖所示：

　　上述第 2 個圖示是輸入法。在開啟編輯器，例如：Mousepad 後，就可以使用下列快速鍵來使用 Fcitx 5 中文輸入法，如下表所示：

快速鍵	功能
Ctrl + Space 鍵	切換中文或英文輸入法
Shift 鍵	切換中英輸入
Shift + Space 鍵	切換全形和半形
Ctrl + Shift 鍵	當切換成中文輸入後,切換使用的中文輸入法
Ctrl + Shift + F 鍵	切換輸入的是簡體或繁體中文

在圖示上點選滑鼠**右**鍵,可以
看到一個快顯功能表,如右圖所示:

上述功能表上方可以勾選使用的輸入法,執行**設定**命令,或執行「選單
/偏好設定/Fcitx 5 設定」命令,可以看到「Fcitx 設定」對話方塊。

　　在左邊方框可以看到目前的輸入法清單，請在右邊方框找到**倉頡**輸入法，在中間按向左箭頭的新增，就可以按**套用**鈕來新增輸入法。

Tips **請注意！**部分輸入法設定可能需要重新啟動樹莓派後，相關設定才能生效。

學習評量

1. Linux 作業系統的桌面環境需要啟動 _____ 工具來下達 Linux 指令。

2. 請問 sudo 的用途是什麼？

3. 請使用 nano 編輯器建立 name.txt 檔案，內容是讀者的英文名字。

4. 請簡單說明什麼是 Linux 作業系統的套件管理？

5. 請參考第 4-6 節的說明在樹莓派 Raspberry Pi OS 安裝 Fcitx 5 中文輸入法。

MEMO

chapter 5

使用樹莓派
架設伺服器

▷ 5-1 架設 Web 伺服器

▷ 5-2 安裝 PHP 開發環境

▷ 5-3 安裝設定 MySQL 資料庫系統

▷ 5-4 架設 FTP 伺服器

5-1 架設 Web 伺服器

Apache 是一套著名開放原始碼（Open Source）的 Web 伺服器，我們可以在樹莓派使用 Apache 架設 Web 伺服器，然後安裝 PHP + MySQL 資料庫系統，輕鬆在樹莓派建立支援 PHP 技術的 Web 網站。

5-1-1 安裝 Apache 伺服器

Apache 伺服器可以讓瀏覽器使用 HTTP 通訊協定來下載 HTML 網頁，首先我們需要安裝 apache2 套件，如下所示：

```
$ sudo apt update Enter
$ sudo apt -y install apache2 Enter
```

上述指令首先更新套件資料庫，然後安裝 Apache 伺服器，在完成安裝後，可以在「/var/www/html」目錄看到預設首頁 index.html，如下圖所示：

　　現在，我們可以啟動瀏覽器來預覽 Apache 伺服器的首頁，請輸入下列網址，如下所示：

```
http://localhost/
```

　　如果是其他電腦，請使用樹莓派的 IP 位址來瀏覽首頁，例如：192.168.1.116，如下所示：

```
http://192.168.1.116/
```

　　上述 IP 位址可以使用 **hostname -I**（大寫 i）指令取得，如下圖所示：

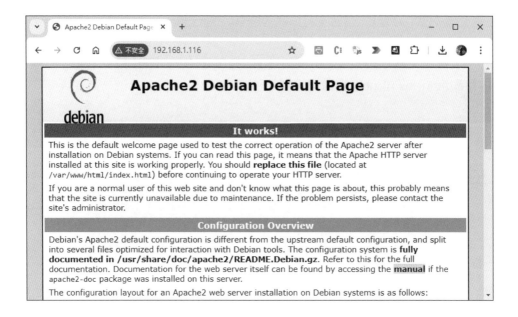

　　如果成功看到上述網頁，就表示 Apache 伺服器已經成功安裝。

5-1-2　使用 Geany 編輯 HTML 網頁

Raspberry Pi OS 作業系統的 Geany 程式碼編輯器支援 HTML 網頁的編輯，我們需要先更改檔案權限的擁有者，才能使用 Geany 編輯 HTML 網頁。

查詢和更改 index.html 的擁有者

請啟動終端機依序執行 cd 和 ls 指令來查詢 index.html 檔案資訊，如下所示：

```
$ cd /var/www/html  Enter
$ ls -l  Enter
```

上述指令首先執行 cd 指令切換至「/var/www/html」目錄，再使用 ls 指令顯示 index.html 檔案資訊，如下圖所示：

上述圖例顯示 index.html 的擁有者是 root，我們需要更改擁有者為 pi，如此才能編輯 index.html 檔案的內容，如下所示：

```
$ sudo chown pi:root index.html  Enter
$ ls -l  Enter
```

首先執行 chown 指令更改檔案的擁有者是 pi，然後使用 ls 指令顯示 index.html 檔案資訊，可以看到現在 index.html 檔案的擁有者是 pi，如下圖所示：

使用 Geany 編輯 index.html 檔案

在成功更改 index.html 檔案的擁有者後，我們就可以執行「選單/軟體開發/Geany」命令啟動 Geany 後，再執行「檔案/開啟」命令，可以看到「開啟檔案」對話方塊。

在左邊框選 **+ 其他位置**，右邊選**電腦**，然後切換至「/var/www/html」目錄，選 **index.html** 檔案後，按**開啟**鈕開啟 index.html，如下圖所示：

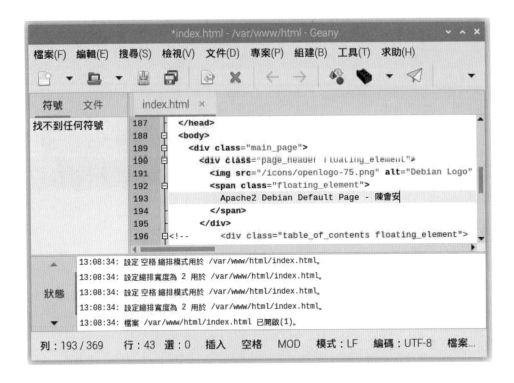

請捲動視窗找到 <body> 標籤下的 <span> 標籤，然後在標題文字 Apache2 Debian Default Page 後輸入姓名 **- 陳會安**，然後執行「檔案/儲存」命令儲存 index.html 檔案的變更。

現在，當再次使用瀏覽器進入 Apache 伺服器的預設首頁，可以看到標題文字後的姓名，如下圖所示：

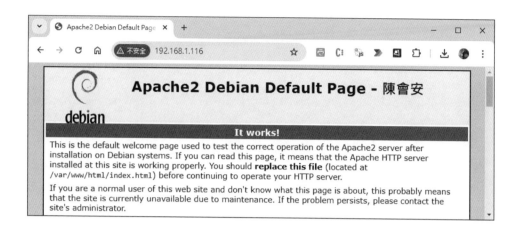

5-2 安裝 PHP 開發環境

　　PHP（Hypertext Preprocessor）是通用和開放原始碼（Open Source）的**伺服端腳本語言**（Script），我們可以直接將 PHP 程式碼內嵌於 HTML 網頁，這是一種 Unix/Linux 的伺服端網頁技術，也支援 Windows 作業系統，其官方網址：http://www.php.net/。

安裝 PHP

　　當成功在樹莓派安裝 Apache 伺服器後，接著，就可以使用下列指令安裝 PHP，目前安裝的 PHP 版本是 8.2 版，如下所示：

```
$ sudo apt -y install php  Enter
```

　　當執行上述指令安裝 PHP 後，就會安裝最新版 PHP 和相關套件，包含：libapache2-mod-php8.2、php-common、php8.2、php8.2-cli、php8.2-common、php8.2-json、php8.2-opcache 和 php8.2-readline，如下圖所示：

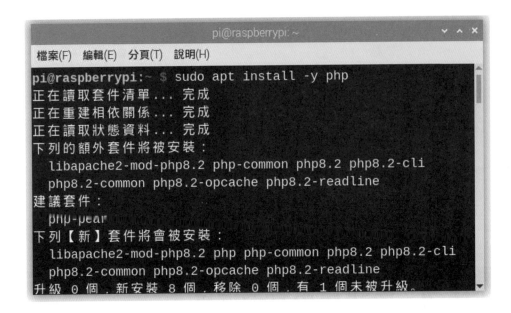

接著，我們需要使用 Geany 建立 PHP 程式 index.php 來測試 PHP 程式的執行。

更改「/var/www/html」目錄的擁有者

因為目錄權限不足，我們無法啟動 Geany 在「/var/www/html」目錄新增 PHP 程式檔案 index.php。請先啟動終端機執行 chown 指令更改「/var/www/html」目錄擁有者為 pi，如下所示：

```
$ cd /var/www Enter
$ sudo chown pi:root html Enter
$ ls -l Enter
```

上述指令首先使用 cd 切換至「/var/www」目錄，然後使用 chown 指令更改「html」目錄的擁有者是 pi，最後使用 ls 指令顯示「/var/www/html」目錄資訊，可以看到「html」目錄的擁有者是 pi，如下圖所示：

```
pi@raspberrypi: /var/www                    ∨ ∧ ✕
檔案(F)  編輯(E)  分頁(T)  說明(H)
pi@raspberrypi:~ $ cd /var/www
pi@raspberrypi:/var/www $ sudo chown pi:root html
pi@raspberrypi:/var/www $ ls -l
總用量 4
drwxr-xr-x 2 pi root 4096  8月 15 12:55 html
pi@raspberrypi:/var/www $ ▮
```

使用 Geany 新增 PHP 程式 index.php

請啟動 Geany 後，執行「檔案/新增」命令新增程式檔案，然後執行「檔案/另存新檔」命令將新增檔案儲存成 index.php，如下圖所示：

在上述「儲存檔案」對話方塊的左邊框選 **+ 其他位置**，右邊選**電腦**後，切換至「/var/www/html」目錄，即可在上方欄位輸入檔名 index.php，按**儲存**鈕儲存成 index.php。

然後，請在 Geany 的編輯標籤頁輸入 index.php 程式碼，如下所示：

```php
<?php phpinfo(); ?>
```

上述 PHP 程式碼呼叫 phpinfo() 函式來顯示 PHP 版本和載入模組等相關資訊，如下圖所示：

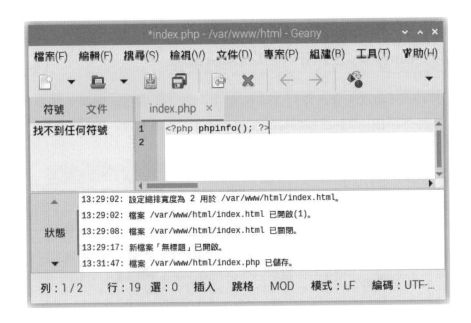

上述圖例的檔名標籤若為紅字，表示內容有變更但尚未儲存，請執行「檔案/儲存」命令儲存 PHP 程式檔案 index.php。

在瀏覽器測試執行 PHP 程式

在成功建立 PHP 程式 index.php 後，我們就可以啟動瀏覽器輸入下列網址來測試執行 PHP 程式，如下所示：

```
http://localhost/index.php
```

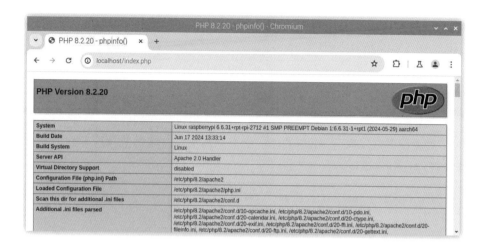

上述圖例是 PHP 程式的執行結果,使用 HTML 表格顯示 PHP 的相關資訊。

> **Tips** 請注意!URL 網址一定需要輸入 index.php,因為在同一目錄下還有 index.html,如果沒有指明,就會先執行 index.html,而不是執行 index.php,如下圖所示:
>
>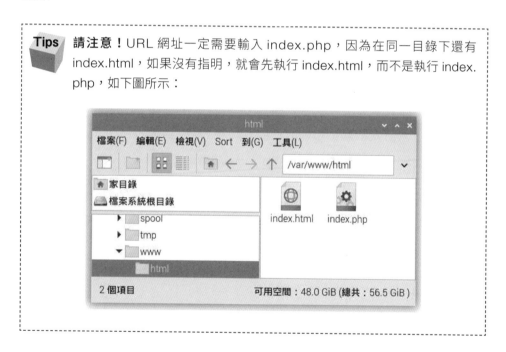

如果想輸入 http://localhost 就執行 index.php 的 PHP 程式,請在終端機切換至「/var/www/html」目錄,使用 rm 指令刪除 index.html 檔案,如此 index.php 就會成為預設首頁,如下所示:

```
$ cd /var/www/html  Enter
$ sudo rm index.html  Enter
```

5-3　安裝設定 MySQL 資料庫系統

　　MySQL 是一套開放原始碼（Open Source）的關聯式資料庫管理系統，原來是由 MySQL AB 公司開發與提供技術支援（已經被 Oracle 購併），這是 David Axmark、Allan Larsson 和 Michael Monty Widenius 在瑞典設立的公司，其官方網址為：http://www.mysql.com。

　　MariaDB 是 MySQL 原開發團隊開發的資料庫系統，保證永遠開放原始碼且完全相容 MySQL，目前 Facebook 和 Google 公司都已經改用 MariaDB 取代 MySQL 資料庫伺服器，其官方網址是：https://mariadb.org/。

5-3-1　安裝 MySQL 資料庫系統

　　在樹莓派安裝 MySQL 資料庫系統（事實上是安裝 MariaDB），除了資料庫伺服器本身外，我們還需要安裝支援程式語言的 MySQL 模組，例如：PHP 語言。

安裝 MySQL 資料庫伺服器

在樹莓派安裝 MySQL 資料庫伺服器，如下所示：

```
$ sudo apt -y install mariadb-server Enter
$ sudo service apache2 restart Enter
```

執行上述指令可以安裝 MySQL 資料庫伺服器，在安裝完成後，重新啟動 Apache 伺服器。

安裝 PHP 的 MySQL 模組

如果需要使用 PHP 存取 MySQL 資料庫，我們需要安裝 PHP 的 MySQL 模組，如下所示：

```
$ sudo apt -y install php-mysql Enter
```

設定 MySQL 安全性：更改 root 使用者的密碼

MySQL 的 root 使用者預設無密碼，基於安全性考量，建議設定 root 使用者密碼。我們準備使用 mysqle_secure_installation 設定 MySQL 資料庫的安全性，如下所示：

```
$ sudo mysql_secure_installation Enter
```

在提示文字 Enter current password for root（enter for none）處直接按 Enter 鍵（因為目前沒有密碼），接著再輸入 **y** 和按 Enter 鍵確認更改密碼（也有可能需先輸入 **y** 和 Enter 鍵切換成 unix_socket 認證），如下圖所示：

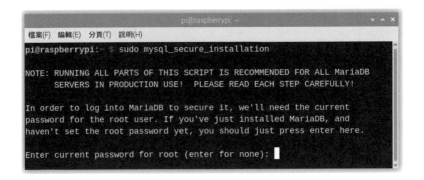

在 **New password:** 輸入新密碼,例如:a123456,按 Enter 鍵後,
需要再輸入一次相同的密碼,並按 Enter 鍵。然後重複輸入 4 次 **y** 和按
Enter 鍵,可以依序刪除匿名使用者、不允許遠端登入、刪除測試資料庫
和重新載入權限表,如下圖所示:

使用 MySQL 監視器(MySQL Monitor)的 CLI 介面

MySQL 監視器就是 MySQL 的 CLI 介面,請在終端機使用下列指令進
入 MySQL 監視器的 CLI 介面,如下所示:

```
$ sudo mysql -u root -p Enter
```

　　當執行上述指令後，就會要求輸入密碼，成功登入即可進入 MySQL 監視器來建立、更改和刪除資料庫，而離開 MySQL 監視器是輸入 **quit** 指令，如下圖所示：

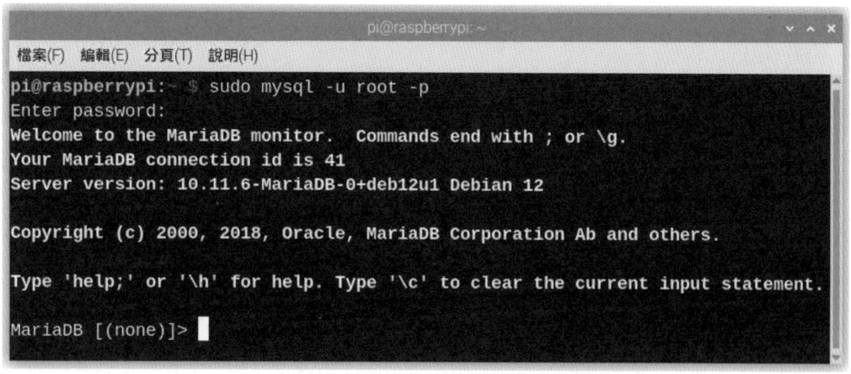

```
                           pi@raspberrypi: ~                    ∨ ∧ × ×

檔案(F)  編輯(E)  分頁(T)  說明(H)

pi@raspberrypi:~ $ sudo mysql -u root -p
Enter password:
Welcome to the MariaDB monitor.  Commands end with ; or \g.
Your MariaDB connection id is 41
Server version: 10.11.6-MariaDB-0+deb12u1 Debian 12

Copyright (c) 2000, 2018, Oracle, MariaDB Corporation Ab and others.

Type 'help;' or '\h' for help. Type '\c' to clear the current input statement.

MariaDB [(none)]>
```

5-3-2　安裝 MySQL 管理工具 phpMyAdmin

　　phpMyAdmin 是一套免費 Web 介面的 MySQL 管理工具，可以幫助我們管理 MySQL 資料庫系統。

安裝 phpMyAdmin

　　phpMyAdmin 因為本身就是使用 PHP 技術建立的 Web 應用程式，請先參閱本節前的說明的步驟成功安裝 PHP 開發環境後，我們就可以安裝 phpMyAdmin，如下所示：

```
$ sudo apt -y install phpmyadmin  Enter
```

　　上述指令的執行過程中，也會一併設定 phpMyAdmin，請按 Enter 鍵進入套件設定，其步驟如下所示：

Step 1

Raspberry Pi OS 作業系統有 2 種 Web 伺服器可供選擇,請在顯示的選項畫面選擇使用的 Web 伺服器為 **apache2**(可用上下方向鍵選擇),並按 Enter 鍵繼續安裝。

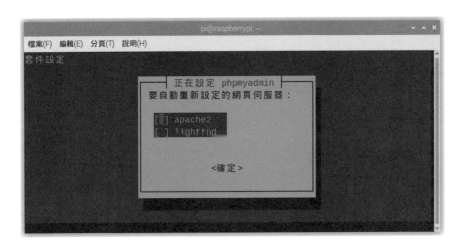

Step 2

等到安裝完成,可以看到設定 phpMyAdmin 的畫面,訊息指出 phpMyAdmin 必須安裝好資料庫和設定 dbconfig-common 檔後才能啟動。首先請按 Tab 鍵切換至**確定**選項,按 Enter 鍵,再按 Tab 鍵切換選項,當看到**是**的背景成為紅色後,按 Enter 鍵。

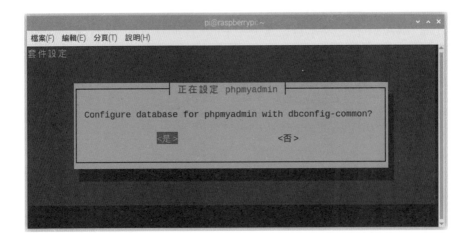

$\overset{Step}{\boxed{3}}$ 再按一次 Enter 鍵，輸入 MySQL 資料庫伺服器使用者 root 的密碼 a123456 後，按 Tab 鍵切換選項，當看到**確定**的背景成為紅色後，按 2 次 Enter 鍵。

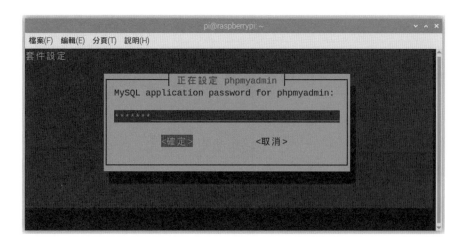

$\overset{Step}{\boxed{4}}$ 請再輸入一次相同的密碼，再按 Enter 鍵，就完成 phpMyAdmin 的安裝與設定。

重新啟動 MySQL 和 Apache

接著，請使用下列指令來重新啟動 MySQL 和 Apache，如下所示：

```
$ sudo service mysql restart  Enter
$ sudo service apache2 restart  Enter
```

設定 phpMyAdmin 的目錄連接

接著，我們需要將 phpMyAdmin 管理工具的路徑連接至 Apache 網站的根目錄，使用的是 ln 命令。這是使用 -s 來建立目錄的連接，可以將 **phpMyAdmin** 連接至「/usr/share/phpmyadmin」路徑，如下所示：

```
$ cd /var/www/html  Enter
$ sudo ln -s /usr/share/phpmyadmin phpmyadmin  Enter
```

在 MySQL 新增使用者

由於 MySQL 不允許使用 root 登入 phpMyAdmin，我們需要新增一位使用者來登入 phpMyAdmin。請在終端機使用下列指令進入 MySQL 監視器的 CLI 介面，如下所示：

```
$ sudo mysql -u root -p  Enter
```

　　當執行上述指令後，就會要求輸入密碼，成功登入即可進入 MySQL 監視器，新增一位使用者並授予最大的權限，例如：新增名為 pma 的使用者，密碼是 a123456，如下所示：

```
CREATE USER 'pma'@'localhost' IDENTIFIED BY 'a123456';
```

　　然後，授予 pma 使用者擁有最大的權限，如下所示：

```
GRANT ALL PRIVILEGES ON *.* TO 'pma'@'localhost' WITH GRANT OPTION;
```

　　最後請輸入 **quit** 指令離開 MySQL 監視器。

5-3-3　使用 phpMyAdmin 建立 MySQL 資料庫

phpMyAdmin 提供完整 Web 使用介面，可以幫助我們在 MySQL 伺服器建立資料庫、定義資料表和新增記錄資料。

啟動 phpMyAdmin

請啟動瀏覽器輸入 URL 網址：http://192.168.1.116/phpmyadmin/（或 http://localhost/phpmyadmin/），就可以看到 phpMyAdmin 的登入頁面。

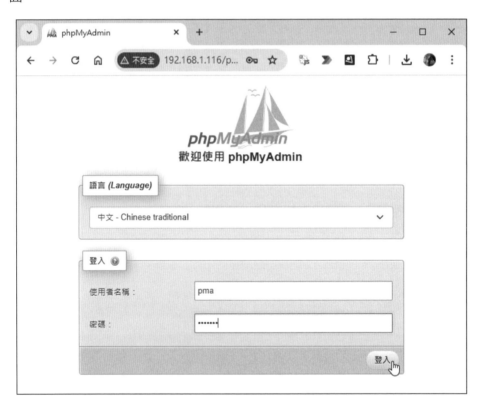

在**使用者名稱：**欄輸入上一節新增的使用者 pma；**密碼：**欄輸入 **a123456**，按**登入**鈕，可以進入 phpMyAdmin 管理頁面。

建立 MySQL 資料庫

現在，我們準備使用 phpMyAdmin 在 MySQL 資料庫伺服器建立名為 **myschool** 的資料庫，其步驟如下所示：

Step 1　請啟動瀏覽器登入 phpMyAdmin 管理工具的網頁，點選上方**伺服器；localhost:3306** 後，再選**資料庫**標籤來新增資料庫。

Step 2　在**建立新資料庫**欄輸入資料庫名稱 **myschool**（MySQL 不區分英文字母大小寫），在之後選 **utf8mb4_general_ci** 不區分大小寫的字元校對，按**建立**鈕。

可以看到訊息顯示 myschool 資料庫已經建立，然後切換至建立資料表的頁面。點選上方**伺服器；localhost:3306** 後，再選**資料庫**標籤，可以在下方看到我們建立的 myschool 資料庫，如下圖所示：

在資料庫清單勾選資料庫，按上方**刪除**鈕，就可以刪除選取的資料庫。

新增資料表

接著，我們準備在 myschool 資料庫新增名為 **students** 的資料表，資料表的欄位定義資料，如下表所示：

資料表：students			
欄位名稱	MySQL 資料類型	大小	欄位說明
sno	VARCHAR	5	學號（主鍵）
name	VARCHAR	12	姓名
address	VARCHAR	50	地址
birthday	DATE	N/A	生日

現在，請啟動 phpMyAdmin 在 myschool 資料庫新增 students 資料表，其步驟如下所示：

$\overset{Step}{\boxed{1}}$ 在 phpMyAdmin 管理畫面左邊目錄選 **myschool** 資料庫,可以在此資料庫新增資料表。

$\overset{Step}{\boxed{2}}$ 在右邊**名稱**欄位輸入資料表名稱 **students**(MySQL 並不區分英文字母大小寫),**欄位**欄輸入資料表的欄位數,以此例是 **4**,再按**建立**鈕。

$\overset{Step}{\boxed{3}}$ 可以看到編輯資料表欄位的表單,請輸入前述 students 資料表的欄位定義資料,資料類型的型態是使用下拉式清單來選擇。

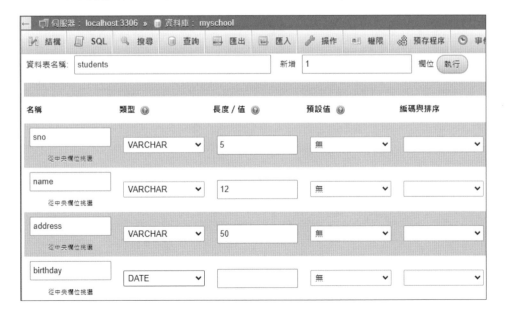

$\overset{Step}{\boxed{4}}$ 在 **sno** 欄位，請向右捲動視窗，在**索引**欄選 **PRIMARY** 主鍵，可以看到「新增索引」對話方塊。

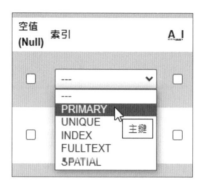

 Tips 欄位型態如果是數值且需要自動增加欄位值時，請勾選 A_I 欄。

$\overset{Step}{\boxed{5}}$ 我們可以指定部分欄位值來建立索引，以此例不用更改，按**執行**鈕。

請將畫面往下捲動，可以看到下方**儲存**鈕，請按此按鈕儲存資料
表，即可建立 students 資料表，並檢視資料表的欄位定義資料，如
下圖所示：

上表資料表欄位的編輯方式是先勾選需要處理的欄位，然後在「動作」
欄點選所需功能，常用功能說明如下表所示：

動作	說明
修改	修改欄位的定義資料
刪除	刪除欄位
主鍵	將欄位設定成主鍵
獨一	將欄位值設定成為唯一值
索引	將欄位設為索引鍵欄位

新增記錄資料

現在，我們已經在 MySQL 的 **myschool** 資料庫新增 **students** 資料
表，接著就可以新增資料表的記錄資料，其步驟如下所示：

Step
1 請在 phpMyAdmin 左邊資料庫清單目錄，展開 **myschool** 資料庫，
可以在下方看到建立的 students 資料表，如下圖所示：

Step 2 點選**新增**可以新增資料表,請點選 **students** 超連結,可以在右邊顯示資料表的記錄資料,目前是空的沒有記錄,選上方**新增**標籤。

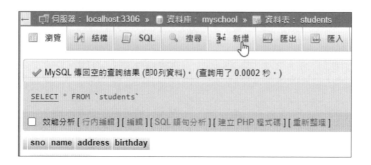

Step 3 在資料表記錄編輯畫面的表格,依序輸入 sno、name、address 和 birthday 欄位值,按**執行**鈕新增記錄。

Step
4
可以看到成功新增一筆記錄的訊息文字「新增了 1 列」，在網頁上方
是新增記錄的 SQL 指令，選上方**新增**標籤可以繼續新增其他記錄。

Step
5
在完成資料表記錄資料的新增後，選上方**瀏覽**標籤，可以在下方檢
視 students 資料表的所有記錄資料。

5-4 架設 FTP 伺服器

　　FTP（File Transfer Protocol）是檔案傳輸的通訊協定，其主要目是在伺
服器與客戶端之間進行檔案傳輸。FTP 伺服器就是使用 FTP 通訊協定的伺
服器，我們準備安裝的是 vsftpd。

5-4-1 在樹莓派架設 FTP 伺服器

　　在樹莓派架設 FTP 伺服器是使用 vsftpd，其安裝步驟如下所示：

Step
1
請在終端機輸入下列指令來安裝 vsftpd 套件，如下所示：

```
$ sudo apt update Enter
$ sudo apt -y install vsftpd Enter
```

Step
2
請切換至「/etc」目錄，更改 vsftpd.conf 檔案的擁有者是使用者
pi，如下所示：

```
$ cd /etc Enter
$ sudo chown pi:root vsftpd.conf Enter
$ ls -l vsftpd.conf Enter
```

```
pi@raspberrypi:~ $ cd /etc
pi@raspberrypi:/etc $ sudo chown pi:root vsftpd.conf
pi@raspberrypi:/etc $ ls -l vsftpd.conf
-rw-r--r-- 1 pi root 5850 10月 16  2022 vsftpd.conf
pi@raspberrypi:/etc $
```

補充說明

　　我們也可以直接使用第 4-2-5 節的 nano 指令編輯 vsftpd.conf 設定檔，
請先切換至檔案所在的目錄後，使用 sudo 執行 nano 指令進行檔案編輯，
如下所示：

```
$ cd /etc Enter
$ sudo nano vsftpd.conf Enter
```

　　在完成檔案編輯後，請按 Ctrl + O 鍵儲存檔案的變更。

Step
3

請執行「選單/附屬應用程式/Mousepad」命令啟動 Mousepad，然
後執行「檔案/開啟」命令開啟「/etc」目錄下的 vsftpd.conf 檔案。

```
# directory should not be writable by the ftp user. This directory is used
# as a secure chroot() jail at times vsftpd does not require filesystem
# access.
secure_chroot_dir=/var/run/vsftpd/empty
#
# This string is the name of the PAM service vsftpd will use.
pam_service_name=vsftpd
#
# This option specifies the location of the RSA certificate to use for SSL
# encrypted connections.
rsa_cert_file=/etc/ssl/certs/ssl-cert-snakeoil.pem
rsa_private_key_file=/etc/ssl/private/ssl-cert-snakeoil.key
ssl_enable=NO

#
# Uncomment this to indicate that vsftpd use a utf8 filesystem.
#utf8_filesystem=YES
user_sub_token=$USER
local_root=/home/$USER/ftp
```

Step
4 確認取消下列各設定碼之前的註解字元「#」，並修改成下列的屬性
值，如下所示：

```
anonymous_enable=NO
local_enable=YES
write_enable=YES
local_umask=022
chroot_local_user=YES
```

Step
5 請捲動視窗至最後，在最後輸入 2 行設定指令，如下所示：

```
user_sub_token=$USER
local_root=/home/$USER/ftp
```

Step
6 在編輯後，請執行「檔案/儲存」命令儲存 vsftpd.conf 檔的變更。

Step
7 請在終端機輸入指令建立 2 個新目錄，並更改目錄權限，如下所
示：

```
$ mkdir /home/pi/ftp  Enter
$ mkdir /home/pi/ftp/files  Enter
$ sudo chmod a-w /home/pi/ftp  Enter
```

Step 8 請在終端機輸入下列指令來重新啟動 FTP 伺服器，如下所示：

```
$ sudo service vsftpd restart [Enter]
```

5-4-2 在 Windows 電腦使用 FTP 伺服器

　　在 Windows 電腦只需使用 FTP 客戶端程式就可以連接樹莓派建立的 FTP 伺服器，例如：FileZilla，其官方網址是：https://filezilla-project.org/。

　　請下載安裝 FileZilla 客戶端後，就可以在 Windows 電腦使用樹莓派架設的 FTP 伺服器，其步驟如下所示：

Step 1 請啟動 FileZilla，在上方**主機**欄輸入 IP 位址，例如：192.168.1.116，**使用者名稱**欄輸入 **pi**，**密碼**欄輸入 **a123456**，**連接埠**輸入 **22**，按**快速連線**鈕建立 FTP 連線。

Step 2 如果看到一個警告訊息，指出主機金鑰不明，不用理會，按**確認**鈕，稍等一下，就可以連線 FTP 伺服器，如下圖所示：

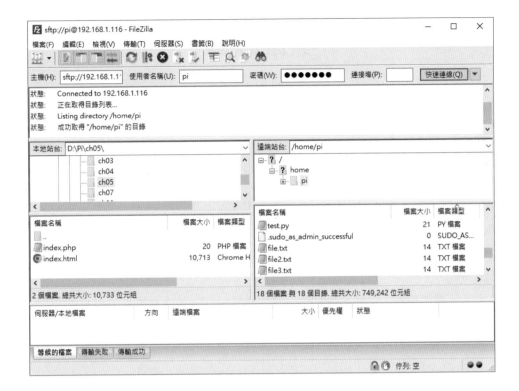

學習評量

1. 請簡單說明什麼是 Apache？如何在樹莓派 Raspberry Pi OS 安裝 Apache 伺服器？

2. 請改用 nano 指令建立第 5-2 節的 index.php 程式。

3. 請簡單說明什麼是 MySQL？什麼是 phpMyAdmin？

4. 請在 MySQL 新增圖書資料庫 library，內含資料表 books，其欄位定義資料如下表所示：

欄位名稱	資料型態	長度	說明
bookid	VARCHAR	10	書號
booktitle	VARCHAR	50	書名
bookprice	INT	11	書價
bookauthor	VARCHAR	10	作者

請將讀者書架上的電腦書都新增成為 books 資料表的測試資料。

5. 請問如何在樹莓派 Raspberry Pi OS 架設 FTP 伺服器？

chapter **6**

建立 Linux 的
Python 開發環境

▷ 6-1   在樹莓派安裝 Python 虛擬環境工具

▷ 6-2   建立與管理 Python 虛擬環境

▷ 6-3   安裝與使用 Visual Studio Code

▷ 6-4   使用 Jupyter Notebook + Gradio 建立 AI 互動介面

▷ 6-5   Python 應用範例：存取 MySQL 資料庫

▷ 6-6   Python 應用範例：使用 ChatGPT API

在樹莓派安裝 Python 虛擬環境工具

　　Raspberry Pi OS 內建支援官方專屬配件和 GPIO 的 Python 開發環境，我們可以使用 virtualenv 來建立、啟動、刪除與管理 Python 虛擬環境。在本書是安裝 virtualenv 和 virtualenvwrapper 套件的 Python 虛擬環境工具，其安裝步驟如下所示：

Step 1　首先，我們需要找出 Python 直譯器的路徑，以便在安裝前設定環境變數，請啟動終端機輸入 python3 指令，再加上 --version 參數來查詢版本，可以看到版本是 3.11.2，如下所示：

```
$ python3 --version  Enter
```

Step 2　使用找到的版本來搜尋 Python 直譯器的路徑，使用的是 which 指令，可以找出路徑「/usr/bin/python」，如下所示：

```
$ which python 3.11  Enter
```

^{Step}
3 設定環境變數 VIRTUALENVWRAPPER_PYTHON 值為找到的 Python 直譯器的路徑，請使用 echo 指令和「>>」運算子，將環境變數字串新增至 .bashrc 檔案，如下所示：

```
$ echo "export VIRTUALENVWRAPPER_PYTHON=/usr/bin/python" >> .bashrc  Enter
```

^{Step}
4 輸入 source 指令讓環境變數的配置生效，如下所示：

```
$ source ~/.bashrc  Enter
```

^{Step}
5 在安裝前需要更新套件資料庫和升級已安裝套件，如下所示：

```
$ sudo apt update  Enter
$ sudo apt upgrade -y  Enter
```

^{Step}
6 現在，我們就可以安裝 virtualenv 和 virtualenvwrapper 套件，如下所示：

```
$ sudo apt install -y python3-virtualenv  Enter
$ sudo apt install -y python3-virtualenvwrapper  Enter
```

^{Step}
7 在成功安裝後，我們還需要設定環境變數 WORKON_HOME，其值是路徑「$HOME/.virtualenvs」，請使用 echo 指令和「>>」運算子新增至 .bashrc 檔案，如下所示：

```
$ echo "export WORKON_HOME=$HOME/.virtualenvs" >> ~/.bashrc  Enter
```

Step 8
設定在每次啟動時，自動執行 virtualenvwrapper.sh 腳本來使用 virtualenvwrapper 套件，請使用 echo 指令和「>>」運算子新增至 .bashrc 檔案，如下所示：

```
$ echo "source /usr/share/virtualenvwrapper/virtualenvwrapper.sh" >> ~/.bashrc  Enter
```

Step 9
輸入 source 指令讓我們更改的配置生效，如下所示：

```
$ source ~/.bashrc  Enter
```

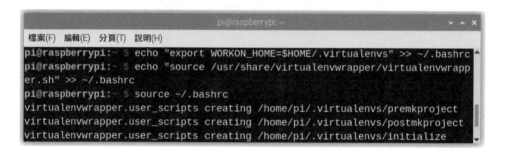

補充說明

　　在書附範例檔提供**安裝 Miniforge 的 Python 開發環境 .txt**，此檔案說明如何在 Raspberry Pi OS 安裝精簡版 Anaconda 的 Python 開發環境 Miniforge。此環境可以建立不同 Python 版本的 Python 虛擬環境，不過，因為樹莓派官方配件的支援並不完整，例如：Pi 相機模組，所以，在本書是安裝 Python 虛擬環境工具，而不是安裝 Miniforge。

6-2 建立與管理 Python 虛擬環境

　　Python 虛擬環境可以針對不同 Python 專案建立專屬的開發環境，特別是那些需要特定版本套件的 Python 專案，我們可以針對此類型的專案建立專屬的虛擬環境，不會因為套件版本的相容性問題，而影響到其他 Python 專案的開發環境。

建立 Python 虛擬環境

　　在 Raspberry Pi OS 成功安裝和設定 virtualenv 和 virtualenvwrapper 套件後，我們準備新增一個名為 test 的 Python 虛擬環境，使用的是 mkvirtualenv 指令，如下所示：

```
$ mkvirtualenv test  Enter
```

　　上述指令可以建立是一個空的 Python 開發環境，如果在指令加上 --system-site-packages 參數，我們建立的虛擬環境就可以存取樹莓派系統預設 Python 開發環境的安裝套件（在本書後建立的 Python 虛擬環境主要就是採用此方式來建立），如下所示：

```
$ mkvirtualenv --system-site-packages test  Enter
```

```
pi@raspberrypi: ~
檔案(F)  編輯(E)  分頁(T)  說明(H)
pi@raspberrypi:~ $ mkvirtualenv test
created virtual environment CPython3.11.2.final.0-64 in 223ms
  creator CPython3Posix(dest=/home/pi/.virtualenvs/test, clear
=False, no_vcs_ignore=False, global=False)
  seeder FromAppData(download=False, pip=bundle, setuptools=bu
ndle, wheel=bundle, via=copy, app_data_dir=/home/pi/.local/sha
re/virtualenv)
```

上述執行結果的最後可以看到 (test) 開頭，表示已經啟動 Python 虛擬環境 test，現在，在終端機的操作就是針對名為 test 的 Python 虛擬環境，如下圖所示：

接著，請執行 deactivate 指令關閉目前的 Python 虛擬環境，其執行結果，可以看到提示文字已經沒有 (test) 開頭，如下所示：

```
(test) pi@raspberrypi:~ $ deactivate Enter
```

然後，我們可以執行 lsvirtualenv 指令查詢目前建立了哪些 Python 虛擬環境，可以顯示 Python 虛擬環境 test，如下所示：

```
$ lsvirtualenv Enter
```

在「/home/pi/.virtualenvs/」目錄下，可以看到 Python 虛擬環境的 test 目錄（因為 .virtualenvs 是隱藏目錄，需執行「檢視/顯示隱藏檔」命令來顯示隱藏目錄），如下圖所示：

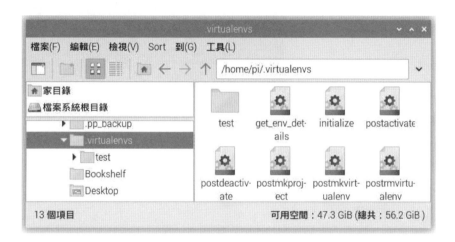

啟動與使用 Python 虛擬環境

當成功建立 test 虛擬環境後，我們可以使用 workon 指令來啟動 Python 虛擬環境，如下所示：

```
$ workon test [Enter]
```

在成功啟動 test 虛擬環境後，可以看到前方加上了虛擬環境名稱 (test)，然後，請輸入 pip list 指令來檢視 Python 虛擬環境安裝的套件清單，如下所示：

```
(test) pi@raspberrypi:~ $ pip list [Enter]
```

上述指令的執行結果可以看到虛擬環境安裝的套件清單，如右圖所示：

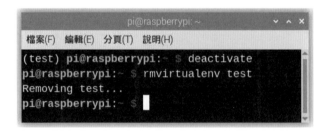

關閉與移除 Python 虛擬環境

關閉 Python 虛擬環境需要在已經啟動的 Python 虛擬環境下，這是執行 deactivate 指令來關閉虛擬環境，例如：目前我們已經啟動了 test 虛擬環境，如下所示：

```
(test) pi@raspberrypi:~ $ deactivate Enter
```

上述 deactivate 指令可以關閉 test 虛擬環境。在關閉 test 虛擬環境後，我們可以使用 rmvirtualenv 指令移除 Python 虛擬環境，在指令之後的是 Python 虛擬環境名稱 test，如下所示：

```
$ rmvirtualenv test Enter
```

Tips **請注意！** 在啟動 Python 虛擬環境時，不要使用 sudo 指令，因為此指令可能會造成授權權限產生衝突的問題，請在 deactivate 虛擬環境後，再使用 sudo 指令。

6-3 安裝與使用 Visual Studio Code

Visual Studio Code（簡稱 VS Code）是微軟公司開發，跨平台支援 Windows、macOS 和 Linux 作業系統的一套功能強大的程式碼編輯器。

在本書內容主要是使用 Visual Studio Code 開發 Python 應用程式，因為 VS Code 可以很方便地切換 Python 虛擬環境。

在 Raspberry Pi OS 安裝 VS Code

Visual Studio Code 是樹莓派的建議安裝軟體，請執行「選單/偏好設定/Recommended Software」命令，在左邊選 **Programming**，右邊勾選 **Visual Studio Code**，按 **Apply** 鈕安裝 VS Code，如下圖所示：

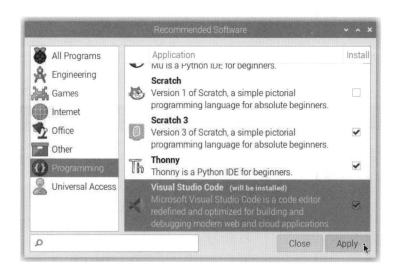

設定與使用 Visual Studio Code

在使用 Visual Studio Code 前，請先參閱第 6-2 節的說明，在樹莓派建立 Python 虛擬環境 ai，如下所示：

```
$ mkvirtualenv ai  Enter
```

或

```
$ mkvirtualenv --system-site-packages ai  Enter
```

上述兩種方式建立的 Python 虛擬環境，在實際安裝 Python 套件時，仍然會有相容性的差異。經筆者測試，**加上 --system-site-packages 參數建立的 Python 虛擬環境，擁有更高的相容性**，可以成功地安裝本章後的 Jupyter Notebook 和 Gradio 套件。

請將書附範例「ch06」目錄上傳至樹莓派的使用者根目錄，我們準備啟動 VS Code 開啟 Python 程式 test.py 來安裝 Python 擴充功能，並且使用 Python 虛擬環境 ai 來執行此 Python 程式，其步驟如下所示：

Step 1　請執行「選單/軟體開發/Visual Studio Code」命令啟動 VS Code，再執行「File/Open File…」命令，選 **test.py**，按**開啟**鈕。

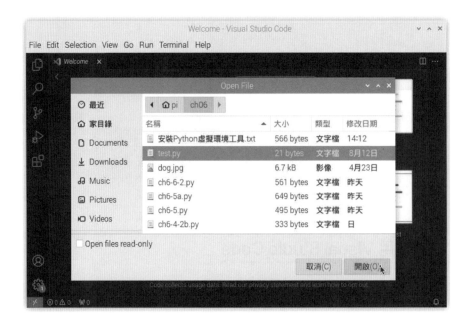

Step **2** 按 **Open** 鈕信任此檔案。

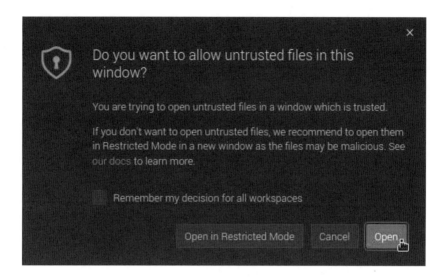

Step **3** 可以看到開啟的 Python 程式檔案 test.py，同時，在右下角顯示一個訊息視窗，建議安裝 Python 擴充功能，請按 **Install** 鈕安裝。

Step
4

可以看到切換至 **Extensions**，正在安裝 Python 擴充功能，等到成功安裝後，請在右邊選 **test.py** 標籤。

Step
5

在右下角可以看到預設使用「/bin/python」的 Python 直譯器（這是系統預設安裝的 Python 直譯器），請點選，並改選其他 Python 虛擬環境的 Python 直譯器。

Step
6

選 **Python 3.11.2 ('ai')**，這是 Python 虛擬環境 ai 的 Python 直譯器（在 Thonny 使用 Python 虛擬環境請參閱 A-2-4 節）。

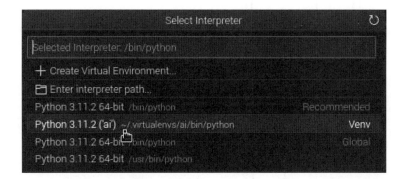

可以看到右下角顯示的直譯器已經更改。

Step

8 請執行「Run/Start Debugging」命令，或按 `F5` 鍵，首先選
Python Debugger。

Step

9 再選 **Python File**。

Step 10 可以在下方 **TERMINAL** 標籤，看到 Python 程式執行結果顯示的訊息文字，如下圖所示：

補充說明

在 VS Code 執行「File/Open Folder…」命令可以開啟整個目錄，請按 **Yes, I trust the authors** 鈕信任作者來開啟目錄，如下圖所示：

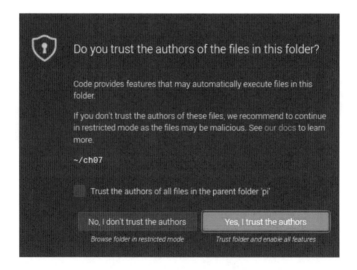

在開啟 Python 程式後，VS Code 可以直接按標籤頁之後的箭頭鈕來執行此 Python 程式，如下圖所示：

6-4　使用 Jupyter Notebook + Gradio 建立 AI 互動介面

在樹莓派除了使用 VS Code 和 Thonny 外，我們也可以自行安裝 Jupyter Notebook + Gradio，建立 Jupyter Notebook 的 Python 開發環境來建立 AI 互動介面。

6-4-1　安裝與啟動 Jupyter Notebook 開發環境

Jupyter Notebook 是一種網頁介面的程式開發工具，其編輯的文件稱為筆記本（Notebook），這是一份包含程式碼和豐富文件內容的可執行文件，其副檔名是 .ipynb。

安裝 Jupyter Notebook 開發環境

請啟動終端機執行 workon 指令啟動 ai 虛擬環境後，就可以使用 pip install 指令安裝最基本功能的 Jupyter Notebook，如下所示：

```
$ workon ai  Enter
(ai) $ pip install notebook  Enter
```

```
                              pi@raspberrypi: ~                    ∨ ∧ ✕
檔案(F)  編輯(E)  分頁(T)  說明(H)
pi@raspberrypi:~ $ workon ai
(ai) pi@raspberrypi:~ $ pip install notebook
Looking in indexes: https://pypi.org/simple, https://www.piwheels.org/simple
Collecting notebook
  Using cached https://www.piwheels.org/simple/notebook/notebook-7.2.1-py3-n
one-any.whl (5.0 MB)
```

如果在安裝過程中出現 jupyterlab 錯誤，請使用下列指令重新安裝 jupyterlab（因為筆者沒有使用 --system-site-packages 參數建立 Python 虛擬環境），如下所示：

```
(ai) $ pip install --force-reinstall jupyterlab Enter
```

啟動 Jupyter Notebook 開發環境

當成功安裝 Jupyter Notebook 後，就可以馬上在 Python 虛擬環境 ai 啟動 Jupyter 伺服器。因為準備從 Windows 電腦啟動瀏覽器來連線 Jupyter 伺服器，所以，請在 jupyter notebook 指令後加上 --ip 和 --port 指定 IP 位址和埠號，以及 --no-browser 指定不啟動瀏覽器，如下所示：

```
(ai) $ jupyter notebook --ip='*' --port=8888 --no-browser Enter
```

上述訊息顯示已經成功啟動 Jupyter 伺服器，並且顯示 2 個 URL 網址。請選取和複製第 2 個 URL 網址後，將 127.0.0.1 改成樹莓派的 IP 位址，在本書是 192.168.1.116，如下所示：

> http://192.168.1.116:8888/tree?token=5e7e91d49ad48516efd5af7
> 101a02f2a25f7ecc56bbefbd9

　　請在 Windows 作業系統啟動瀏覽器，然後使用上述 URL 網址從遠端載入 Jupyter 檔案管理介面，可以看到樹莓派使用者的根目錄，如下圖所示：

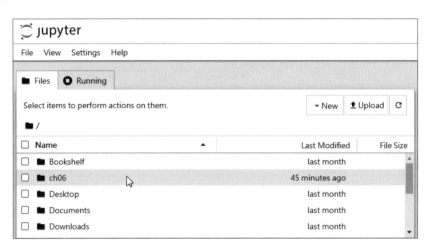

　　雙擊「ch06」目錄切換至此目錄後，再雙擊副檔名 .ipynb 的筆記本，就可以開啟 Jupyter 筆記本，如下圖所示：

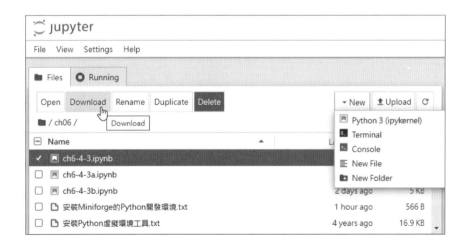

　　當從 Windows 檔案總管拖拉檔案至上述檔案管理介面，可以上傳檔案至樹莓派（目前不支援上傳整個目錄）。在勾選檔案後，按上方的 **Download** 鈕，可以下載檔案至 Windows 作業系統。

基本上，Jupyter 筆記本是一份包含程式碼和豐富文件內容的可執行文件。請在 Jupyter 檔案管理介面的右方按 **New** 鈕，執行 **Python 3 (ipykernel)** 命令，可以建立名為 **Untitled** 的筆記本（點選即可更名），如下圖所示：

在上述圖例的使用介面從上而下依序是功能表和工具列按鈕，接著是編輯區域，可以看到藍色框線的編輯框，這是作用中的編輯框（取得焦點），稱為儲存格（Cell）。儲存格是 Jupyter 筆記本的編輯單位，如同 VS Code 的程式碼標籤頁。

請在儲存格輸入 Python 程式碼 print("Hello World!") 後，按上方箭頭鈕，就可以看到 Python 程式碼的執行結果，如下圖所示：

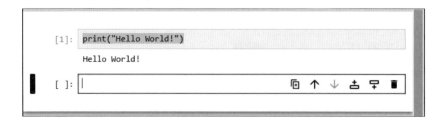

6-4-2 在 Jupyter Notebook 開發環境安裝 Gradio

Gradio 是一套 Python 套件，我們需要在 Python 虛擬環境 ai 安裝 Gradio 套件，經筆者測試會有 2 種情況，如下所示：

第一種：沒有用 --system-site-packages 建立虛擬環境

在 mkvirturalenv 指令建立 Python 虛擬環境 ai 時，若沒有使用 --system-site-packages 參數，經測試需降版至 4.38 版才能成功安裝，即在「==」之後指定安裝版本是 4.38，如下所示：

```
$ workon ai  Enter
(ai) $ pip install gradio==4.38  Enter
```

如果在安裝過程中仍然出現 gradio 錯誤，請使用下列指令重新安裝 gradio，如下所示：

```
(ai) $ pip install --force-reinstall --no-cache-dir gradio==4.38  Enter
```

補充說明

因為 Python 套件的更新頻率不同，在安裝 Python 套件時可能出現不同版本的相容性問題。第一種解決方法是在 pip install 指令加上 --force-reinstall 強迫再次安裝，和 --no-cache-dir 不使用快取目錄，即強迫重新下載套件。

第二種方法是降版安裝舊版的套件，即在套件名稱後用「==」指定安裝指定的版本。一般來說，我們可以在安裝錯誤訊息找到最新版的版號，例如：Gradio 是 4.41 版，然後從次版號開始降成舊版本 4.40、4.39 等，如果指定版本不存在，pip 會列出可用的安裝版本，我們需要一一測試可用的舊版本是否可以成功的安裝。

當成功安裝 Gradio 套件後，因為是用 Jupyter Notebook 執行 Gradio 應用程式，我們還需要用 --upgrade 更新 ipywidgets 套件，如下所示：

```
(ai) $ pip install --upgrade ipywidgets  Enter
```

第二種：有用 --system-site-packages 參數建立虛擬環境

在 mkvirturalenv 指令建立 Python 虛擬環境 ai 時，若有使用 --system-site-packages 參數，Python 虛擬環境 ai 可以成功安裝最新版 Gradio，並不需要降版安裝，如下所示：

```
$ workon ai  Enter
(ai) $ pip install gradio  Enter
(ai) $ pip install --upgrade ipywidgets  Enter
```

6-4-3　使用 Gradio 建立 AI 互動介面

Gradio 是一套快速建立互動介面的 Python 套件，可以讓開發者不用撰寫任何一行 HTML、CSS 或 JavaScript 程式碼，就可以輕鬆建立 AI 應用的 Web 互動介面。

在本書是用 Gradio 建立第 6-6-2 節、第 7-6 節和第 12-6 節生成式 AI 所需的 Web 使用介面。

建立第 1 個 Gradio 程式：ch6-4-3.ipynb

第 1 個 Gradio 程式的 Web 介面擁有輸入和輸出元件，可以讓使用者在輸入元件輸入姓名後，在輸出元件顯示歡迎的訊息文字（因為已經綁定使用的 IP 位址，在執行時會顯示一些錯誤訊息），如下圖所示：

上述 Gradio 應用程式介面的左邊元件是輸入元件，在輸入姓名後，按 **Submit** 鈕，即可在右邊輸出元件顯示輸出的歡迎訊息文字。

在 Jupyter 筆記本第 1 個儲存格的 Python 程式碼，首先匯入 Gradio 套件，別名 gr。然後建立按下 **Submit** 鈕執行的 Python 函數 greet()，其參數是輸入的姓名 name，可以建立和回傳歡迎的訊息文字，如下所示：

```
01: import gradio as gr
02:
03: def greet(name):
04:     return "你好: " + name + "!"
05:
06: app = gr.Interface(fn=greet,
07:                    inputs="text",
08:                    outputs="text")
09: app.launch(server_name="raspberrypi.local")
```

上述第 6~8 列建立 Interface 物件，這就是 Gradio 應用程式的使用介面。這是個 Web 網頁介面，主要有 3 個參數，如下所示：

- **fn 參數**：按下按鈕可以執行第 3~4 列的 greet() 函式，即按鈕的事件處理函式。

- **inputs 參數**：輸入元件，"text" 是文字，"image" 是圖片等。

- **outputs 參數**：輸出元件，"text" 是文字，"image" 是圖片等。

在第 9 列呼叫 launch() 方法啟動 Gradio 的 Web 伺服器來顯示網頁的互動介面，server_name 參數是樹莓派主機名稱，也可用 IP 位址，在本書就是 192.168.1.116。

客製化介面和輸入/輸出元件：ch6-4-3a.ipynb

Gradio 介面元件可以使用 "text" 和 "image" 字串來定義，這是一種簡化寫法。如果需要客製化使用介面，我們需要自行定義輸入/輸出元件（因為已經綁定使用的 IP 位址，在執行時會顯示一些錯誤訊息），如下圖所示：

上述客製化介面上方顯示網頁的標題文字和其下方的描述文字，在輸入介面的左上角是欄位說明，在下方可以顯示 2 個範例文字，直接點選即可在上方欄位輸入姓名。

在 Jupyter 筆記本第 1 個儲存格的 Python 程式碼，首先匯入 Gradio 套件，和建立事件處理的 greet() 函式，參數是輸入姓名 name，如下所示：

```
01: import gradio as gr
02:
03: def greet(name):
04:     return "Hello " + name + "!"
05:
06: inputs = gr.Textbox(lines=2, placeholder="請輸入姓名...",
07:                 label="請輸入使用者姓名")
08: outputs = gr.Label()
09: examples = ["陳會安", "江小魚"]
```

上述第 6~7 列建立 Textbox 物件 inputs 的輸入元件，lines 參數是行數，placeholder 參數是預設顯示的提示文字，label 參數是欄位說明文

字。在第 8 列建立 Label 物件 outputs 的輸出元件，第 9 列是 2 個範例文字
的串列。然後在下方建立 Interface 物件的使用介面：

```
10: app = gr.Interface(fn=greet,
11:                     inputs=inputs,
12:                     outputs=outputs,
13:                     examples=examples,
14:                     title = "歡迎使用者",
15:                     description = "輸入姓名顯示歡迎訊息")
16: app.launch(server_name="raspberrypi.local")
```

上述第 10~15 列 Interface() 的 inputs 和 outputs 參數值就是之前建立
的物件，examples 參數是範例文字的 Python 串列，title 參數是網頁標題
文字，description 參數是描述文字。

在介面使用圖片元件：ch6-4-3b.ipynb

在 Gradio 介面一樣可以使用圖片元件，如果圖片元件是輸入介面，就
是建立一個上傳圖檔介面來上傳圖檔。我們準備建立 Gradio 使用介面來上
傳圖檔，可以將上傳的彩色圖片轉換成灰階圖片（因為已經綁定使用的 IP
位址，在執行時會顯示一些錯誤訊息），如下圖所示：

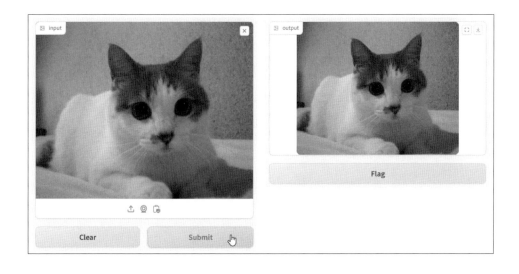

請直接拖拉彩色圖片至左方的圖片輸入元件，或點選**點擊上傳**來上傳圖檔，按 **Submit** 鈕，可以在右方輸出轉換成的灰階圖片。

在 Jupyter 筆記本第 1 個儲存格的 Python 程式碼，首先匯入 NumPy 套件、Image 物件和 Gradio 套件，就可以建立事件處理的 rgb2gray() 函式，函式參數 input 是上傳圖檔的圖片資料，如下所示：

```
01: import numpy as np
02: from PIL import Image
03: import gradio as gr
04:
05: def rgb2gray(input):
06:     img = Image.fromarray(input)
07:     img = img.convert('L')
08:     return np.array(img)
```

上述第 5~8 列的 rgb2gray() 函式在第 6 列呼叫 Image.fromarray() 方法轉換成 PIL 圖片，第 7 列呼叫 convert('L') 方法轉換成灰階圖片，第 8 列回傳 NumPy 陣列的圖片資料。然後在下方建立 Interface 物件的使用介面：

```
09: app = gr.Interface(rgb2gray,
10:                     gr.Image(image_mode="RGB"),
11:                     "image")
12: app.launch(server_name="raspberrypi.local")
```

上述第 9~11 列的 Interface() 是使用位置參數，第 1 個是 fn 參數，第 2 個是 inputs 參數，其值是輸入元件 gr.Image 物件，第 3 個 outputs 參數是直接使用 "image" 字串來定義輸出的圖片元件。

6-5 Python 應用範例：存取 MySQL 資料庫

Python 程式可以使用 PyMySQL 套件存取第 5-3 節在樹莓派安裝的 MySQL 資料庫，首先需要在 Python 虛擬環境 ai 安裝 PyMySQL 套件，如下所示：

```
$ workon ai Enter
(ai) $ pip install pymysql Enter
```

成功安裝 PyMySQL 後，Python 程式可以匯入模組，如下所示：

```
import pymysql
```

我們準備在 Python 程式執行 SQL 指令 SELECT 和 INSERT 來查詢和新增 MySQL 資料庫的記錄資料。

查詢 MySQL 資料庫的記錄資料：ch6-5.py

Python 程式在匯入 PyMySQL 模組後，就可以建立資料庫連線來連線 MySQL 伺服器的 myschool 資料庫，如下所示：

```
01: import pymysql
02:
03: db = pymysql.connect(host="localhost",
04:                      user="pma",
05:                      password="a123456",
06:                      database="myschool",
07:                      charset="utf8")
```

上述第 3~7 列呼叫 pymysql.connect() 方法建立資料庫連線，其參數依序是 MySQL 伺服器名稱、使用者名稱、密碼、資料庫名稱和字元集。

在成功建立資料庫連線後，即可在下方第 8 列呼叫 db.cursor() 方法建立 Cursor 物件，用來儲存查詢結果的記錄資料，如下所示：

```
08: cursor = db.cursor()
09: sql = "SELECT * FROM students WHERE birthday <=%s"
10: cursor.execute(sql, "1992/08/09")
```

上述第 9 列建立 SQL 指令字串變數 sql，字串中的 %s 是生日值的參數，可以在第 10 列呼叫 cursor.execute() 方法執行參數 SQL 指令字串時，由第 2 個參數指定生日值，其建立的 SQL 指令字串，如下所示：

```
SELECT * FROM students WHERE birthday <= "1992/08/09"
```

上述 SQL 指令可以取回 **students** 資料表 **birthday** 欄位小於等於 1992/08/09 的學生記錄和欄位來填入 Cursor 物件，如下所示：

```
11: row = cursor.fetchone()
12: print(row[0], row[1])
13: print("------------------------")
```

上述第 11 列呼叫 Cursor 物件的 fetchone() 方法取回第 1 筆記錄，現在記錄指標移至第 2 筆，然後顯示這筆記錄的前 2 個欄位 row[0] 和 row[1]（即學號和姓名欄位）。

在下方第 14 列呼叫 fetchall() 方法取出 Cursor 物件的所有記錄，因為目前的記錄指標位在第 2 筆，也就是取回第 2 筆之後的所有記錄，如下所示：

```
14: data = cursor.fetchall()
15: for row in data:
16:     print(row[0], row[1])
17: db.close()
```

上述第 15~16 列的 for 迴圈取出每一筆記錄來顯示前 2 個欄位 row[0] 和 row[1]，最後在第 17 列呼叫 close() 方法關閉資料庫連線，其執行結果如下圖所示：

```
PROBLEMS   OUTPUT   TERMINAL   ···          Python Debug Console  + ∨  □  🗑  ···  ^  ×
(ai) pi@raspberrypi:~/ch06 $  /usr/bin/env /home/pi/.virtualenvs/ai/bin/py
thon /home/pi/.vscode/extensions/ms-python.debugpy-2024.10.0-linux-arm64/b
undled/libs/debugpy/adapter/../../debugpy/launcher 52443 -- /home/pi/ch06/
ch6-5.py
s001 陳會安
------------------------
s002 江小魚
(ai) pi@raspberrypi:~/ch06 $
```

將資料存入 MySQL 資料庫：ch6-5a.py

Python 程式可以將串列的學生資料存入 MySQL 資料庫，在建立資料庫連線和取得 Cursor 物件後，第 10 列建立存入的 student 串列，第 11~13 列使用 format() 方法建立 INSERT 指令字串，4 個參數值 '{0}','{1}','{2}','{3}' 是依序對應串列的 4 個項目，如下所示：

```
...
10: student = ["s111", "陳允東", "桃園市八德", "2000-07-01"]
11: sql = """INSERT INTO students (sno,name,address,birthday)
12:          VALUES ('{0}','{1}','{2}','{3}')"""
13: sql = sql.format(student[0], student[1], student[2], student[3])
14: print(sql)
```

上述程式碼建立 SQL 指令字串後，即可使用下方第 15~21 列的 try/except 例外處理來執行 SQL 指令新增一筆記錄，如下所示：

```
15: try:
16:     cursor.execute(sql)
17:     db.commit()
18:     print("新增一筆記錄...")
19: except:
20:     db.rollback()
21:     print("新增記錄失敗...")
22: db.close()
```

上述第 16 列的 cursor.execute() 方法執行參數 SQL 指令字串，接著在第 17 列執行 db.commit() 方法確認交易來變更資料庫內容；如果執行失敗，在第 20 列執行 db.rollback() 方法回復交易，即可回復到沒有執行 SQL 指令前的資料庫內容。

Python 程式的執行結果可以在 **students** 資料表新增一筆記錄，在 phpMyAdmin 可以看到這筆新增的學生記錄，如下圖所示：

6-6　Python 應用範例：使用 ChatGPT API

OpenAI 公司是在 2023 年 3 月初釋出官方版本的 ChatGPT API，可以讓我們建立 Python 程式，透過 API 來使用 GPT 模型的生成式 AI。

在 Python 程式使用 ChatGPT API 前，我們需要先設定成為付費帳戶、取得 OpenAI 帳戶的 API Key 和在 Python 開發環境安裝 OpenAI 套件。

6-6-1　安裝 OpenAI 套件和取得 API Key

OpenAI 帳戶需要設定成付費帳戶後，我們才能呼叫 ChatGPT API，其費用是以 Tokens 為單位，1000 個 Tokens 大約等於 750 個單字，其費用詳情請參考 https://openai.com/pricing 網頁。

設定 OpenAI 付費帳戶

請啟動瀏覽器進入 https://chatgpt.com/ 的 ChatGPT 登入首頁，然後按左下角**註冊**鈕註冊 OpenAI 帳戶，就可以登入 OpenAI 平台 https://platform.openai.com/ 首頁。接著點選右上方 **Settings** 設定圖示來設定成為 OpenAI 付費帳戶，如下圖所示：

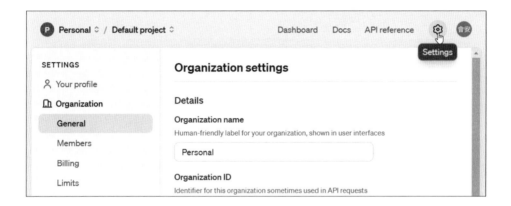

在左邊選 **Billing** 後，按 **Add payment details** 鈕，即可選擇 Individual 個人或 Company 公司，接著輸入付款的信用卡資料來成為付費帳戶，並且需要預付美金 $5 ~ $95 元，同時啟用 Auto recharge，如下圖所示：

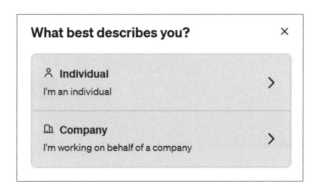

取得OpenAI帳戶的API Key

我們只需登入 OpenAI 帳戶，就可以產生和取得使用 ChatGPT API 的 API Key，其產生和取得步驟，如下所示：

Step **1** 請啟動瀏覽器登入 https://platform.openai.com/assistants 的 OpenAI Dashboard 頁面，點選左方 API keys 命令（Usage 命令可以查詢目前的用量）。

Step **2** 按右上角 **+ Create new secret key** 鈕產生 API Key。

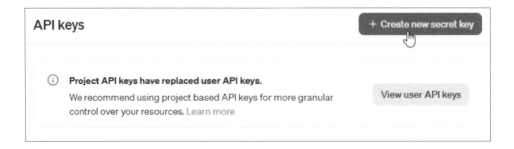

在輸入名稱後，按 **Create secret key** 鈕產生 API Key。

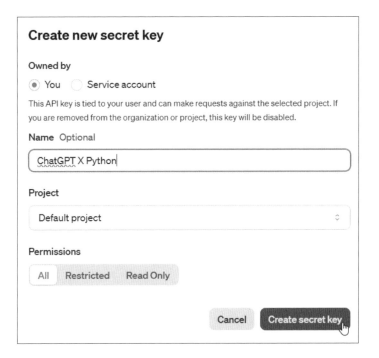

可以看到產生的 API Key，因為只會產生一次，請記得按欄位後的
Copy 鈕複製並保存好 API Key，再按 **Done** 鈕。

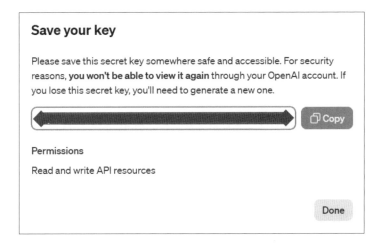

在「API Keys」區段可以看到我們產生的 SECRET KEY 清單，如下圖所示：

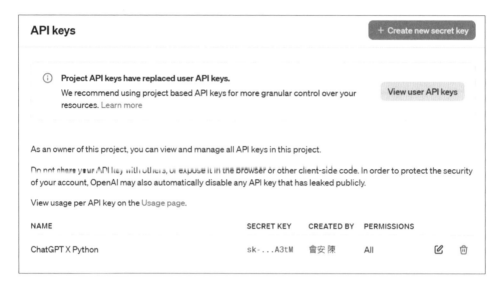

上述 API Keys 無法再次複製，如果忘了複製 API Key，我們只能先重新產生一個，再點選舊 API Key 之後的垃圾桶圖示來刪除舊的 API Key。

安裝 OpenAI 套件

在 Python 虛擬環境 ai 安裝 OpenAI 套件的命令列指令，如下所示：

```
$ workon ai  Enter
(ai) $ pip install openai  Enter
```

6-6-2　在 Python 程式使用 ChatGPT API

在取得 API KEY 和安裝 OpenAI 套件後，就可以整合 Python 程式和 ChatGPT API 來建立 ChatGPT 相關應用，例如：建立一個簡單的 ChatGPT 客服機器人。

Python 程式：ch6-6-2.py 首先匯入 openai 模組和在第 3 列使用 api_key 變數來指定第 6-6-1 節取得的 API KEY 字串（請填入你在第 6-6-1 節取得的 ChatGPT API 的 API KEY），如下所示：

```
01: from openai import OpenAI
02:
03: api_key = "<API-KEY>"
04: reply_msg = "客戶你好..."
05: client = OpenAI(api_key=api_key)
```

　　上述第 4 列的 reply_msg 變數是用來儲存 ChatGPT 回應的訊息內容，在第 5 列建立 OpenAI 物件 client，其參數是 API KEY。而下方 while 無窮迴圈是一個對話聊天的迴圈：

```
07: while True:
08:     input_msg = input("你: ")
09:     response = client.chat.completions.create(
10:         model = "gpt-3.5-turbo",
11:         messages = [
12:                 {"role": "system", "content": "你是一位客服機器人"},
13:                 {"role": "assistant", "content": reply_msg},
14:                 {"role": "user", "content": input_msg}
15:                 ]
16:     )
```

　　上述第 7~18 列的 while 迴圈是聊天機器人的對話迴圈，在第 8 列的 input_msg 變數是你使用 input() 函式輸入的問題，第 9~16 列呼叫 client.chat.completions.create() 來取得 ChatGPT 的 response 回應內容，其常用參數的說明，如下所示：

● **model 參數**：指定 ChatGPT API 使用的語言模型。

● **messages 參數**：此參數是一個字典串列，每一個訊息是一個字典，擁有 2 個鍵，role 鍵是角色，content 鍵是訊息內容，每一個訊息可以指定三種角色，在 role 鍵的三種角色值說明，如下所示：

- **"system"**：此角色是指定 ChatGPT API 表現出的回應行為，以此例是一個客服機器人。

- **"user"**：這個角色就是你輸入的問題，可以是單一字典，也可以是多個字典的訊息。

- **"assistant"**：此角色是助理，可以協助 ChatGPT 語言模型來回應答案。在實作上，我們可以將上一次對話的回應內容，再送給語言模型，如此 ChatGPT 就會記得上一次聊了什麼。

- **max_tokens 參數**：ChatGPT 回應的最大 Tokens 數的整數值。

- **temperature 參數**：控制 ChatGPT 回應的隨機程度，其值是 0~2（預設值是 1），值愈高回應的愈隨機，ChatGPT 愈會亂回答。

因為 client.chat.completions.create 回應內容的 response 變數，就是一個已經剖析回應 JSON 資料的 JSON 物件，所以，我們可以使用第 17 列的程式碼來取出回應內容，如下所示：

```
17:    reply_msg = response.choices[0].message.content
18:    print(reply_msg)
```

上述第 18 列的 print() 函式顯示回應內容，其執行結果可以讓我們在 TERMINAL 和 ChatGPT 客服機器人進行聊天對話，如下所示：

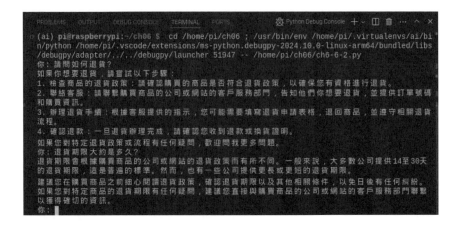

學習評量

1. 請問如何在 Raspberry Pi OS 安裝 Python 虛擬環境工具？

2. 請簡單說明 Python 虛擬環境，以及如何在 Raspberry Pi OS 建立和管理 Python 虛擬環境？

3. 請問什麼是 Visual Studio Code？並且參考第 6-2 節的說明和步驟在樹莓派安裝 Visual Studio Code。

4. 請在 Raspberry Pi OS 建立 Jupyter Notebook 和 Gradio 開發環境。

5. 請問 Python 如何存取 MySQL 資料庫？

6. 請簡單說明什麼是 ChatGPT API？如何在 Python 程式使用 ChatGPT API？

MEMO

chapter

7

GPIO 硬體介面

▷ 7-1 認識樹莓派的 GPIO 接腳

▷ 7-2 使用 Python 的 GPIO Zero 模組

▷ 7-3 數位輸出與數位輸入

▷ 7-4 類比輸出

▷ 7-5 類比輸入

▷ 7-6 GPIO 應用範例：使用生成式 AI 控制 LED 燈

7-1 | 認識樹莓派的 GPIO 接腳

GPIO 接腳（General Purpose Input/Output Pins）是位在樹莓派 WiFi 晶片上方的 2 排共 40 個接腳（或稱為引腳），可以用來連接外部電子電路或感測器模組。

這些 GPIO 接腳是樹莓派與外部世界之間的實際介面，我們可以使用這些接腳進行硬體控制，連接電子電路來讓樹莓派控制和監測外部的世界。

GPIO 接腳說明

GPIO 接腳的全名是**一般用途的輸入和輸出接腳**，可以讓樹莓派控制 LED 燈、判斷是否按下按鍵開關、監測溫度、光線亮度和驅動馬達等。40 個接腳各有不同功能，其說明如下表所示：

GPIO#	功能	位置#	位置#	功能	GPIO#
	+3.3 V	1	2	+5 V	
2	SDA (I²C)	3	4	+5 V	
3	SCL (I²C)	5	6	GND	
4	GCLK	7	8	TXD0 (UART)	14
	GND	9	10	RXD0 (UART)	15
17	GEN0	11	12	GEN1	18
27	GEN2	13	14	GND	
22	GEN3	15	16	GEN4	23
	+3.3 V	17	18	GEN5	24
10	MOSI (SPI)	19	20	GND	
9	MISO (SPI)	21	22	GEN6	25
11	SCLK (SPI)	23	24	CE0_N (SPI)	8
	GND	25	26	CE1_N (SPI)	7
	ID_SD	27	28	ID_SC	
5		29	30	GND	
6		31	32		12
13		33	34	GND	
19		35	36		16
26		37	38	Digital IN	20
	GND	39	40	Digital OUT	21

　　上述 GPIO 接腳可以使用位置編號 1~40，或 GPIO 編號指明是哪一個接腳，例如：GPIO2 是接腳位置 3，接腳位置 6、9、14、20、25、30、34 和 39 是 GND 接地，位置 2 和 4 是 5V，位置 1 和 17 是 3.3V。部分接腳除可作為一般用途外，在功能欄還說明接腳的其他用途，大多是結合數個接腳的各種通訊協定介面，如下所示：

● **UART**（Universal Asynchronous Receiver/Transmitter）：接腳位置 8（TX）和 10（RX）是 UART，這是序列埠通訊使用的接腳。

● **SPI**（Serial Peripheral Interface Bus）：接腳位置 19、21 和 23 是序列埠介面 SPI，我們可以使用這些接腳和 SPI 裝置或硬體模組進行通訊。

● **I2C**（Inter-Integrated Circuit）：接腳位置 2 和 3 是用來連接支援 I2C 通訊協定的 I2C 裝置或硬體模組。

● **HAT**（Hardware Attached to Top）：接腳位置 27 和 28 是用來和支援 HAT 擴展板的 EEPROM 進行通訊。

使用 GPIO 接腳的注意事項

　　在樹莓派使用 GPIO 接腳連接電子電路時的注意事項，如下所示：

● **輸出電流限制**：每一個接腳輸出電流最大 16mA，全部 40 個接腳同時最大輸出是 100mA（26 個接腳的樹莓派 Model A/B 是 50mA），因為輸出電流不大，請勿直接使用 GPIO 接腳來驅動負載。

● **GPIO 接腳不是即插即用：一定要在關閉樹莓派電源的情況下，才能修改電子電路設計**，而且千萬不要接錯 GPIO 接腳，否則會損壞樹莓派。

● **GPIO 接腳沒有保護電路**：GPIO 接腳是 3.3V，因為沒有保護電路，千萬不可以輸入 5V 電源，否則會損壞樹莓派。部分 Arduino 感測器模組因為是輸出 5V，請勿直接使用在樹莓派的 3.3V 接腳。

因為樹莓派 GPIO 接腳的限制比較多，在實務上，如果需要連接外部電子電路，我們可以整合樹莓派 + Pico 或 Arduino 開發板來進行實作，其進一步說明請參閱第 8 章和附錄 B。

麵包板（Breadboard）

麵包板的正式名稱是「**免焊接萬用電路板**」（Solderless Breadboard），這是在進行電子電路設計時常用的一種裝置，可以重複使用來方便我們佈線實驗所需的電子電路設計。

基本上，麵包板是一塊擁有多個垂直（每 5 個插孔為一組）和水平（共 25 個插孔）排列插孔的板子，這些插孔下方實際上是相連的，如下圖所示：

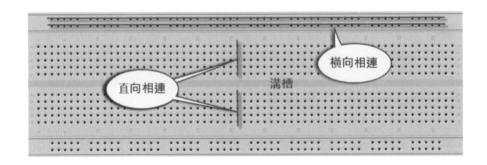

上述圖例上方和下方各有 2 列橫排的相連插孔，主要是用來提供電子元件所需的**電源和接地**（GND）；在中間多排直向插孔是以橫向溝槽分成上下兩部分，這些插孔分別是直向相連。

GPIO 接腳轉接板

為了避免經常使用樹莓派 GPIO 接腳造成損傷，在市面上可以購買多種轉接板來轉接至麵包板，最常見的是 T 型轉接板（在第 1-4 節有介紹），可以使用 40 個接頭的排線連接到樹莓派的 GPIO 接腳，如下圖所示：

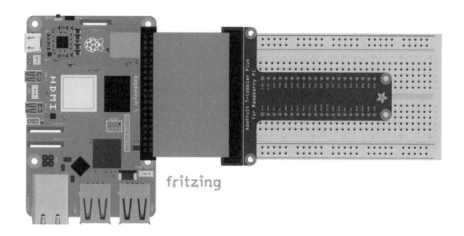

上述 T 型轉接板可以直接插在麵包板上，在轉接板兩排接腳上有接腳說明，方便在各接腳對應至直向的麵包板插孔來實作所需的電子電路設計。

7-2 使用 Python 的 GPIO Zero 模組

樹莓派 GPIO 接腳的控制語言可以使用 Python、Java 和 C 語言等，在本書是使用 VS Code 以 Python 語言進行硬體控制。在 Python 是使用 GPIO Zero 模組來控制 GPIO 接腳。

7-2-1 在 Python 虛擬環境安裝 GPIO 套件

Raspberry Pi OS 預設安裝的 Python 開發環境已經安裝好控制 GPIO 接腳的 GPIO 相關套件，如果是用 Python 虛擬環境，我們需要自行建立所需的開發環境。

方法一：使用 --system-site-packages 建立虛擬環境

我們可以在建立 Python 虛擬環境時加上 --system-site-packages 參數，此時建立的 Python 虛擬環境，就會包含系統全域範圍安裝的 Python 套件，如下所示：

```
$ mkvirtualenv --system-site-packages gpio  Enter
```

上述指令建立名為 gpio 的虛擬環境，就可以存取樹莓派系統預設 Python 開發環境已經安裝的套件，例如：GPIO Zero，在本書主要是使用此方式來建立 Python 虛擬環境。

方法二：在 Python 虛擬環境自行安裝 gpiozero 和 lgpio

如果 Python 虛擬環境並沒有使用 --system-site-package 參數來建立（或是安裝 Miniforge），例如：筆者在第 6 章建立的 Python 虛擬環境 ai 並沒有使用此參數，因此，在啟動虛擬環境 ai 後，就需自行用 pip install 指令來安裝 gpiozero 和 lgpio 套件，如下所示：

```
$ workon ai  Enter
(ai) $ pip install gpiozero  Enter
(ai) $ pip install lgpio  Enter
```

 Tips **請注意！**此種方法建立的虛擬環境有可能無法成功安裝樹莓派專屬配件的相關套件，例如：第 9 章相機模組的 picamera2 套件。

7-2-2　認識 GPIO Zero 模組

GPIO Zero 是專為樹莓派設計的 Python 套件，可以簡化 GPIO 接腳的控制，這個模組採用直覺和更簡單的方式，來控制 GPIO 接腳進行硬體控制和互動。

我們只需建立連接指定接腳的 LED、Button 或 Buzzer 等物件，就可以控制 LED 燈、按鍵開關和蜂鳴器等。在 Python 程式首先需要匯入 GPIO Zero 模組，筆者以 LED 燈為例，如下所示：

```
from gpiozero import LED
```

上述程式碼匯入 LED 類別後，就可以建立 LED 物件，如下所示：

```
led = LED(18)
```

上述建構子參數是 GPIO 接腳編號，在建立 led 物件後，就可以呼叫 on() 方法點亮，或 off() 方法熄滅，如下所示：

```
led.on()
led.off()
```

7-3 數位輸出與數位輸入

「數位輸出」（Digital Output，DO）是輸出數位訊號**高電位或低電位** 2 種狀態至連接 GPIO 接腳的感測器或電子元件，例如：控制 LED 燈的點亮或熄滅。

「數位輸入」（Digital Input，DI）是指從連接的感測器或電子元件偵測到外界電壓訊號的改變後，可以轉變成對應的數位訊號輸入的 2 種狀態，例如：按鍵開關，按下是 1，放開是 0 等。

7-3-1　數位輸出：閃爍 LED 燈

Python 程式可以使用 GPIO Zero 模組來控制 GPIO 接腳的數位輸出。

電子電路設計

完成本節實驗的電子電路設計需要使用到的電子元件，如下所示：

- 紅色 LED 燈 × 1
- 220Ω 電阻 × 1
- 麵包板 × 1
- 麵包板跳線 × 1
- 公 - 母杜邦線 × 2

請依據下圖連接方式建立電子電路，其中紅色 LED 燈的長腳（正電）連接 GPIO18，即可完成本節實驗的電子電路設計，如下圖所示：

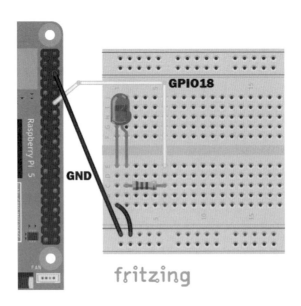

電阻（Resistor）是一種可以限制電流流量的電子零件，這是讓電子電路能順利工作不可或缺的零件之一，例如：當電流過多時會造成 LED 損壞，我們可以在電子電路加上一個電阻來限制電流，保護 LED。

Python 程式：ch7-3-1.py

Python 程式是使用 GPIO Zero 模組來閃爍 LED 燈，其執行結果可以看到紅色 LED 燈開始不停地閃爍（請按 Ctrl + C 鍵來結束執行），如下所示：

```
01: from gpiozero import LED
02: from time import sleep
03:
04: led = LED(18)
05:
06: while True:
07:     led.on()
08:     sleep(1)
09:     led.off()
10:     sleep(1)
```

上述第 1 列匯入 gpiozero 模組的 LED 類別，第 2 列匯入 time 模組，然後在第 4 列建立 LED 物件，如下所示：

```
led = LED(18)
```

上述程式碼的參數 18 是 GPIO18 接腳。接著在第 6~10 列的 while 無窮迴圈不停地等待 1 秒鐘來開關 LED 燈，呼叫 on() 方法是點亮，off() 方法是熄滅，如下所示：

```
led.on()
led.off()
```

因為閃爍是不停地點亮和熄滅，我們可以直接使用 toggle() 方法來切換 LED 燈來建立閃爍效果（Python 程式：ch7-3-1a.py），如下所示：

```
while True:
    led.toggle()
    sleep(1)
```

上述 while 迴圈每間隔 1 秒鐘會切換點亮或熄滅 LED 燈。

7-3-2　數位輸出：蜂鳴器

蜂鳴器（PIEZO）是一種壓電式喇叭（Piezoelectric Speaker）的電子元件，我們可以透過輸出 0 和 1 來讓蜂鳴器發出音效，如下圖所示：

電子電路設計

完成本節實驗的電子電路設計需要使用到的電子元件，如下所示：

- 有源蜂鳴器 × 1
- 麵包板 × 1
- 公 - 母杜邦線 × 2

請依據下圖連接方式建立電子電路，其中接腳 GPIO17 連接蜂鳴器的正極，即可完成本節實驗的電子電路設計，如下圖所示：

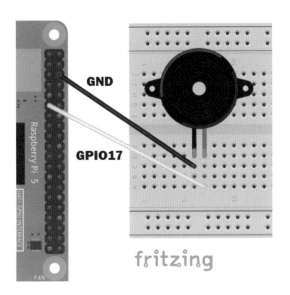

 Tips **請注意！**在連接蜂鳴器時需要注意正負極，**紅色線是正極（接長腳），黑色線是負極（接短腳）。**

Python 程式：ch7-3-2.py

在 Python 程式使用無窮迴圈建立類似 LED 燈閃爍效果的音效播放，其執行結果可以聽見蜂鳴器所產生的音效，如下所示：

```
01: from gpiozero import Buzzer
02: from time import sleep
03:
04: buzzer = Buzzer(17)
05:
06: while True:
07:     buzzer.on()
08:     sleep(1)
09:     buzzer.off()
10:     sleep(1)
```

上述第 1 列匯入 gpiozero 模組的 Buzzer 類別，在第 4 列建立 Buzzer 物件，參數 17 是 GPIO17。第 6~10 列的 while 迴圈是在第 7 列呼叫 on() 方法來讓蜂鳴器發出聲音，和第 9 列呼叫 off() 方法不發出聲音。

Buzzer 物件也可以直接呼叫 beep() 方法來產生「嗶──」的聲音 (Python 程式：ch7-3-2a.py)，如下所示：

```
buzzer.beep()
```

當中斷執行時，如果蜂鳴器仍然持續發出聲音，請執行 Python 程式 ch7-3-2b.py 呼叫 buzzer.off() 方法關閉蜂鳴器，即靜音。

7-3-3 數位輸入：使用按鍵開關控制 LED 燈

按鍵開關 (push button，也稱為按壓式開關) 電子元件如同電燈開關，按下開啟，放開則關閉。按鍵開關有多種型式，如下圖所示：

基本上，按鍵開關是數位輸入 (Digital Inputs) 裝置，在這一節實驗是使用 1 個按鍵開關和 1 個紅色 LED 燈，我們準備使用按鍵開關來點亮 LED 燈。

電子電路設計

完成本節實驗的電子電路設計需要使用到的電子元件，如下所示：

● 紅色 LED 燈 × 1

● 220Ω 電阻 × 1

● 按鍵開關 × 1

● 麵包板 × 1

● 麵包板跳線 × 2

● 公 - 母杜邦線 × 3

請依據下圖連接方式建立電子電路，其中 GPIO18 連接 LED 燈，GPIO2 連接按鍵開關，即可完成本節實驗的電子電路設計，如下圖所示：

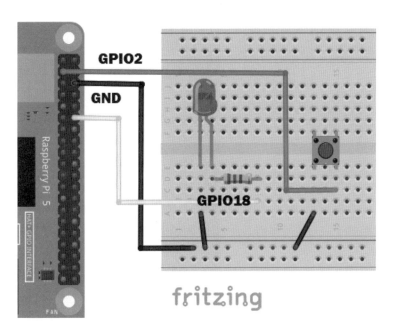

Python 程式：ch7-3-3.py

Python 程式是使用 GPIO Zero 模組以按鍵開關控制 LED 燈，其執行結果當按一下按鍵開關，就可以看到紅色 LED 亮 3 秒後熄滅，如下所示：

```
01: from gpiozero import LED, Button
02: from time import sleep
03:
04: led = LED(18)
05: btn = Button(2)
06:
07: while True:
08:     btn.wait_for_press()
09:     led.on()
10:     sleep(3)
11:     led.off()
```

上述第 1 列匯入 gpiozero 模組的 Button 類別，在第 5 列建立 Button 物件，參數 2 是 GPIO2 接腳。第 7~11 列的 while 無窮迴圈不停監測是否有按下按鍵開關，如下所示：

```
while True:
    btn.wait_for_press()
    led.on()
    sleep(3)
    led.off()
```

上述程式碼呼叫 wait_for_press() 方法等待使用者按下按鍵開關，如果按下，就點亮 LED 燈，等待 3 秒鐘後再熄滅 LED 燈。

如果想建立按一下打開，再按一下關閉 LED 燈，我們需要使用 toggle() 方法來切換 LED 燈 (Python 程式：ch7-3-3a.py)，如下所示：

```
while True:
    btn.wait_for_press()
    led.toggle()
    sleep(0.5)
```

上述 wait_for_press() 方法等待使用者按下按鍵開關後，第 1 次切換點亮，第 2 次熄滅 LED 燈，之後再等待 0.5 秒是為了避免按得太快。

7-3-4　數位輸入：PIR

PIR 感測器（Passive Infrared Radiation Sensor）是一種**移動偵測模組**，可以偵測動物或人類釋放出的紅外線，當紅外線值有一定量的改變時，即可判斷動物或人類有移動，如下圖所示：

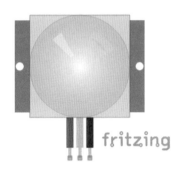

上述 PIR 模組下方有 3 個接腳，標示 Vcc、Out 和 Gnd。Vcc 是接至 5V 電源，Gnd 是接地，Out 是接至樹莓派的 GPIO 接腳，當值是 1 時，就表示有移動。

電子電路設計

完成本節實驗的電子電路設計需要使用到的電子元件，如下所示：

- 紅色 LED 燈 × 1
- 220Ω 電阻 × 1
- PIR 模組 × 1
- 麵包板 × 1
- 麵包板跳線 × 2
- 公 - 母杜邦線 × 4

請依據下圖連接方式建立電子電路，其中 GPIO18 連接 LED 燈（220Ω），GPIO22 連接至 PIR 的 Out 接腳，即可完成本節實驗的電子電路設計，如下圖所示：

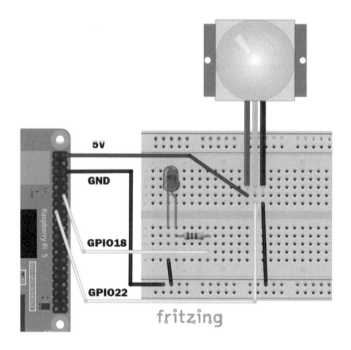

Python 程式：ch7-3-4.py

Python 程式是使用 GPIO Zero 模組以 PIR 感測器控制 LED 燈，其執行結果當偵測到有移動時，可以看到紅色 LED 燈亮起（沒有移動則熄滅），同時在下方 TERMINAL 顯示有移動的訊息文字，如下圖所示：

```
01: from gpiozero import MotionSensor, LED
02: from time import sleep
03:
04: led = LED(18)
05: pir = MotionSensor(22)
06:
07: while True:
08:     if pir.motion_detected:
09:         led.on()
10:         print("You moved!")
11:     else:
12:         led.off()
13:     sleep(0.5)
```

上述第 1 列匯入 gpiozero 模組的 MotionSensor 類別,然後在第 5 列建立 MotionSensor 物件,參數 22 是 GPIO22 接腳。第 7~13 列的 while 無窮迴圈是使用 if/else 條件判斷 motion_detected 屬性是否為 True,如為 True,就表示有移動,所以點亮 LED 燈並顯示訊息文字,反之熄滅 LED 燈。

7-4 類比輸出

在第 7-3-1 節的 LED 燈實驗範例是數位輸出,只能點亮和熄滅 LED 燈,如果需要調整 LED 燈的亮度,我們就需要使用到「類比輸出」(Analog Output,AO)。**類比輸出的訊號不是 2 種狀態,而是多種狀態**,例如:天氣的氣溫值是包含多種狀態的範圍。

樹莓派的 GPIO 腳位可以使用 PWM 技術來模擬類比輸出,用來調整 LED 燈的亮度。

7-4-1 　認識 PWM

PWM（Pulse Width Modulation）是**將數位模擬成類比**的技術，中文稱為脈衝寬度調變。其作法是在 GPIO 接腳上非常快速切換數位方波型的開和關（每秒 500 次，即 500Hz），然後使用不同開關樣式（Pattern，不同長短的開或關時間）來模擬出 0~3.3V 之間的電壓值變化（不再是數位輸出的 2 種值 0 或 1）。

PWM 可以控制開和關之間位在 3.3V（開）的持續時間（附錄 B 的 Arduino 開發板是 5V），此時間稱為「**脈沖寬度**」（Pulse Width）；位在 3.3V（開）持續時間佔所有時間的比率，稱為「**勤務循環**」（Duty Cycle）。比率高就是開的比較長，所以 LED 燈看起來比較亮；反之，比率低，看起來就比較暗。

例如：勤務循環是 0% 的持續時間位在 3.3V，100% 是 0V，則 LED 燈不亮；如果 25% 的時間位在 3.3V，75% 是 0V，燈會有些暗；而若 75% 位在 3.3V，會比較亮；若 100% 在 3.3V 就是全亮，如下圖所示：

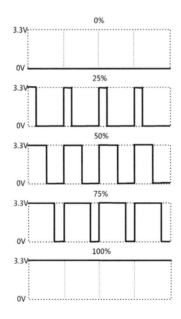

7-4-2　類比輸出：LED 燈的亮度控制

LED 燈可以使用類比輸出來控制其亮度，此時，我們需要在 GPIO 接腳使用 PWM 技術來控制 LED 燈的亮度。

電子電路設計

本節實驗的電子電路設計和第 7-3-1 節完全相同。

Python 程式：ch7-4-2.py

Python 程式是使用 GPIO Zero 模組以 PWM 控制 LED 燈的亮度，其執行結果可以自行輸入 0~100 的值來調整紅色 LED 燈的亮度，如下圖所示：

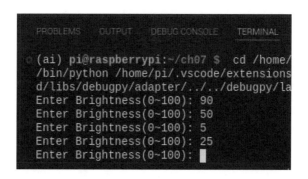

```
01: from gpiozero import PWMLED
02:
03: led = PWMLED(18)
04:
05: while True:
06:     bright = int(input("Enter Brightness(0~100): "))
07:     led.value = bright / 100.0
```

上述第 3 列建立 PWMLED 物件。在第 5~7 列的 while 無窮迴圈是在第 6 列輸入亮度值 0~100 後，第 7 列指定 value 屬性值（因為屬性值需要是 0~1 之間的浮點數，所以除以 100.0）。

7-5　類比輸入

「類比輸入」（Analog Input，AI）不同於數位輸入值只有 2 種，類比輸入值是一個整數值的範圍。因為樹莓派的 GPIO 接腳並不支援類比輸入，所以，電子電路設計就需使用額外的 IC，整體接線會比較複雜。

在實務上，如果需要使用到類比輸入來讀取感測器的數值，建議改用第 8 章的 Pico 開發板，或附錄 B 的 Arduino 開發板，這兩種開發板都有支援類比輸入的腳位。

7-5-1　類比輸入：可變電阻

可變電阻（Variable Resistor，VR）的正式名稱是**電位器**（Potentiometer），我們只需轉動轉輪或滑動滑桿，就可以改變電阻值，如下圖所示：

上述圖右是滑桿可變電阻，圖左是常見轉輪的可變電阻，擁有 2 個固定接腳和 1 個轉動接腳，經由轉動來改變 2 個固定接腳之間的電阻值。其左右接腳分別是電源和 GND，中間接腳是連接類比輸入接腳。

樹莓派的 GPIO 接腳需要搭配 **MCP3008 類比轉數位訊號 IC**（Analogue-to-digital Converter，ADC），將可變電阻的類比輸入值轉換成數位值。MCP3008 是使用 SPI 介面連接樹莓派，其接腳說明如下圖所示：

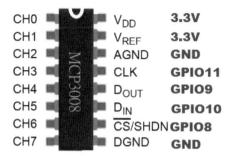

CH0	V$_{DD}$	**3.3V**
CH1	V$_{REF}$	**3.3V**
CH2	AGND	**GND**
CH3	CLK	**GPIO11**
CH4	D$_{OUT}$	**GPIO9**
CH5	D$_{IN}$	**GPIO10**
CH6	$\overline{CS}$/SHDN	**GPIO8**
CH7	DGND	**GND**

上述圖例的右邊接腳是連接樹莓派 SPI 介面的接腳，左邊 0~7 共 8 個
通道（Channels），每一個通道都可以連接一個類比輸入裝置來讀取數值。

啟用 SPI 介面

　　樹莓派預設未啟用 SPI 介面，由於 MCP3008 是使用 SPI 介面，請執
行「選單/偏好設定/Raspberry Pi 設定」命令，選**介面**標籤，並在開啟 SPI
介面後，按**確定**鈕啟用 SPI 介面。

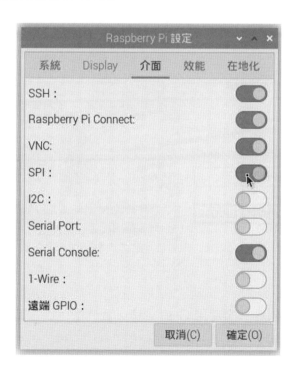

電子電路設計

完成本節實驗的電子電路設計需要使用到的電子元件，如下所示：

- 紅色 LED 燈 × 1
- MCP3008 × 1
- 麵包板 × 1
- 公 - 母杜邦線 × 7
- 220Ω 電阻 × 1
- 可變電阻 × 1
- 麵包板跳線 × 8

請依據下圖連接方式建立電子電路。可變電阻的中間接腳是連接 CH0，MCP3008 請參考之前接腳圖例連接 SPI 介面的接腳（IC 上方半圓缺口是向下，需轉 180 度），GPIO18 接腳連接 LED 燈（220Ω 電阻），即可完成本節實驗的電子電路設計，如下圖所示：

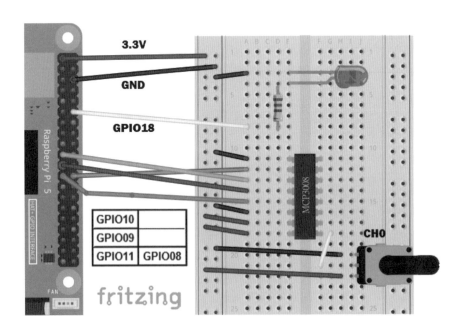

上述 MCP3008 只有使用 CH0 通道，我們還可以在其他通道連接其他類比輸入裝置，例如：在下一節就是使用 CH1 來連接光敏電阻。

Python 程式：ch7-5-1.py

Python 程式是使用 GPIO Zero 模組從 MCP3008 讀取類比輸入值，然後使用類比輸入值來控制 LED 燈的亮度。其執行只需旋轉可變電阻，就可以調整紅色 LED 燈的亮度，如下所示：

```
01: from gpiozero import MCP3008, PWMLED
02:
03: led = PWMLED(18)
04: pot = MCP3008(0)
05:
06: while True:
07:     led.value = pot.value
```

上述第 1 列匯入 gpiozero 模組的 MCP3008 和 PWMLED 類別，然後在第 3 列建立 PWMLED 物件，第 4 列是 MCP3008 物件，參數值 0 是可變電阻連接的 CH0 通道。在第 6~7 列的 while 無窮迴圈是在第 7 列指定 LED 燈亮度的 value 屬性值，其值就是可變電阻類比輸入值的 value 屬性值。

7-5-2　類比輸入：光敏電阻

光敏電阻（photo resistor、photocell）是一種特殊電阻，其電阻值和光線的強弱有關。**當光線增強時，電阻值減小；反之光線強度減小時，電阻值增大**，如下圖所示：

在這一節筆者準備使用 MCP3008 來讀取和顯示光敏電阻的類比輸入值，這是在 CH1 通道連接光敏電阻。

電子電路設計

完成本節實驗的電子電路設計需要使用到的電子元件，如下所示：

- 紅色 LED 燈 × 1
- 光敏電阻 × 1
- MCP3008 × 1
- 麵包板跳線 × 6

- 220Ω 電阻 × 1
- 10KΩ 電阻 × 1
- 麵包板 × 1
- 公 - 母杜邦線 × 6

請依據下圖連接方式建立電子電路。MCP3008 連接請參閱第 7-5-1 節，光敏電阻的一隻腳接 3.3V，另一隻腳接 CH1，同時將 CH1 通道連接上 10KΩ 電阻的一隻腳，10KΩ 電阻的另一隻腳則是接地 GND，GPIO 18 接腳連接 LED 燈（220Ω 電阻），即可完成本節實驗的電子電路設計，如下圖所示：

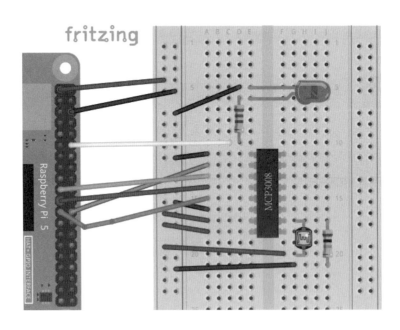

Python 程式：ch7-5-2.py

Python 程式是使用 GPIO Zero 模組以光敏電阻來控制 LED 燈，其執行結果顯示取得的光敏電阻值 0~1，且當光線太暗時，就可以看到紅色 LED 燈亮起；反之，光線充足則熄滅，如下圖所示：

```
PROBLEMS    OUTPUT    DEBUG CONSOLE    TERMINAL

0.7088422081094283
0.6170004885197851
0.43722520762090866
0.3385442110405472
0.716658524670249
0.7088422081094283
0.7293600390815829
0.7068881289692233
```

```
01: from gpiozero import MCP3008,LED
02: from time import sleep
03:
04: led = LED(18)
05: photocell = MCP3008(1)
06:
07: while True:
08:     print(photocell.value)
09:     if photocell.value <= 0.50:
10:         led.on()
11:     else:
12:         led.off()
13:     sleep(0.5)
```

上述第 1 列匯入 gpiozero 模組的 MCP3008 和 LED 類別，然後在第 5 列建立 MCP3008 物件，參數 1 是 CH1。在第 7~13 列的 while 無窮迴圈是使用 if/else 條件判斷 value 屬性值，若值為小於等於 0.50，就表示光線太暗，並點亮 LED 燈，反之則熄滅 LED 燈。

GPIO 應用範例：
使用生成式 AI 控制 LED 燈

在這一節的 GPIO 應用範例是整合第 6 章的 Jupyter Notebook、Gradio 和 Open AI API，可以讓我們在 Web 介面的欄位輸入文字描述後，透過生成式 AI 的語意分析來控制 LED 燈是點亮或熄滅。

請在 Python 虛擬環境 ai 啟動 Jupter 伺服器，其命令列指令如下所示：

```
$ workon ai Enter
(ai) $ jupyter notebook --ip='*' --port=8888 --no-browser Enter
```

在啟動後，請啟動瀏覽器開啟 ch7-6.ipynb 筆記本，然後將 **<API-KEY>** 改成你的 ChatGPT API 的 API KEY，如下圖所示：

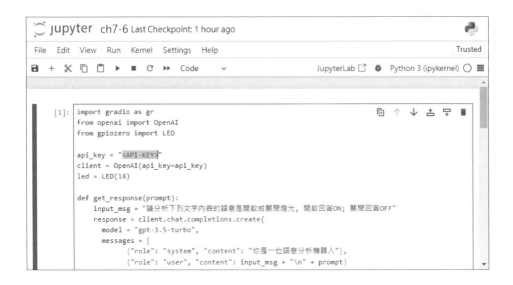

執行此儲存格，可以看到 Gradio 建立的 Web 介面，請在 **prompt** 欄輸入開啟燈光語意的文字描述後，按 **Submit** 鈕，就能在右邊看到語意分析結果是 ON，同時點亮 LED 燈，如下圖所示：

然後，在 **prompt** 欄輸入關閉燈光語意的文字描述後，按 **Submit** 鈕，可以在右邊看到語意分析結果是 OFF，同時熄滅 LED 燈，如下圖所示：

Python 程式碼是使用 OpenAI 的生成式 AI 進行文字內容的語意分析，在下列的第 1~3 列匯入相關模組，如下所示：

```
01: import gradio as gr
02: from openai import OpenAI
03: from gpiozero import LED
04:
05: api_key = "<API-KEY>"
06: client = OpenAI(api_key=api_key)
07: led = LED(18)
```

上述第 5 列指定 API KEY，請改成你的 API Key，接著在第 6 列建立 OpenAI 物件，第 7 列建立 LED 物件。下方第 9~24 列的 get_response() 函式是 Gradio 介面按鈕的事件處理函式，如下所示：

```
09: def get_response(prompt):
10:     input_msg = "請分析下列文字內容的語意是開啟或關閉燈光, "+
                    "開啟回答ON; 關閉回答OFF"
11:     response = client.chat.completions.create(
12:         model = "gpt-3.5-turbo",
13:         messages = [
```

```
14:              {"role": "system", "content": "你是一位語意分析機器人"},
15:              {"role": "user", "content": input_msg + "\n" + prompt}
16:              ]
17:     )
```

上述第 10 列是語意分析的提示文字,指定生成式 AI 的回答是 ON 或 OFF,並在第 11~17 列呼叫 client.chat.completions.create() 來取得 ChatGPT 的 response 回應內容,其中第 15 列的提示文字是 input_msg 字串變數加上 "\n" 換行後,再加上使用者輸入的文字內容。

在下方第 18 列取得回應內容後,使用第 19~22 列的 if/else 條件來判斷是否是 ON,如果是,就在第 20 列點亮 LED 燈;不是,則在第 22 列熄滅 LED 燈,如下所示:

```
18:     reply_msg = response.choices[0].message.content
19:     if reply_msg == "ON":
20:         led.on()
21:     else:
22:         led.off()
23:
24:     return reply_msg
25:
26: app = gr.Interface(fn=get_response,
27:                    inputs="text",
28:                    outputs="text")
29: app.launch(server_name="raspberrypi.local")
```

上述第 26~28 列建立的 Interface 物件就是 Gradio 應用程式的 Web 使用介面,並在第 29 列呼叫 launch() 方法啟動 Gradio 的 Web 伺服器來顯示網頁的互動介面,其中 server_name 參數是樹莓派主機名稱,也可以使用 IP 位址,在本書就是 192.168.1.116。

學習評量

1. 請簡單說明樹莓派的 GPIO 接腳。

2. Python 語言可以使用 _____ 模組來控制 GPIO 接腳。在 Python 虛擬環境如何建立控制 GPIO 的 Python 開發環境？

3. 請問什麼是 GPIO 數位輸入和輸出？什麼是類比輸入和類比輸出？

4. 請問什麼是 PWM？樹莓派的 GPIO 接腳並不支援 _____（Analog Input）。

5. 請簡單說明如何整合生成式 AI 來進行 GPIO 控制？

6. 請修改第 7-6 節的語意分析，讓它能夠判斷文字描述的亮度有 3 個等級，然後再使用 PWM 來控制 LED 燈的亮度。

MEMO

chapter

8

Pico W 開發板與 MicroPython 語言

▷ 8-1 認識 Raspberry Pi Pico 開發板

▷ 8-2 MicroPython 語言的基礎

▷ 8-3 使用 Thonny 建立 MicroPython 程式

▷ 8-4 使用 MicroPython 控制 Raspberry Pi Pico 開發板

▷ 8-5 Pico W 的 WiFi 連線

▷ 8-6 MicroPython 應用範例：用 Python 建立序列埠通訊

8-1 認識 Raspberry Pi Pico 開發板

　　樹莓派是一台桌上型迷你電腦，適合用在 Web 網站架設和資料儲存等比較重量級的運算，但是，樹莓派在某些方面仍有一定的局限性，例如：耗電量太大、無法處理低延遲 I/O 和不支援類比輸入等限制。

　　Raspberry Pi Pico 開發板是由樹莓派基金會所開發，可以用來補強樹莓派的不足。基本上，**Pico** 開發板是對應 Arduino 開發板；**Pico W** 是對應支援 WiFi 和藍牙的 ESP32 開發板。

 Tips　請注意！本章的 GPIO 內容適用 Pico 和 Pico W，也適用 2024 年 8 月推出的 Pico 2 開發板。由於第 8-5 節有說明 WiFi 連線，以及在第 13 章建立 IoT 裝置，因此建議購買 Pico W 開發板（Pico W 預計在 2024 年底會推出 2 版）。

Raspberry Pi Pico 開發板

　　Raspberry Pi Pico 開發板是首款採用樹莓派基金會自行研發的微控制器晶片 PR2040，這是使用 ARM Cortex M0+ 處理器架構，擁有 264K SRAM，運行頻率是 133MHz。Raspberry Pi Pico 開發板的外觀（上方圖例的是 Pico，下方是 Pico W），如下圖所示：

fritzing

上述 Raspberry Pi Pico 開發板的尺寸是 51×21mm，其 GPIO 接腳都是採用郵票孔設計方式，需要自行焊接引腳才能插入麵包板。除了上述 2 種板子外，樹莓派基金會還提供 Pico H 和 Pico WH——H 就是將上述開發板焊接至載板，即預焊接引腳的 Pico 和 Pico W 開發板。

在開發板右邊是 Micro-USB 傳輸埠（供電），位在傳輸埠的左側有一個 BOOTSEL 白色按鈕，按住此鈕，再連接 Micro-USB 傳輸線至樹莓派後，放開按鍵，就會識別成 USB 行動碟的儲存裝置，可以讓我們燒錄 MicroPython 韌體。

Raspberry Pi Pico 開發板主要規格的簡單說明，如下所示：

● **微控制器**：RP2040 雙核 Cortex M0+ 微控制器，運行 125MHz（可超頻至 270MHz，但是官方並不建議），內建 264KB SRAM。

● **儲存媒體**：提供 2MB 記憶體。

● **USB 通訊埠**：支援 Micro USB，可提供開發板電源（1.8V-5.5V）和進行資料傳輸。

● **GPIO 接腳**：提供 26 個電壓 3.3V 的多功能 GPIO 接腳，支援 2 組 SPI，2 組 I2C，2 組 UART，3 個 12 位元 ADC，和最多 16 個 PWM。

● **輸出電壓**：5V（VBUS）/ 3.3V。

● **WiFi 與藍牙**：Pico 和 Pico H 不支援，Pico W 和 Pico WH 支援 802.11n 的 WiFi 無線網路和藍牙 5.2 版。

GPIO 接腳說明

GPIO 全名是一般用途的輸入和輸出接腳，可以讓 Raspberry Pi Pico 開發板控制 LED、監測是否按下按鍵開關、溫度、光線、驅動伺服馬達和超音波感測器模組等。

Tips 請注意！書附 Pico-R3-A4-Pinout.pdf 的 PDF 檔是 Pico 接腳圖，PicoW-A4-Pinout.pdf 是 Pico W 接腳圖——兩種板子的內建 LED 腳位並不相同。

Raspberry Pi Pico 開發板共有 40 個接腳。位在開發板右上角編號 40 的 VBUS 接腳是 Micro-USB 連接埠的 5V 電源，編號 36 是 3.3V 電源，編號 3、8、13、18、23、28、33 和 38 是 8 個 GND 接地。

Raspberry Pi Pico 開發板提供 26 個可程式化 3.3V 的 GPIO 接腳，接腳編號分別是 GPIO0~GPIO22 和 GPIO26~28，其說明如下所示：

- GPIO0~GPIO22 共 23 個接腳是**數位腳位**，支援數位輸入/輸出。

- GPIO26~28 共 3 個接腳支援 12 位元 ADC **類比輸入**，即 ADC0~3。

- GPIO **數位腳位都支援 PWM**，最多可同時 16 個腳位都使用 PWM。

- 2 個 SPI，2 個 I2C，2 個 UART（GPIO0 和 GPIO1 是預設 UART）有多種 GPIO 接腳編號的組合。

8-2 MicroPython 語言的基礎

MicroPython 語言是澳洲程式設計師和物理學家 Damien George 開發，在 2013 年的 Kickstarter 平台成功募資和釋出第一版 MicroPython 程式語言。目前 MicroPython 已經支援 ESP8266/ESP32 等多種開發板，和各種 ARM 架構微控制器的開發板，例如：Raspberry Pi Pico 和 Micro:bit 等。

MicroPython 語言

MicroPython 就是精簡版 Python 3 語言，受限於微控制器的硬體容量和效能，只實作小部分 Python 標準模組，和新增微控制器專屬模組來存取低階的硬體裝置。其官方網站：https://micropython.org/。

MicroPython 程式是在開發板的硬體執行（並不是在樹莓派或 Windows 開發電腦）。因為微控制器的效能不足以執行完整作業系統（Operator System），例如：Windows、macOS 或 Linux 等作業系統，所以，作業系統的操作和服務是透過 MicroPython 直譯器來處理。換句話說，MicroPython 就是在開發板上執行的類作業系統，支援作業系統基本服務，和儲存 MicroPython 程式的檔案系統。

MicroPython 程式設計是一種實物運算

MicroPython 程式設計是一種實物運算（Physical Computing），因為 MicroPython 程式是實際控制硬體裝置的輸入和輸出。程式輸入是實體的按鍵開關或各種感測器的讀取值（例如：光敏電阻），在微控制器執行 MicroPython 程式進行處理後，輸出至 LED 燈（點亮或熄滅）、轉動伺服馬達或在蜂鳴器發出聲音等，如下圖所示：

上述輸入包含數位輸入和類比輸入，輸出亦為數位輸出或類比輸出，而我們可以在實物上看到 MicroPython 程式的輸入和執行結果。

8-3 使用 Thonny 建立 MicroPython 程式

Raspberry Pi Pico 開發板建議的開發工具是 Thonny，在本書就是使用樹莓派的 Thonny 來建立 MicroPython 開發環境。

8-3-1 建立 Thonny 的 MicroPython 開發環境

樹莓派預設安裝的 Thonny 是精簡介面，請先參閱第 A-2-4 節的前 2 個步驟，切換成繁體中文和正常模式介面後，就可以設定使用 MicroPython 直譯器和燒錄 MicroPython 韌體，其步驟如下所示：

Step **1** 請按住 Raspberry Pi Pico 開發板上的 **BOOTSEL** 鈕後，再將 USB 傳輸線插入開發板，另一端連接樹莓派，等到顯示「插入了移除式媒體」訊息視窗後，就可以放開 **BOOTSEL** 鈕，不用理會此訊息視窗。

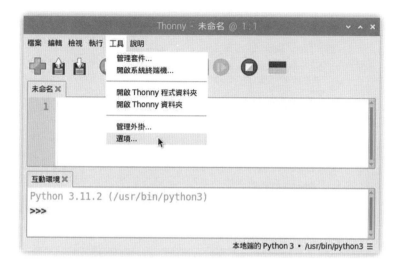

Step **2** 請啟動 Thonny 後,執行「工具/選項」命令。

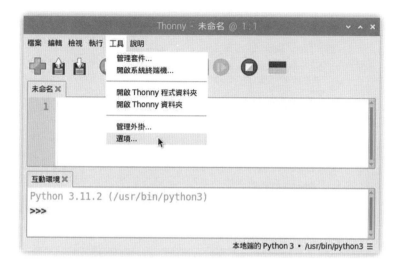

Step **3** 在「Thonny 選項」選**直譯器**標籤後,開啟位在上方的下拉式選單, 選 **MicroPython (Raspberry Pi Pico)**。

Step **4** 請點選右下方**安裝或更新 MicroPython** 超連結來燒錄 MicroPython 韌體。

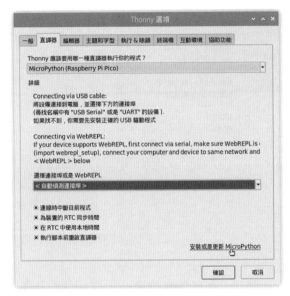

Step **5** 在 **variant** 欄選擇開發板種類（Pico 開發板是選 **Raspberry Pi • Pico /Pico H**，Pico W 是選 **Raspberry Pi • Pico W/Pico WH**），接著按 **安裝**鈕開始下載安裝 MicroPython 韌體。

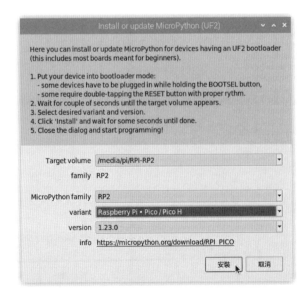

可以在下方看到目前的燒錄進度,等到顯示 Done! 訊息,就表示已經燒錄完成。請按**關閉**鈕,再按**確認**鈕。

在下方「互動環境」框若顯示 MicroPython 版本和「>>>」提示符號,表示已經成功連線 Raspberry Pi Pico 開發板的 REPL。

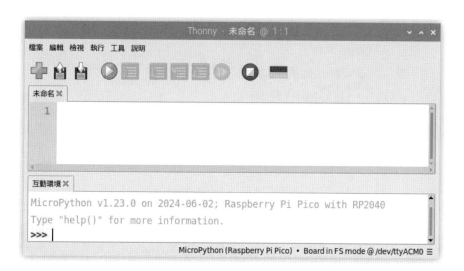

8-3-2 建立你的第一個 MicroPython 程式

基本上,使用 Thonny 建立 MicroPython 程式和撰寫 Python 程式並沒有什麼不同,其步驟如下所示:

請啟動 Thonny 後,在編輯視窗的標籤頁輸入閃爍內建 LED 燈的 MicroPython 程式 (Pico 內建 LED 的 GPIO 腳位是 25;Pico W 的內建 LED 是連接 WiFi 晶片,請將 25 改成 "LED"),如下所示:

```
from machine import Pin
import time

led = Pin(25, Pin.OUT)
```

```
while True:
    led.value(1)
    time.sleep(1)
    led.value(0)
    time.sleep(1)
```

```
未命名 * ✕
1  from machine import Pin
2  import time
3
4  led = Pin(25, Pin.OUT)
5  while True:
6      led.value(1)
7      time.sleep(1)
8      led.value(0)
9      time.sleep(1)
10 |
```

Step 2 執行「檔案/儲存檔案」命令,可以看到「存檔位置 ?」對話方塊選擇儲存位置 (開啟檔案也需選擇),請按**本機**鈕將檔案儲存在樹莓派電腦;若選擇 **Raspberry Pi Pico** 則是儲存在開發板的檔案系統。

Step 3 在「Save as」對話方塊,切換至「pi/ch08」目錄,輸入 **ch8-3-2** 並按**確定**鈕,因為沒輸入副檔名,需再按 **Yes** 鈕將檔案儲存成 ch8-3-2.py 程式。

4 請執行「執行/執行目前腳本」命令、工具列的執行箭頭鈕或按 F5 鍵,就可以在下方的「互動環境」框看到 %Run 指令將編輯內容的 MicroPython 程式碼送至開發板來執行,以及 MPY: soft reboot 軟重啟的訊息文字。

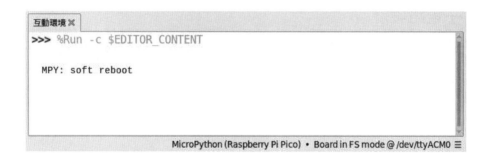

在 Raspberry Pi Pico 開發板可以看到內建 LED 燈閃爍不停。

Step **5** 由於程式碼是使用 while 無窮迴圈,因此結束程式請執行「執行/中斷程式執行」命令 (或按 Ctrl + C 鍵),也可以按工具列紅色 STOP 圖示來停止 MicroPython 程式的執行。

8-4 使用 MicroPython 控制 Raspberry Pi Pico 開發板

在這一節的內容是使用 Raspberry Pi Pico 開發板和 MicroPython 語言，來實作附錄 B 的 Arduino 開發板實驗範例。

8-4-1 實驗範例：閃爍 LED 燈

我們準備在麵包板設計電子電路，並使用 MicroPython 程式控制 Raspberry Pi Pico 開發板來閃爍 LED 燈，如右圖所示：

右述紅色 LED 燈的**長腳是接正電，短腳接地 GND**。

電子電路設計

完成本節實驗的電子電路設計需要使用到的電子元件，如下所示：

- 紅色 LED 燈 × 1
- 220Ω 電阻（可用 50~330Ω）× 1
- 麵包板 × 1
- 麵包板跳線 × 2

請依據下圖連接方式建立電子電路，其中紅色 LED 燈是連接在腳位 GPIO15（220Ω 電阻），即可完成本節實驗的電子電路設計：

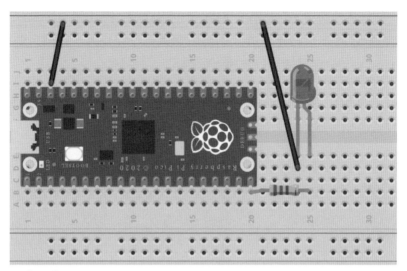

fritzing

MicroPython 程式：ch8-4-1.py

MicroPython 程式是使用 Pin 物件來處理**數位輸出**，其執行結果可以看到閃爍紅色 LED 燈，結束程式請按 Ctrl + C 鍵，如下所示：

```
01: from machine import Pin
02: import time
03:
04: led = Pin(15, Pin.OUT)
05: while True:
06:     led.value(1)
07:     time.sleep(1)
08:     led.value(0)
09:     time.sleep(1)
```

上述第 1 列匯入 machine 模組的 Pin 物件，第 2 列匯入 time 模組。在第 4 列建立 Pin 物件 led，其中第 1 個參數是 GPIO 接腳編號，15 就是指 GPIO15；第 2 個參數指定接腳模式，Pin.OUT 是數位輸出。

在第 5~9 列使用 while 無窮迴圈閃爍 LED 燈,其中第 6 列使用 value()
方法輸出參數值 1 來點亮,第 8 列輸出參數值 0 來熄滅,即數位輸出 1 或
0,而 time.sleep(1) 方法可以延遲 1 秒鐘。

Pin 物件也可以在 while 迴圈直接呼叫 toggle() 方法來切換點亮和熄滅
LED (MicroPython 程式:ch8-4-1a.py),如下所示:

```
from machine import Pin
import time

led = Pin(15, Pin.OUT)
while True:
    led.toggle()
    time.sleep(1)
```

8-4-2　實驗範例:使用按鍵開關點亮和熄滅 LED 燈

在這一節的實驗範例使用 1 個按鍵開關和 1 個紅色 LED 燈,我們準備
使用按鍵開關來點亮和熄滅 LED 燈,類似開啟和關閉屋內的電燈。

電子電路設計

完成本節實驗的電子電路設計需要使用到的電子元件,如下所示:

- 紅色 LED 燈 × 1
- 220Ω 電阻 × 1
- 按鍵開關 × 1
- 麵包板 × 1
- 麵包板跳線 × 4

請依據下圖連接方式建立電子電路,其中 GPIO15 連接 LED 燈 (220Ω
電阻),GPIO14 連接按鍵開關,即可完成本節實驗的電子電路設計,如下
圖所示:

fritzing

MicroPython 程式：ch8-4-2.py

　　MicroPython 程式是使用 if/else 條件判斷按鍵開關狀態來決定是否點亮 LED 燈，其執行結果當按下按鍵開關，就可以看到連接 GPIO15 的 LED 燈亮起，放開則熄滅 LED 燈，如下所示：

```
01: from machine import Pin
02: import time
03:
04: led = Pin(15, Pin.OUT)
05: button = Pin(14, Pin.IN, Pin.PULL_UP)
06: while True:
07:     if button.value() == 0:
08:         led.value(1)
09:         time.sleep(0.2)
10:     else:
11:         led.value(0)
```

　　上述第 4~5 列分別指定 LED 燈 GPIO15 為數位輸出，按鍵開關 GPIO14 為 Pin.IN 數位輸入，其中第 3 個參數 Pin.PULL_UP 是啟用上拉電阻。所謂**數位輸入**就是讀取 GPIO 數位值的狀態值為 1 或 0，而**為了避免**

GPIO 產生浮動狀態（Floating State），即不知目前是 1 還是 0，可以使用上拉電阻（Pull-Up Resistors）來讓 GPIO 擁有初始值 1。

第 6~11 列的 while 無窮迴圈中，在第 7~11 列的 if/else 條件判斷式呼叫 button.value() 方法來讀取按鍵開關的狀態，當值是 0 表示按下按鍵開關（由於上拉電阻預設值為 1，因此按下時值為 0），就在第 8 列點亮 LED燈，否則在第 11 列熄滅 LED 燈。

8-4-3　實驗範例：使用 PWM 調整 LED 燈亮度

Raspberry Pi Pico 開發板的**數位 I/O 接腳**都可以重新程式化成**類比輸出**來使用，使用的是 **PWM**（Pulse Width Modulation）技術（最多同時可以使用 16 個 PWM 接腳）。在這一節我們準備使用腳位 GPIO15 的類比輸出來調整 LED 燈的亮度。

電子電路設計

本節實驗的電子電路設計和第 8-4-1 節相同。

MicroPython 程式：ch8-4-3.py

MicroPython 程式的執行結果可以讓使用者自行輸入亮度值後，使用 PWM 技術來指定 LED 燈顯示的亮度，如下圖所示：

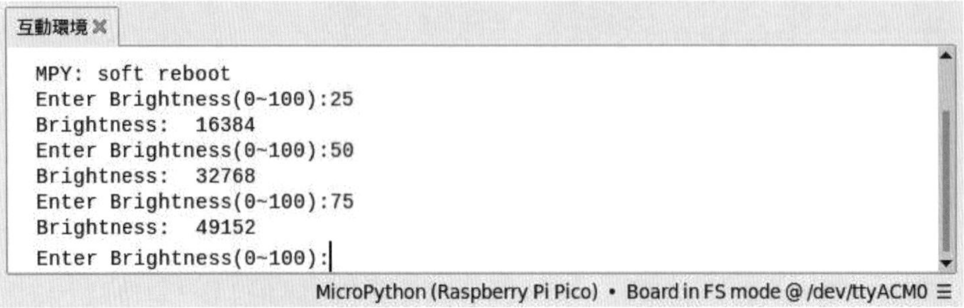

```
互動環境 ✕

 MPY: soft reboot
 Enter Brightness(0~100):25
 Brightness:  16384
 Enter Brightness(0~100):50
 Brightness:  32768
 Enter Brightness(0~100):75
 Brightness:  49152
 Enter Brightness(0~100):
```
MicroPython (Raspberry Pi Pico) • Board in FS mode @ /dev/ttyACM0 ≡

上述輸入值是 0~100（轉換成類比輸出 0~65536），按 Ctrl + C 鍵可以結束程式執行，如下所示：

```
01: from machine import Pin, PWM
02: import time
03:
04: pwm = PWM(Pin(15))
05: pwm.freq(1000)
06: while True:
07:     duty = int(input("Enter Brightness(0~100):"))
08:     bright = int(duty*655.36)
09:     print("Brightness: ", bright)
10:     pwm.duty_u16(bright)
11:     time.sleep(1)
```

上述第 1 列匯入 machine 模組的 Pin 和 PWM 物件，並在第 4 列建立 PWM 物件，其參數是 GPIO15 的 Pin 物件，然後在第 5 列呼叫 freq() 方法指定頻率 1000。

第 6~11 列的 while 無窮迴圈中，在第 7 列讀取輸入的整數亮度值 0~100，然後在第 8 列轉換成 0~65536 亮度值，接著在第 10 列呼叫 duty_u16() 方法指定 PWM 勤務循環值——此方法是 16 位元值，所以範圍介於 0~65536，不同亮度的勤務循環值如下表所示：

勤務循環值	亮度
65536	全亮
49152	75% 亮
32768	50% 亮
16384	25% 亮
0	全暗

MicroPython 程式：ch8-4-3a.py

由於 PWM 勤務循環值的範圍是 0~65536，因此可以使用 for 迴圈讓 LED 燈從不亮逐漸變成最亮，然後再從最亮逐漸變成不亮，建立如同人類呼吸的 PWM 呼吸燈，如下所示：

```
01: from machine import Pin, PWM
02: import time
03:
04: pwm = PWM(Pin(15))
05:
06: while True:
07:     for i in range(0, 65536, 100):
08:         pwm.duty_u16(i)
09:         time.sleep(0.01)
10:     for i in range(65536, -1, -100):
11:         pwm.duty_u16(i)
12:         time.sleep(0.01)
```

上述 while 無窮迴圈之中共有 2 個 for 迴圈，在第 7~9 列的 for 迴圈是從 0 至 65536，而第 10~12 列的 for 迴圈是反過來從 65536 至 0。

8-4-4　實驗範例：使用可變電阻調整 LED 燈亮度

可變電阻（Variable Resistor，VR）是擁有 3 個接腳的電子元件，其中 2 個是固定接腳，1 個是轉動接腳，經由轉動來改變 2 個固定接腳之間的電阻值，詳見第 7-5-1 節的圖例。

電子電路設計

完成本節實驗的電子電路設計需要使用到的電子元件，如下所示：

- 紅色 LED 燈 × 1
- 220Ω 電阻 × 1

- 可變電阻 × 1
- 麵包板 × 1
- 麵包板跳線 × 6

請依據下圖連接方式建立電子電路，其中 GPIO26 連接可變電阻，GPIO15 連接 LED 燈（220Ω 電阻），即可完成本節實驗的電子電路設計，如下圖所示：

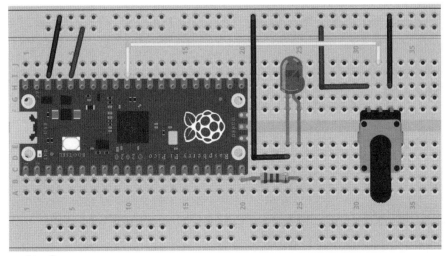

fritzing

MicroPython 程式：ch8-4-4.py

MicroPython 程式在讀取可變電阻的數值後，就能使用此數值來指定 LED 燈的亮度，其執行結果當轉動可變電阻時，可以看到 LED 燈的亮度改變，如下所示：

```
01: from machine import Pin, PWM, ADC
02: import time
03:
04: pwm = PWM(Pin(15))
05: pwm.freq(1000)
06: adc = ADC(Pin(26))
```

```
07: while True:
08:     bright = adc.read_u16()
09:     pwm.duty_u16(bright)
10:     time.sleep(0.5)
```

上述第 1 列匯入 Pin、PWM 和 ADC 物件,並在第 4~5 列建立 LED 的 PWM 物件,第 6 列建立 ADC 物件,其參數是 GPIO26 的 Pin 物件。

第 7~10 列的 while 無窮迴圈中,在第 8 列呼叫 adc.read_u16() 方法讀取可變電阻值,然後在第 9 列寫入 LED 燈的 PWM 值,也就是可變電阻的類比值 0~65536。

8-4-5　實驗範例:蜂鳴器

蜂鳴器 (PIEZO) 是一種壓電式喇叭 (Piezoelectric Speaker) 的電子元件,我們可以透過控制頻率和延遲時間,讓蜂鳴器發出音效或播放音樂。

電子電路設計
- - - - - - - - - -

完成本節實驗的電子電路設計需要使用到的電子元件,如下所示:

● 蜂鳴器 × 1

● 麵包板 × 1

● 麵包板跳線 × 3

請依據下圖連接方式建立電子電路,其中 GPIO13 連接蜂鳴器,即可完成本節實驗的電子電路設計,如下圖所示:

fritzing

Tips 請注意！在連接蜂鳴器時需要注意正負極，**紅色線是正極（接長腳）**，黑色線是負極（接短腳）。

MicroPython 程式：ch8-4-5.py

MicroPython 程式的執行結果可以從蜂鳴器聽見 3 種持續 1 秒鐘不同頻率的音效，我們只需指定 PWM 類比輸出的頻率即可讓蜂鳴器發出聲音，勤務循環是控制音量，延遲時間是控制發出的聲音時長，如下所示：

```
01: from machine import Pin, PWM
02: import time
03:
04: beeper = PWM(Pin(13))
05: beeper.freq(440)
06: beeper.duty_u16(32768)
07: time.sleep(1)
08: beeper.freq(1047)
09: beeper.duty_u16(3200)
10: time.sleep(1)
```

```
11: beeper.freq(200)
12: beeper.duty_u16(6400)
13: time.sleep(1)
14: beeper.duty_u16(0)
15: beeper.deinit()
```

上述第 4 列建立 Pin 物件（GPIO13）後，再建立 PWM 物件 beeper，並在第 5~6 列指定頻率為 440，勤務循環為 32765（指定初始音量）。在發聲 1 秒鐘後，第 8~9 列更改頻率成 1047，勤務循環為 3200，再發聲 1 秒鐘。然後在第 11~12 列更改頻率成 200，勤務循環為 6400，再發聲 1 秒鐘。

接著在第 14 列的 beeper.duty_u16(0) 方法是靜音，最後在第 15 列呼叫 beeper.deinit() 方法解除 Pin 物件的 PWM 模擬類比輸出。

MicroPython 程式：ch8-4-5a.py

音樂是由不同音階的音符所組成，我們可以建立字典定義特定頻率聲音的音階，然後使用 for 迴圈來一一播放指定頻率的音階，其執行結果可以使用蜂鳴器播放 Do、Re、Mi、Fa、Sol、La 和 Si/Te 等不同音階的聲音，如下所示：

```
01: from machine import Pin, PWM
02: import time
03:
04: tempo = 5
05: tones = {
06:     'c': 262,
07:     'd': 294,
08:     'e': 330,
09:     'f': 349,
10:     'g': 392,
11:     'a': 440,
12:     'b': 494,
13:     'C': 523,
14: }
```

```
15: beeper = PWM(Pin(13))
16: beeper.freq(1000)
17: beeper.duty_u16(32768)
18: melody = 'cdefgabC'
19:
20: for tone in melody:
21:     beeper.freq(tones[tone])
22:     time.sleep(tempo/8)
23: beeper.deinit()
```

上述第 4 列指定拍子 tempo 為 5 之後，在第 5~14 列建立音階字典 tones，例如：音階 'a' 的頻率是 440Hz 赫茲，'b' 的頻率是 494Hz 赫茲。接著在第 15~17 列使用參數 Pin 物件建立 PWM 物件，在第 18 列的 melody 變數是準備播放的旋律字串，每一個字元對應到一個音階。

在第 20~22 列的 for 迴圈走訪旋律字串的每一個音階字元，其中第 21 列呼叫 freq() 方法，並以字典指定對應於音階字元的頻率，第 22 列的 tempo/8 計算時間，即延遲 5/8 秒來播放音階，最後在第 23 列呼叫 deinit() 方法解除 Pin 物件的 PWM 模擬類比輸出。

8-4-6　實驗範例：光敏電阻

光敏電阻（photo resistor、photocell）是一種特殊電阻，其電阻值和光線的強弱有關──當光線增強時，電阻值減小；反之光線強度減小時，電阻值增大，詳見第 7-5-2 節的圖例。

電子電路設計

完成本節實驗的電子電路設計需要使用到的電子元件，如下所示：

- 光敏電阻 × 1
- 10KΩ 電阻 × 1
- 紅色 LED 燈 × 1

- 220Ω 電阻 × 1
- 麵包板 × 1
- 麵包板跳線 × 6

請依據下圖連接方式建立電子電路，其中 GPIO27 連接光敏電阻（10KΩ 電阻），GPIO15 連接紅色 LED 燈（220Ω 電阻），即可完成本節實驗的電子電路設計，如下圖所示：

fritzing

MicroPython 程式：ch8-4-6.py

MicroPython 程式在讀取光敏電阻的數值後，使用 if/else 條件判斷光線是否太暗，如果是，就點亮 LED 燈（使用手指蓋住光敏電阻，LED 燈就會發光），反之則熄滅，如下所示：

```
01: from machine import ADC, Pin
02: import time
03:
04: adc = ADC(Pin(27))
05: led = Pin(15, Pin.OUT)
```

```
06: led.value(0)
07: while True:
08:     value = adc.read_u16()
09:     print(value)
10:     if value < 20000:
11:         led.value(1)
12:         time.sleep(0.5)
13:     else:
14:         led.value(0)
15:         time.sleep(0.5)
```

上述第 1 列匯入 Pin 和 ADC 物件，並在第 4 列建立 ADC 物件，其參數是 GPIO27 的 Pin 物件，而第 5 列是 LED 的 Pin 物件。

第 7~15 列的 while 無窮迴圈中，在第 8 列呼叫 adc.read_u16() 方法讀取光敏電阻值，然後在第 10~15 列的 if/else 條件判斷值是否小於 20000，如果是，就在第 11 列點亮 LED 燈，否則就在第 14 列熄滅 LED 燈。

8-4-7 實驗範例：控制伺服馬達

伺服馬達（Servo Motor）或稱為伺服機，可以依據 PWM 訊號的脈衝持續時間來決定旋轉角度（頻率 50Hz）——持續時間 1.0ms 是轉 0 度，1.2ms 是轉 45 度，1.5ms 是轉 90 度，2.0ms 是轉 180 度，可以精準地控制伺服馬達來旋轉 0~180 之間的角度，如下圖所示：

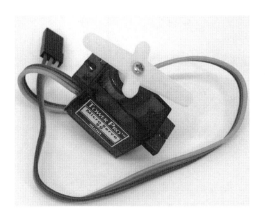

上述圖例的伺服馬達有 3 條線，依序是訊號線（橘或黃色）、電源線（紅色）和接地 GND（棕或黑色）。在本節的實驗範例是使用可變電阻值來控制伺服馬達的旋轉角度。

Raspberry Pi Pico 的 PWM 勤務循環值範圍是 16 位元 0~65535，其佔空比範圍從 5% 到 10% 代表伺服馬達的最小角度，即 0 度；10% 到 20% 代表伺服馬達的最大角度，即 180 度。因此勤務循環值的範圍約為 1000~9000（每顆伺服馬達的此範圍值可能不同，需自行測試找出最佳範圍），代表 0~180 度。

電子電路設計

完成本節實驗的電子電路設計需要使用到的電子元件，如下所示：

- 伺服馬達 × 1
- 可變電阻 × 1
- 麵包板 × 1
- 麵包板跳線 × 10

請依據下圖連接方式建立電子電路，其中 GPIO26 連接可變電阻，腳位 GPIO12 連接伺服馬達，即可完成本節實驗的電子電路設計，如下圖所示：

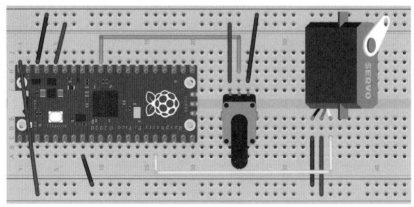

fritzing

MicroPython 程式：ch8-4-7.py

MicroPython 程式在讀取可變電阻的數值後，就用讀取值來旋轉伺服馬達至指定的角度，當我們轉動可變電阻時，可以看到伺服馬達的旋轉角度也隨之改變，如下所示：

```
01: from machine import Pin, PWM, ADC
02: import time
03:
04: adc = ADC(Pin(26))
05: servo = PWM(Pin(12))
06: servo.freq(50)
07:
08: def getServoDuty(degrees, maxDuty=9000, minDuty=1000):
09:     if degrees > 180: degrees = 180
10:     if degrees < 0: degrees = 0
11:     servoDuty = minDuty+(maxDuty-minDuty)*(degrees/180)
12:     return int(servoDuty)
13:
14: while True:
15:     value = adc.read_u16()
16:     pot_degrees = int(180 * value / 65536)
17:     servo_duty = getServoDuty(pot_degrees)
18:     print(value, pot_degrees, servo_duty)
19:     servo.duty_u16(servo_duty)
20:     time.sleep(0.01)
```

上述第 4~5 列分別建立可變電阻的 ADC 物件，和伺服馬達的 PWM 物件，並在第 6 列指定頻率為 50。而第 8~12 列 getServoDuty() 函式計算伺服馬達旋轉 0~180 度所需的勤務循環值，如下所示：

```
def getServoDuty(degrees, maxDuty=9000, minDuty=1000):
    if degrees > 180: degrees = 180
    if degrees < 0: degrees = 0
    servoDuty = minDuty+(maxDuty-minDuty)*(degrees/180)
    return int(servoDuty)
```

上述函式的第 1 個參數是角度，minDuty 和 maxDuty 是勤務循環範圍值 1000~9000（每顆伺服馬達的此範圍值可能不同）。在函式中，首先使用 2 個 if 條件將角度限制在 0~180 度的範圍，然後使用公式轉換成對應的勤務循環值之後，再回傳整數的勤務循環值。

第 14~20 列的 while 無窮迴圈中，在第 15 列讀取可變電阻值，並在第 16 列將可變電阻值轉換成角度 0~180 度的 pot_degrees 變數值，然後在第 17 列呼叫 getServoDuty() 函式計算出此角度的伺服馬達勤務循環值，即可在第 19 列指定 PWM 勤務循環值，將伺服馬達旋轉至 pot_degrees 變數的角度。

8-5　Pico W 的 WiFi 連線

Python 程式是使用 network 模組來連線 WiFi，但 **Pico W 開發板才支援網路功能**，可以連接 WiFi 基地台。Pico W 開發板整合 WiFi 網路晶片，可以使用 3 種工作模式來連線 WiFi，如下所示：

- **STA 模式**（Station）：Pico W 開發板如同一張 WiFi 無線網路卡，可以連線至可用的 WiFi 基地台。

- **AP 模式**（Access Point）：將 Pico W 開發板作為熱點的 WiFi 基地台，可以讓其他裝置連線至 Pico W 開發板，例如：智慧型手機。

- **STA + AP 模式**：同時啟用 STA 與 AP 的混合模式。

MicroPython 程式：ch8-5.py

在 MicroPython 程式啟用 WiFi 並掃描可用的 WiFi 基地台清單，其執行結果在顯示 False 尚未連線 WiFi 後，一一顯示可用的 WiFi 基地台名稱和 MAC 地址的十六進位值，如下圖所示：

```
互動環境 ✕
>>> %Run -c $EDITOR_CONTENT

 MPY: soft reboot
 False
 ESSID_MyNetwork 50:64:2b:d1:b6:01
 winner-2.4G f8:34:5a:85:65:ee
 wang 1F d8:47:32:e9:24:82
 ASUS-HOME 2c:fd:a1:60:7a:fc
 GOCLOUD_550F5E 20:76:93:46:a0:0e
>>>
```

MicroPython (Raspberry Pi Pico) • Board in FS mode @ /dev/ttyACM0 ☰

Python 程式碼是在第 1~2 列匯入 network 和 ubinascii 模組，如下所示：

```
01: import network
02: import ubinascii
03:
04: sta = network.WLAN(network.STA_IF)
05: sta.active(True)
06: print(sta.isconnected())
07: aps = sta.scan()
08: for ap in aps:
09:     ssid = ap[0].decode()
10:     mac = ubinascii.hexlify(ap[1], ":").decode()
11:     print(ssid, mac)
```

上述第 4 列呼叫 network.WLAN() 建立 WLAN 網路介面物件，參數是 network.STA_IF 模式（即 STA 模式），然後在第 5 列呼叫 active() 方法，並以參數 True 來啟用 WiFi 的 STA 模式，而第 6 列的 isconnected() 方法會回傳目前是否已連線。接著在第 7 列呼叫 scan() 方法掃描 WiFi 基地台，可以回傳基地台的串列。

在第 8~11 列使用 for 迴圈走訪串列元素，首先在第 9 列呼叫 decode() 方法解碼名稱後，在第 10 列呼叫 ubinascii.hexlify() 方法將二進位值轉換成十六進位值。

建立連線 WiFi 基地台的函式：ch8-5a.py

為了方便 MicroPython 程式連線 WiFi，我們準備建立 connect_wifi() 函
式來連線 WiFi，只需傳入 SSID 名稱和連線密碼的參數，就可以進行 WiFi
連線。其執行結果可以看到已成功連線並顯示連線設定，如下所示：

```
互動環境 ✖

>>> %Run -c $EDITOR_CONTENT

MPY: soft reboot
Connecting to network...
network config: ('192.168.1.120', '255.255.255.0', '192.168.1.1',
'192.168.1.1')

>>>
```
MicroPython (Raspberry Pi Pico) • Board in FS mode @ /dev/ttyACM0 ≡

Python 程式碼是在第 1 列匯入 network 模組，第 3~11 列建立
connect_wifi() 函式，如下所示：

```
01: import network
02:
03: def connect_wifi(ssid, passwd):
04:     sta = network.WLAN(network.STA_IF)
05:     sta.active(True)
06:     if not sta.isconnected():
07:         print("Connecting to network...")
08:         sta.connect(ssid, passwd)
09:         while not sta.isconnected():
10:             pass
11:     print("network config:", sta.ifconfig())
12:
13: SSID = "<WiFi名稱>"        # WiFi名稱
14: PASSWORD = "<WiFi密碼>"      # WiFi密碼
15: connect_wifi(SSID, PASSWORD)
```

上述 connect_wifi() 函式在第 4~5 列啟用 STA 模式後，第 6~10 列的 if 條件判斷呼叫 isconnected() 方法判斷是否已經連線——如果沒有連線，就在第 8 列呼叫 connect() 方法進行連線，其第 1 個參數是 WiFi 基地台的 SSID 名稱，第 2 個參數是連線密碼。最後在第 9~10 列的 while 迴圈持續檢查是否已經連線，直到成功連線為止。

在第 13~14 列指定 SSID 名稱和密碼（請修改成讀者 WiFi 基地台的 SSID 名稱和密碼），即可在第 15 列呼叫 connect_wifi() 函式來進行 WiFi 連線。

8-6 MicroPython 應用範例：用 Python 建立序列埠通訊

在 Pico 執行 MicroPython 程式取得傳感器數據後，就可以在樹莓派執行 Python 程式，透過序列埠與 Pico 進行通訊來取得數據。

例如：在 Pico 的 MicroPython 程式讀取光敏電阻值後，在樹莓派執行 Python 程式，使用 pyserial 套件（預設安裝）透過序列埠與 Pico 進行通訊，即可取得 Pico 讀取的光敏電阻值。

 Tips **請注意！** 在本節之前的 MicroPython 程式範例，都是從樹莓派啟動 Thonny，然後連線 Pico 開發板來執行程式，也就是將樹莓派上的 MicroPython 程式傳送至 Pico 板上執行。換句話說，這些程式並不會保存在 Pico 開發板。而這一節因為要建立序列埠通訊，我們需要將程式儲存在 Pico 開發板上來執行。

MicroPython 程式：ch8-6.py

首先，我們需要將 MicroPython 程式上傳到 Pico 開發板，其步驟如下所示：

Step 1 啟動 Thonny 並與 Pico 成功連線後，開啟名為 ch8-6.py 的 MicroPython 程式。

Step 2 執行「檔案/儲存複本」命令，選 **Raspberry Pi Pico**。

Step 3 會看到 Pico 開發板的內部儲存空間，請在**檔案名稱**欄輸入 **main. py**，再按**確認**鈕將其儲存。

如此操作的 MicroPython 程式會以 main.py 為名儲存在 Pico 開發板的快閃記憶體。main.py 相當於主程式，每次 Pico 開發板通電時，就會自動

執行 main.py 程式，直到重新連線或中斷程式為止。

　　現在，請在樹莓派離開 Thonny 並移除連接開發板的 USB 傳輸線後，再次將 USB 傳輸線插入開發板來重新連線 Pico，如此就能自動執行 MicroPython 程式 main.py。

　　MicroPython 程式是修改第 8-4-6 節的程式來讀取光敏電阻值，如下所示：

```
01: from machine import Pin, ADC
02: import time
03:
04: sensor = ADC(Pin(27))
05:
06: while True:
07:     sensor_value = sensor.read_u16()
08:     print(sensor_value)
09:     time.sleep(1)
```

　　上述第 1 列匯入 Pin 和 ADC 物件，並在第 4 列建立 ADC 物件，其參數是 GPIO27 的 Pin 物件。第 6~9 列的 while 無窮迴圈中，在第 7 列呼叫 read_u16() 方法讀取光敏電阻值，然後在第 8 列顯示其值，這就是 Python 程式透過序列埠所讀取的資料。

Python 程式：ch8-6a.py

　　在樹莓派請啟動 VS Code 執行 Python 程式（使用 Python 虛擬環境 gpio），即可透過序列埠通訊，讀取從 Pico 板傳送的光敏電阻值，如下圖所示：

Python 程式是匯入 serial 模組來進行序列埠通訊，如下所示：

```
01: import serial
02:
03: ser = serial.Serial('/dev/ttyACM0', 115200)
04:
05: while True:
06:     if ser.in_waiting > 0:
07:         sensor_value = ser.readline().decode('utf-8').strip()
08:         print("Sensor Value:", sensor_value)
```

上述第 1 列匯入 serial 模組，第 3 列建立序列埠通訊的 Serial 物件，其
參數值 115200 是鮑率（Baud Rate）。接著在第 5~8 列的 while 無窮迴圈
中讀取序列埠的資料，其中第 6~8 列的 if 條件判斷是用 in_waiting 屬性判
斷是否有資料——如果有資料，就在第 7 列呼叫 readline() 方法讀取資料，
decode() 方法轉換成 utf-8 編碼，strip() 方法刪除空白字元，最後即可在第
8 列顯示 Pico 傳送來的傳感器資料，以此例就是光敏電阻值。

學習評量

1. 請簡單說明什麼是 Raspberry Pi Pico 開發版？

2. 請簡單說明 MicroPython，以及如何在樹莓派建立 MicroPython 開發環
   境？

3. 在樹莓派撰寫的 MicroPython 程式是在 _____ 執行程式來控制
   Raspberry Pi Pico 開發板。

4. 請修改第 8-4-7 節的 MicroPython 程式，改為讓使用者輸入伺服馬達的
   角度後，就可以旋轉伺服馬達至輸入的角度。

5. 請問 Pi W 開發板是如何連接 WiFi？

6. 請舉例說明如何建立樹莓派和 Pico 開發板之間的序列埠通訊？

chapter **9** 相機模組與串流視訊

▷ 9-1 認識樹莓派的相機模組

▷ 9-2 安裝與設定樹莓派的相機模組

▷ 9-3 在終端機使用相機模組

▷ 9-4 使用 Python 程式操作相機模組

▷ 9-5 在樹莓派建立串流視訊

▷ 9-6 使用外接 USB 網路攝影機

9-1 認識樹莓派的相機模組

　　樹莓派可以外接 USB 網路攝影機 (Webcams)，或使用 **CSI** (Camera Serial Interface) 連接器連接樹莓派專用的相機模組 (Camera Module)。樹莓派的相機模組可以在網路上購買，其尺寸約 25mm 見方，在鏡頭上有一片保護膜，記得在使用前要移除，如右圖所示：

　　上述圖例是 V2.x 版，畫素有 800 萬；2023 年推出的 V3.x 版是 1200 萬畫素；而舊版 V1.0~1.9 版則是 500 萬畫素。不論購買哪一種版本，官方或第三方廠商的相機模組，樹莓派 4 和 5 都可以使用。

　　樹莓派 4 是使用 2 端都是 15 接腳的反向 FFC 排線來連接 CSI 插槽，如下圖所示：

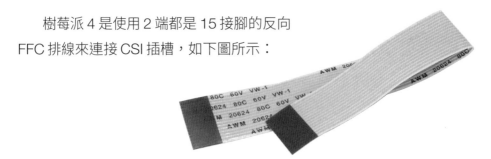

　　樹莓派 5 改為與 Raspberry Pi Zero 同樣較窄的 22 接腳，所以，樹莓派 5 的相機模組需要改用 15 接腳 (較寬) 轉接成 22 接腳 (較窄) 的同向 FFC 排線，如下圖所示：

安裝與設定樹莓派的相機模組

樹莓派的相機模組是樹莓派的專屬配件，可以使用排線連接樹莓派的 CSI（Camera Serial Interface）連接器，讓我們使用相機模組來擴充樹莓派的照相與錄影功能。

9-2-1 安裝樹莓派的相機模組

購買相機模組後，將相機模組的排線連接至樹莓派的 CSI 連接器，即可在樹莓派安裝相機模組，其安裝步驟如下所示：

Step **1** **在關機後**，請在樹莓派找到位在第 2 個 Micro-HDMI 連接器旁的 CSI 連接器。下圖右的樹莓派 5 有 2 個 22 腳位的 J4 和 J3，可以同時安裝兩台相機模組；下圖左的樹莓派 4 只有 1 個 15 腳位的 J3。

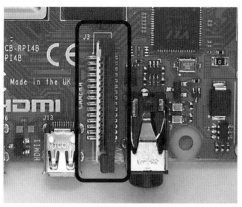 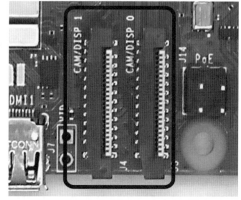

Step **2** 將 J3 插槽上方卡榫用 2 根手指平衡的向上提起，可以空出一些空隙（下圖左是 Pi 4，下圖右是 Pi 5）。

Step **3** 請平行將排線插入空隙,樹莓派 5 的鍍金面接腳是面向後方的網路線接口(樹莓派 4 則是面向前方 Micro-HDMI 連接器)。在插到底之後,即可壓下卡榫完成相機模組的排線安裝(下圖左是 Pi 4,下圖右是 Pi 5)。

9-2-2 在 Raspberry Pi OS 安裝相機模組的驅動程式

　　Raspberry Pi OS 針對官方版本的相機模組，預設能夠自動偵測到驅動程式。非官方第三方廠商的相機模組因為無法自動偵測，需要我們自行修改 Raspberry Pi OS 的 config.txt 檔案，安裝 dtoverlay 非官方相機模組的驅動程式，其步驟如下所示：

Step
1　請啟動終端機，使用 nano 開啟 config.txt，其命令列指令如下所示：

```
$ sudo nano /boot/firmware/config.txt  Enter
```

Step
2　請找到 camera_auto_detect 這一列，並在前方加上註解「#」，然後在下方新增一列 dtoverlay 相機模組的驅動程式。在「,」之後的 cam0 是連接 J3，cam1 是連接 J4（在樹莓派 4，cam1 則是連接 J3）；而在「,」之前的 imx219 是 800 萬畫素（ov5647 是 500 萬，imx477 是 1200 萬），如下所示：

```
#camera_auto_detect=1
dtoverlay=imx219,cam0
```

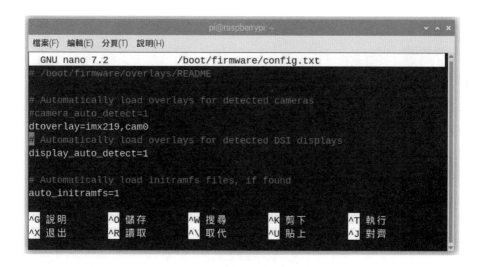

Step 3 完成編輯後，請按 Ctrl + O 鍵儲存檔案，再按 Ctrl + X 鍵離開，即可重新啟動樹莓派來完成設定。

Step 4 重新啟動樹莓派之後，請啟動終端機執行 rpicam-hello 程式來測試相機模組，如下所示：

```
$ rpicam-hello Enter
```

 Tips 請注意！ rpicam- 是新版作業系統工具程式的開頭，舊版則是使用 libcamer- 開頭。

如果已成功安裝相機模組的驅動程式，即可看到相機模擬拍攝影像的預覽視窗。

9-3 在終端機使用相機模組

在樹莓派的終端機可以使用 rpicam-still 工具程式進行照相，或使用 rpicam-vid 工具程式來錄影。

9-3-1 照相

成功安裝與設定相機模組後，就可以啟動樹莓派，在終端機輸入指令來使用相機模組進行照相。

測試相機的照相功能

現在，我們可以啟動終端機輸入指令執行程式，來測試相機的照相功能，如下所示：

```
$ rpicam-still -o test.jpg [Enter]
```

請在輸入 rpicam-still 後，加上輸出檔名的參數 -o，空一格後是檔案名稱 test.jpg，按 [Enter] 鍵並稍等一下，在預覽視窗關閉後，可以在工作目錄「/home/pi」看到 test.jpg 圖檔，如下圖所示：

請啟動檔案總管，就能看到新增的圖檔 test.jpg，雙擊該圖檔即可預覽圖像，如下圖所示：

如果照片上下/左右顛倒，我們不需要調整相機模組，只需加上參數 --vflip 上下相反，或 --hflip 左右相反，就可以調整成正常方向的照片，如下所示：

```
$ rpicam-still --vflip --hflip -o test.jpg Enter
```

　　請在輸入 rpicam-still 後，加上參數 --vflip 和 --hflip，最後是輸出檔名的參數 -o，按 Enter 鍵並稍等一下，即可在工作目錄「/home/pi」看到 test.jng 圖檔，如下圖所示：

輸出不同圖檔格式的照片

　　rpicam-still 工具程式的 -o 參數預設是輸出成 JPEG 格式的圖檔，如果需要輸出成其他圖檔格式，請加上編碼的參數 -e，後接 png 是 PNG 格式，bmp 是 BMP 格式，如下所示：

```
$ rpicam-still -o test.png -e png Enter
```

上述指令最後的參數 -e 指定 PNG 格式 png，所以輸出檔名是 test. png。而 BMP 格式的指令，如下所示：

```
$ rpicam-still -o test.bmp -e bmp Enter
```

test.bmp　　test.jpg　　test.png

調整照片的解析度

我們可以藉由調整照片尺寸的像素，來取得不同解析度的照片，其參數 --width 是寬，參數 --height 是高，如下所示：

```
$ rpicam-still --hflip --width 640 --height 480 -o test.jpg Enter
```

上述指令指定照片尺寸為 640×480 像素，如下圖所示：

指定預覽時間

rpicam-still 工具程式預設提供 5 秒的預覽時間來調整拍照角度，也就是說需等 5 秒鐘後才會拍照。如果覺得時間太短或太長，我們可以自行使用 -t 參數來調整，單位是毫秒，亦即 3000 是指 3 秒，如下所示：

```
$ rpicam-still -t 3000 -o test2.jpg Enter
```

9-3-2 錄影

在終端機可以使用 rpicam-vid 工具程式進行錄影，其參數和 rpicam-still 十分相似，只有 -t 參數的意義有些不同──在 rpicam-still 的 -t 參數是預覽時間，而在 rpicam-vid 則是錄影時間。

如果沒有指定，rpicam-vid 預設進行 5 秒鐘長度的錄影，可以儲存成副檔名 .h264 的視訊檔案，如下所示：

```
$ rpicam-vid -o test.h264 Enter
```

上述指令可以錄製 5 秒鐘的視訊，但因相機模組沒有麥克風，只能錄影，而不能錄音。如同照片，一樣可以指定錄影視訊的解析度，如下所示：

```
$ rpicam-vid --vflip --width 640 --height 480 -o test2.h264 Enter
```

上述指令指定影片上下翻轉，解析度是 640×480。同樣的，可以使用 -t 參數指定錄影時間，參數 -t 是 10000，即錄影 10 秒鐘，如下所示：

```
$ rpicam-vid -t 10000 -o test3.h264 Enter
```

 Tips **請注意！** 由於遠端連線樹莓派可能發生 .h264 格式播放有問題，若有問題，請改輸出成 MP4，即 .mp4 格式。

使用 Python 程式操作相機模組

Raspberry Pi OS 除了在終端機執行 rpicam-still 和 rpicam-vid 工具程式來使用相機模組外，我們也可以建立 Python 程式來操作相機模組。

在本節的 Python 程式是使用第 7 章建立的 Python 虛擬環境 gpio，請在 VS Code 切換至此虛擬環境來測試執行相機模組的操作。

9-4-1 相機模組的基本使用

Python 程式是使用 Picamera2 模組來操作樹莓派的相機模組，首先匯入此模組，如下所示：

```
from picamera2 import Picamera2
```

相機預覽與照相：ch9-4-1.py

Python 程式可以預覽相機 2 秒鐘並照相。首先在第 1 列從 picamea2 匯入 Picamera2 和 Preview 類別，然後在第 2 列匯入 sleep() 方法，如下所示：

```
01: from picamera2 import Picamera2, Preview
02: from time import sleep
03:
04: camera2 = Picamera2()
05: camera_config = camera2.create_preview_configuration()
06: camera2.configure(camera_config)
```

上述第 4 列建立 Picamera2 物件 camera2 後，在第 5 列使用 create_preview_configuration() 方法建立相機預覽設定，即可在第 6 列呼叫

configure() 方法來設定相機。接著，下方第 7 列呼叫 start_preview() 方法開始預覽，其參數指定預覽是 QTGL，即用 Qt GUI 工具來預覽和 GLES 硬體加速，最後，在第 11 列呼叫 stop_preview() 方法結束預覽，如下所示：

```
07: camera2.start_preview(Preview.QTGL)
08: camera2.start()
09: sleep(2)
10: camera2.capture_file("/home/pi/Pictures/test.jpg")
11: camera2.stop_preview()
```

上述第 8 列啟動相機，並在第 9 列預覽 2 秒鐘後，第 10 列呼叫 capture_file() 方法捕捉影像來存檔，即可在「/home/pi/Pictures」目錄建立圖檔 test.jpg。

不啟動預覽來進行相機照相：ch9-4-1a.py

Python 程式沒有啟動預覽來顯示預覽視窗，而是直接啟動相機來捕捉影像和儲存成圖檔，如下所示：

```
01: from picamera2 import Picamera2
02:
03: camera2 = Picamera2()
04: camera2.start_and_capture_file("/home/pi/Pictures/test2.jpg")
```

上述第 4 列呼叫 start_and_capture_file() 方法啟動相機並捕捉影像，參數是儲存 JPG 圖檔的路徑，可以將影像檔儲存至「/home/pi/Pictures」目錄。

相機錄影：ch9-4-1b.py

Python 程式一樣可以在相機預覽過程中進行錄影，並儲存成副檔名 .mp4 的視訊檔案。首先在第 2~3 列匯入 H264Encoder 和 FfmpegOutput 類別，如下所示：

```
01: from picamera2 import Picamera2, Preview
02: from picamera2.encoders import H264Encoder
03: from picamera2.outputs import FfmpegOutput
04: from time import sleep
05:
06: camera2 = Picamera2()
07: camera_config = camera2.create_video_configuration()
08: camera2.configure(camera_config)
09: camera2.start_preview(Preview.QTGL)
10: encoder = H264Encoder()
11: camera2.start()
12: video_output = FfmpegOutput("/home/pi/Pictures/test.mp4")
13: sleep(2)
14: camera2.start_recording(encoder, output=video_output)
15: sleep(5)
16: camera2.stop_recording()
17: camera2.stop_preview()
```

上述第 10 列建立 H264 編碼物件，第 12 列建立 MP4 影片輸出物件，參數是儲存 .mp4 檔案的路徑。然後在第 14 列呼叫 start_recording() 方法開始錄影，其第 1 個參數是影片編碼物件，output 參數是影片輸出物件，接著在第 15 列暫停 5 秒，即錄影 5 秒鐘後，於第 16 列呼叫 stop_recording() 方法來結束錄影。

9-4-2　設定照相參數

在第 9-4-1 節是 Python 相機模組的基本使用，包含預覽、照相和錄影，這一節我們準備說明如何在 Python 程式設定照相的相關參數。

因為目錄權限問題，執行本節的 Python 程式會出現錯誤，請先啟動終端機執行下列指令來更改目錄權限，如下所示：

```
$ chmod 0700 /run/user/1000  Enter
```

設定照片的解析度：ch9-4-2.py

Python 程式可以設定捕捉影像的解析度，例如：改成 640×480，如下所示：

```
01: from picamera2 import Picamera2
02: from time import sleep
03:
04: camera2 = Picamera2()
05: camera_config = camera2.create_still_configuration(
06:                         main={"size": (640, 480)})
07: camera2.configure(camera_config)
08: camera2.start()
09: sleep(2)
10: camera2.capture_file("/home/pi/Pictures/size.jpg")
```

上述第 5~6 列呼叫 create_still_configuration() 方法來設定相機的照相設定，main 參數的值是字典，可以使用 "size" 鍵指定解析度，其值是元組 (寬 , 高)。

水平和垂直翻轉照片：ch9-4-2a.py

Python 程式是用 Transform 物件來水平和垂直翻轉照片，首先在第 2 列從 libcamera 模組匯入 Transform 類別，如下所示：

```
01: from picamera2 import Picamera2
02: from libcamera import Transform
03: from time import sleep
04:
```

```
05: camera2 = Picamera2()
06: camera_config = camera2.create_still_configuration(
07:                         main={"size": (640, 480)},
08:                         transform=Transform(vflip=True,
09:                                             hflip=True))
10: camera2.configure(camera_config)
11: camera2.start()
12: sleep(2)
13: camera2.capture_file("/home/pi/Pictures/flip.jpg")
```

上述第 6~9 列呼叫 create_still_configuration() 方法來設定相機的照相設定，transform 參數的值是 Transform 物件，其中 vflip 參數值 True 是垂直翻轉，hflip 參數值 True 是水平翻轉。

調整照片的亮度：ch9-4-2b.py

Python 程式可以調整照片的亮度（Brightness），亮度值的範圍是 -1.0~1.0，預設值是 0，如下所示：

```
01: from picamera2 import Picamera2
02: from libcamera import Transform
03: from time import sleep
04:
05: camera2 = Picamera2()
06: camera_config = camera2.create_still_configuration(
07:                         main={"size": (640, 480)},
08:                         transform=Transform(vflip=True,
09:                                             hflip=True))
10: camera2.configure(camera_config)
11: camera2.set_controls({"Brightness": 0.2})  # -1.0~1.0
12: camera2.start()
13: sleep(2)
14: camera2.capture_file("/home/pi/Pictures/brightness.jpg")
```

上述第 11 列呼叫 set_controls() 方法設定亮度，其參數值是字典，可以使用 "Brightness" 鍵來指定照片的亮度，以此例是 0.2。

調整照片的對比：ch9-4-2c.py

Python 程式可以調整照片的對比（Contrast），對比值的範圍是 0.0~32.0，預設值是 1.0，而 0.0 是沒有對比，如下所示：

```
01: from picamera2 import Picamera2
02: from libcamera import Transform
03: from time import sleep
04:
05: camera2 = Picamera2()
06: camera_config = camera2.create_still_configuration(
07:                         main={"size": (640, 480)},
08:                         transform=Transform(vflip=True,
09:                                             hflip=True))
10: camera2.configure(camera_config)
11: camera2.set_controls({"Brightness": 0.2, # -1.0~1.0
12:                       "Contrast": 10})   # 0.0~32.0
13: camera2.start()
14: sleep(2)
15: camera2.capture_file("/home/pi/Pictures/contrast.jpg")
```

上述第 11~12 列呼叫 set_controls() 方法來設定對比，其參數值是字典，可以使用 "Contrast" 鍵指定照片的對比，以此例是 10。

調整照片的白平衡：ch9-4-2d.py

Python 程式可以指定照片的白平衡（White Balance），首先在第 2 列從 libcamera 模組匯入 controls，以便取得白平衡的常數，如下所示：

```
01: from picamera2 import Picamera2
02: from libcamera import Transform, controls
03: from time import sleep
04:
05: camera2 = Picamera2()
06: camera_config = camera2.create_still_configuration(
07:                         main={"size": (640, 480)},
08:                         transform=Transform(vflip=True,
09:                                             hflip=True))
```

```
10: camera2.configure(camera_config)
11: camera2.set_controls({"AwbMode": controls.AwbModeEnum.Indoor})
12: camera2.start()
13: sleep(2)
14: camera2.capture_file("/home/pi/Pictures/awb.jpg")
```

上述第 11 列呼叫 set_controls() 方法來設定白平衡，其參數值是字典，可以使用 "AwbMode" 鍵指定白平衡的 AwbModeEnum 常數，其說明如下表所示：

常數	說明
Auto	任意光源
Tungsten	鎢絲燈光照明
Fluorescent	螢光燈照明
Indoor	室內照明
Daylight	日光照明
Cloudy	陰天照明
Custom	自訂設置

調整照片的曝光模式：ch9-4-2e.py

Python 程式可以在照片指定曝光模式（Exposure），首先在第 2 列從 libcamera 模組匯入 controls，以便取得曝光模式的常數，如下所示：

```
01: from picamera2 import Picamera2
02: from libcamera import Transform, controls
03: from time import sleep
04:
05: camera2 = Picamera2()
06: camera_config = camera2.create_still_configuration(
07:                         main={"size": (640, 480)},
08:                         transform=Transform(vflip=True,
09:                                               hflip=True))
```

```
10: camera2.configure(camera_config)
11: camera2.set_controls({"AeExposureMode":
            controls.AeExposureModeEnum.Long})
12: camera2.start()
13: sleep(2)
14: camera2.capture_file("/home/pi/Pictures/exposure.jpg")
```

上述第 11 列呼叫 set_controls() 方法來設定曝光度，其參
數值是字典，可以使用 "AeExposureMode" 鍵指定曝光模式的
AeExposureModeEnum 常數，其說明如下表所示：

常數	說明
Normal	正常曝光
Short	使用較短的曝光時間
Long	使用較長的曝光時間
Custom	使用自訂的曝光設定

9-5 在樹莓派建立串流視訊

樹莓派相機模組的串流視訊有多種解決方案，在這一節是使用 Python
的 Flask Web 框架（Flask Web Framework）來建立串流視訊。

認識串流視訊（Streaming Video）

串流視訊是從伺服端透過 Internet 網路傳送壓縮媒體資料至客戶端來即
時觀看影像，在 Web 客戶端的使用者不需要花費時間等待下載整個視訊檔
案，就能夠即時播放視訊內容。

基本上，在 Internet 網路傳送的媒體資料如同是一個連續串流（Stream），而且不需等待，資料到達就馬上進行播放。一般來說，使用者需要使用專屬播放器來解壓縮和進行播放，而這個播放器可能已經整合至瀏覽器，或是需要自行下載安裝。

Flask Web 框架（Flask Web Framework）

Flask 是 Miguel Grinberg 使用 Python 語言開發的輕量級 Web 框架，也被稱為是一種微框架（Microframework），因為其核心簡單，不需要特別工具或函式庫的支援，但也保留很大的擴充性。Flask 使用的資料庫引擎、樣版引擎、表單驗證或其他元件，都可以借由第三方廠商的函式庫來擴充。Flask 框架可以幫助我們快速建立 Web 網站、REST 服務，並且原生支援串流視訊。

在樹莓派建立串流視訊

現在，我們可以使用樹莓派的相機模組和 Flask Web 框架來建立串流視訊，其建立步驟如下所示：

Step
1　請參閱第 9-2 節的說明安裝和啟用樹莓派的相機模組。

Step
2　啟動終端機輸入指令建立 Python 虛擬環境 flask 後，就可以安裝 Python 的 Flask 框架，如下所示：

```
$ mkvirtualenv --system-site-packages flask  Enter
(flask) $ pip install flask  Enter
```

Step
3　請輸入 git clone 指令下載 GitHub 的 Flask 串流視訊專案（此專案是用舊版 picamera 模組，需改寫成 picamera2 模組），如下所示：

```
$ git clone https://github.com/miguelgrinberg/flask-video-streaming  Enter
```

Step 4　接著編輯 Python 程式 app.py，請啟動 VS Code 執行「File/Open File...」命令，切換至「/home/pi/flask-video-streaming」目錄，選 **app.py**，按**開啟**鈕開啟 Python 程式。

Step 5　請在第 7~10 列的開頭加上「#」註解符號，並取消第 13 列開頭的「#」註解符號，如下圖所示：

```
2   from importlib import import_module
3   import os
4   from flask import Flask, render_template, Response
5
6   # import camera driver
7   #if os.environ.get('CAMERA'):
8   #    Camera = import_module('camera_' + os.environ['CAMERA']).Camer
9   #else:
10  #    from camera import Camera
11
12  # Raspberry Pi camera module (requires picamera package)
13  from camera_pi import Camera
14
15  app = Flask(__name__)
16
```

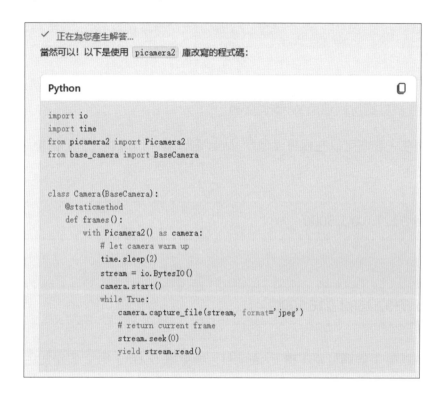

Step
6
直接詢問 Copilot 來改寫 camera_pi.py，請在對話欄位先貼上原程式碼，在按 `Shift` + `Enter` 鍵換行後，加上提示文字「請改用 picamera2 改寫上述程式碼」，就可以看到 Copilot 幫助我們改寫成 picamera2 版本的 Python 程式碼，如下圖所示：

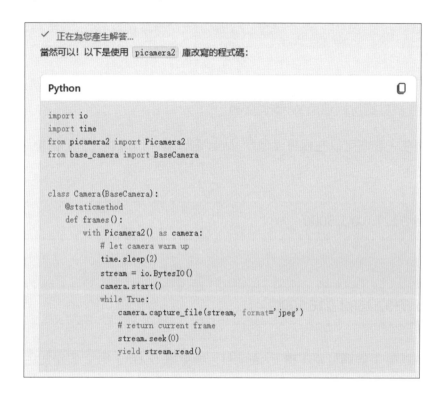

Step
7
請點選程式框右上角圖示複製程式碼後，將其取代原 camera_pi.py 程式，就可以儲存已修改的這 2 個 Python 程式。

Step
8
在 VS Code 切換成 flask 虛擬環境的 Python 直譯器後，就可以選 app.py 程式的標籤頁，按 `F5` 鍵執行此程式，可以在下方 TERMINAL 終端機標籤頁看到 Python 程式的執行結果，如下圖所示：

當成功看到上述訊息，表示 Web 伺服器已經成功啟動，正在執行中；按 Ctrl + C 鍵可以結束 Wob 伺服器。

現在，我們可以在樹莓派啟動 Web 瀏覽器，然後輸入下列網址，如下所示：

```
http://127.0.0.1:5000
```

或

```
http://192.168.1.116:5000
```

上述第 1 個網址是本機 localhost，埠號是 5000；第 2 個是使用 IP 位址。當成功載入網頁可以看到相機模組的串流視訊，如下圖所示：

Video Streaming Demonstration

　　不只如此，你也可以使用連線相同 WiFi 基地台的 iOS 或 Android 智慧型手機開啟瀏覽器，一樣可以進入網站看到串流視訊。

補充說明

　　我們可以更改視訊的解析度，請在 VS Code 開啟 camera_pi.py 程式，然後在第 13 列加上下列程式碼後，重新啟動 Flask 伺服器，就可以更改解析度成 320×240，如下所示：

```
camera.configure(
  camera.create_still_configuration(main={"size": (320, 240)}))
```

```
12                    stream = io.BytesIO()
13              camera.configure(
14                  camera.create_still_configuration(main={"size": (320, 240)})
15              camera.start()
16              while True:
```

9-6   使用外接 USB 網路攝影機

　　樹莓派除了可以透過官方配件的相機模組來提供視訊功能外，也支援使用網路攝影機（Webcams），我們可以利用樹莓派的 USB 插槽來連接並安裝網路攝影機。

9-6-1   購買與安裝網路攝影機

　　讀者如果沒有購買支援樹莓派的相機模組，也可以直接購買 USB 網路攝影機，然後使用樹莓派的 USB 插槽來連接。

購買網路攝影機

網路攝影機（Webcams）是英文 Web Camera 的縮寫，這是一台連接電腦 USB 插槽的數位相機，如下圖所示：

Tips **請注意！**樹莓派的 Raspberry Pi OS 是 Linux 作業系統，因此購買的網路攝影機必須要支援 Linux 作業系統，在樹莓派才有驅動程式來使用網路攝影機。樹莓派相容的網路攝影機清單網址，如下所示：

http://elinux.org/RPi_USB_Webcams

安裝網路攝影機

在購買支援樹莓派的網路攝影機後，將 USB 插頭插入樹莓派的 USB 插槽即可安裝網路攝影機，如下圖所示：

　　然後啟動終端機，使用 lsusb 指令顯示目前系統上連接的 USB 裝置清單，如下所示：

```
$ lsusb  Enter
```

　　上述清單的第 2 個就是 Webcam 網路攝影機，表示樹莓派已經成功驅動這台網路攝影機。一般來說，當樹莓派偵測到網路攝影機，預設指定虛擬目錄 video? 來對應這台網路攝影機，我們可以使用下列指令來查詢 USB Webcam 是對應哪一個 video? 虛擬目錄，如下所示：

```
$ v4l2-ctl --list-devices Enter
```

```
                        pi@raspberrypi: ~              ∨ ∧ ✕
檔案(F) 編輯(E) 分頁(T) 說明(H)

USB2.0 Camera: USB2.0 Camera (usb-xhci-hcd.1-1):
        /dev/video8
        /dev/video9
        /dev/media4

pi@raspberrypi:~ $ █
```

在上述查詢結果的最後可以看到「/dev/video8」虛擬目錄是第 1 個
USB Webcam，第 2 個是 video9。由於樹莓派 5 同時連接 Pi 相機模組和
Webcam 網路攝影機，所以是 video8~9；樹莓派 4 則是 video1~2。

 Tips 請注意！當樹莓派 4/5 只有連接 Webcam 網路攝影機，而沒有連接 Pi 相
機模組時，在啟動樹莓派 4/5 後，USB Webcam 的第 1 個是 video0，第
2 個是 video1。

9-6-2 使用網路攝影機

在樹莓派安裝好網路攝影機後，我們需要安裝 fswebcam 應用程式來
使用網路攝影機。

安裝 fswebcam

請啟動終端機，輸入下列指令來安裝 fswebcam，如下所示：

```
$ sudo apt update Enter
$ sudo apt install -y fswebcam Enter
```

fswebcam 的基本使用

在安裝好 fswebcam 後，就可以使用 fswebcam 工具程式來照相，我們需要用參數 -d 指定使用「/dev/video8」虛擬目錄的網路攝影機來照相（因為預設是「/dev/video0」虛擬目錄），如下所示：

```
$ fswebcam -d /dev/video8 webcam.jpg  Enter
```

```
                          pi@raspberrypi: ~            ⌄ ^ ✕
檔案(F)  編輯(E)  分頁(T)  說明(H)

pi@raspberrypi:~ $ fswebcam -d /dev/video8 webcam.jpg
--- Opening /dev/video8...
Trying source module v4l2...
/dev/video8 opened.
No input was specified, using the first.
Adjusting resolution from 384x288 to 352x288.
--- Capturing frame...
Captured frame in 0.00 seconds.
--- Processing captured image...
Writing JPEG image to 'webcam.jpg'.
pi@raspberrypi:~ $ █
```

上述執行結果的訊息顯示已經成功寫入 webcam.jpg 圖檔，我們可以開啟圖檔顯示照相結果。

補充說明

fswebcam 預設解析度是 352×288，照相效果並不是很好，請使用 -r 參數指定照片解析度為 640×480，即可大幅改善照相效果，如下所示：

```
$ fswebcam -d /dev/video8 -r 640x480 webcam2.jpg  Enter
```

9-6-3 使用網路攝影機連續拍照

樹莓派沒有預設 Python 模組支援網路攝影機的拍照（在第 10 章會說明如何使用 OpenCV 來使用 Webcam 網路攝影機），不過，我們仍然可以建立 Python 程式在程式碼執行 fswebcam 工具程式來進行拍照。

使用 Python 程式拍照：ch9-6-3.py

在 Python 程式只需匯入 os 模組，就可以執行 fswebcam 工具程式來進行拍照（請修改成你的 video? 虛擬目錄），如下所示：

```
01: import os
02:
03: action = "fswebcam -d /dev/video8 -r 640x480 image.jpg"
04: os.system(action)
```

上述程式碼在第 1 行匯入 os 模組後，第 3 列建立執行 fswebcam 工具程式的指令字串，然後在第 4 列呼叫 system() 方法在作業系統執行此指令字串，也就是執行 fswebcam 工具程式進行拍照。

使用 Python 程式連續拍照（一）：ch9-6-3a.py

我們只需使用 for 迴圈重複執行 ch9-6-3.py 的 os.system() 方法，就可以進行連續拍照，如下所示：

```
01: import os, time
02:
03: for i in range(1, 6):
04:     action = "fswebcam -d /dev/video8 -r 640x480 image" + str(i) +
               ".jpg"
05:     os.system(action)
06:     time.sleep(5)
```

上述程式碼在第 1 列匯入 os 和 time 模組後，第 3~6 列使用 for 迴圈執行 5 次，並在第 4 列的圖檔名稱加上變數 i 的計數值，最後在第 6 列暫停 5 秒鐘後，再執行下一次迴圈的拍照。

使用 Python 程式連續拍照（二）：ch9-6-3b.py

我們不只可以使用 for 迴圈的計數器變數，建立一序列不同圖檔名稱的連續照片，還可以在檔名加上日期/時間，如下所示：

```
01: import os, time
02:
03: for i in range(1, 6):
04:     dt = time.strftime("%Y_%m_%d-%H_%M_%S")
05:     action = "fswebcam -d /dev/video8 -r 640x480 image" + str(dt) +
06:             ".jpg"
07:     os.system(action)
08:     time.sleep(5)
```

上述程式碼在第 4 列建立日期/時間字串 dt 變數後，即可使用 dt 變數在第 5~6 列建立圖檔名稱，就可以建立一序列不同時間的連續照片。

網路攝影機除了拍照外，一樣可以使用 Flask + OpenCV 來建立串流視訊，相關說明請參閱第 15 章。

學習評量

1. 請簡單說明樹莓派的相機模組，以及如何安裝相機模組？

2. 在樹莓派的終端機可以使用 _____ 工具程式照相和 _____ 工具程式進行錄影。

3. Python 語言是使用 _____ 模組來操作樹莓派的相機模組。

4. 請問什麼是串流視訊？本章樹莓派相機模組的串流視訊是使用 Python 的 _____ 框架來建立串流視訊。

5. 樹莓派需要安裝 _____ 工具程式來使用網路攝影機。

chapter

10

AI 實驗範例（一）：
OpenCV + YOLO

▷　10-1　在樹莓派安裝 OpenCV

▷　10-2　OpenCV 的基本使用

▷　10-3　AI 實驗範例：OpenCV 人臉偵測

▷　10-4　AI 實驗範例：OpenCV + YOLO 物體偵測

▷　10-5　AI 實驗範例：Ultralytics 的 YOLO11

10-1 在樹莓派安裝 OpenCV

　　OpenCV（Open Source Computer Vision Library）是跨平台 BSD 授權的一套著名**電腦視覺函式庫**（Computer Vision Library），是由英特爾公司發起並參與開發。OpenCV 可以用來開發圖片處理、影片處理、電腦視覺的人臉偵測和物體偵測等人工智慧的相關應用。

　　我們準備在樹莓派 Raspberry Pi OS 新增名為 opencv 的 Python 虛擬環境，並在此 Python 虛擬環境安裝 OpenCV，其步驟如下所示：

步驟一：建立 Python 虛擬環境 opencv

　　我們準備新增名為 opencv 的 Python 虛擬環境，如下所示：

```
$ mkvirtualenv --system-site-packages opencv  Enter
```

　　成功建立 Python 虛擬環境後，會預設啟動 opencv 的 Python 虛擬環境。

步驟二：在 Python 虛擬環境安裝 OpenCV

　　如果尚未啟動，請先用 workon 指令啟動虛擬環境 opencv 後，就可以使用 pip 指令安裝 OpenCV，其指令如下所示：

```
$ workon opencv  Enter
(opencv) $ pip install opencv-python  Enter
```

```
                                    pi@raspberrypi: ~              ∨  ∧  ✕
 檔案(F)  編輯(E)  分頁(T)  說明(H)
(opencv) pi@raspberrypi:~ $ pip install opencv-python
Looking in indexes: https://pypi.org/simple, https://www.piwheels.org/simple
Collecting opencv-python
  Downloading opencv_python-4.10.0.84-cp37-abi3-manylinux_2_17_aarch64.manyli
nux2014_aarch64.whl (41.7 MB)
```

補充說明

除了使用 pip install opencv-python 指令，也可用 pip install opencv-contrib-python 安裝 OpenCV。opencv-python 只安裝主要模組，適用一般影像處理和電腦視覺應用；opencv-contrib-python 除了主要模組外，還會安裝 contrib 模組的額外功能與演算法，適用 OpenCV 進階應用。

步驟三：檢查 OpenCV 是否成功安裝

請啟動 VS Code 執行「File/New File…」命令，新增名為 ch10-1.py 的 Python 程式後，輸入下列 Python 程式碼來檢查 OpenCV 版本，如下所示：

```
import cv2
print(cv2.__version__)
```

 Tips **請注意！** 在 version 前後都有 2 個「_」底線。

然後，點選右下角選取 Python 虛擬環境 opencv 後，執行此程式，可以看到版本是 4.10.0，如下圖所示：

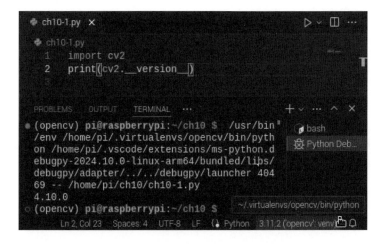

10-2　OpenCV 的基本使用

　　成功在樹莓派安裝 OpenCV 後，我們就可以使用 OpenCV 來進行圖片處理、影片處理和 Webcam 網路攝影機操作（一樣可以用在樹莓派的 Pi 相機模組）。

10-2-1　OpenCV 圖片處理

　　在 Python 程式使用 OpenCV 需要匯入 cv2 模組，如下所示：

```
import cv2
```

讀取圖檔與顯示圖片：ch10-2-1.py

　　Python 程式是呼叫 OpenCV 的 imread() 方法讀取圖檔和 imshow() 方法來顯示圖片，如下所示：

```
img = cv2.imread("images/koala.jpg")
cv2.imshow("Koala", img)
```

　　上述程式碼使用 imread() 方法讀取圖檔，參數 koala.jpg 是圖檔路徑字串，然後呼叫 imshow() 方法顯示圖片，第 1 個參數是視窗上方的標題文字，第 2 個是圖片內容。在顯示圖檔後，下方是呼叫 waitKey(0) 方法來顯示視窗，**直到使用者按下任何鍵盤按鍵**，如下所示：

```
cv2.waitKey(0)
cv2.destroyAllWindows()
```

上述程式碼等到使用者按下任何按鍵後，呼叫 destroyAllWindows() 方法關閉顯示圖片的視窗，其執行結果如下圖所示：

在 imread() 方法可以使用第 2 個參數來指定 3 種讀取格式，如下所示：

- **cv2.IMREAD_COLOR**：以彩色模式讀取圖片，此為預設值。

- **cv2.IMREAD_GRAYSCALE**：以灰階模式讀取圖片。

- **cv2.IMREAD_UNCHANGED**：完整讀取圖片，包括所有通道資訊（含透明度），不做任何改變。

例如：讀取圖檔成灰階圖片，如下所示：

```
gray_img = cv2.imread("images/koala.jpg", cv2.IMREAD_GRAYSCALE)
cv2.imshow("Koala:gray", gray_img)
```

取得圖片資訊：ch10-2-1a.py

成功使用 imread() 方法讀取圖檔後，我們就可以使用 shape 屬性取得圖片尺寸和色彩數，例如：依序讀取圖檔成彩色和灰階圖片後，顯示其圖片資訊，如下所示：

```python
img = cv2.imread("images/koala.jpg")
img2 = cv2.imread("images/koala.jpg", cv2.IMREAD_GRAYSCALE)
print(img.shape)
print(img2.shape)
h, w, c = img.shape
print("圖片高:", h)
print("圖片寬:", w)
```

上述程式碼使用 shape 屬性取得圖片資訊，其執行結果如下圖所示：

上述執行結果可以看到圖片尺寸的高和寬，彩色圖片的色彩數是 3（即 3 通道），灰階圖片沒有色彩數。

調整圖片尺寸：ch10-2-1b.py

在 OpenCV 提供 resize() 方法來調整圖片尺寸，但此方法在調整時會改變圖片的長寬比例，所以我們改用 imutils 模組的方法來調整圖片尺寸。在 Python 虛擬環境 opencv 需要先安裝 imutils 套件，如下所示：

```
$ workon opencv  Enter
(opencv) $ pip install imutils  Enter
```

在 Python 程式首先需要匯入 imutils，如下所示：

```
import imutils
```

然後呼叫 imutils.resize() 方法來調整圖片尺寸，如下所示：

```
resized_img = imutils.resize(img, width=300)
```

上述方法的第 1 個參數是讀取圖片 img，然後指定 width 或 height 參數值來調整尺寸（只需指定其中之一即可），imutils.resize() 方法能夠自動依據寬或高來維持圖片的長寬比例。

剪裁圖片：ch10-2-1c.py

在 OpenCV 使用 imread() 方法讀取的圖片是一個 Numpy 陣列，而剪裁圖片就是在切割 Numpy 陣列，如下所示：

```
x = 10; y = 10
w = 150; h= 200
crop_img = img[y:y+h, x:x+w]
```

上述程式碼使用切割運算子來剪裁圖片，首先指定左上角座標 x 和 y，然後是寬 w 和高 h，就能以切割 Numpy 陣列來剪裁圖片，其執行結果如下圖所示：

旋轉、翻轉和位移圖片：ch10-2-1d.py

OpenCV 只有翻轉圖片的程式碼比較簡單，而旋轉和位移圖片都相對複雜，需用到矩陣運算。故改以 imutils 模組提供的相關方法來旋轉和位移圖片，首先是使用 imutils 模組來旋轉圖片，如下所示：

```
rotated_img = imutils.rotate(img, angle=90)
```

上述 imutils.rotate() 方法可以旋轉圖片，第 1 個參數是圖片，angle 參數是旋轉角度，如下圖所示：

然後使用 OpenCV 的 flip() 方法來翻轉圖片，如下所示：

```
fliped_img = cv2.flip(img, -1)
```

上述方法的第 2 個參數值 0 是沿 x 軸垂直翻轉圖片；大於 0 是沿 y 軸水平翻轉圖片；小於 0 是水平和垂直翻轉圖片，如下圖所示：

最後使用 imutils 模組來位移圖片，如下所示：

```
translated_img = imutils.translate(img, 25, -75)
```

上述 imutils.translate() 方法的第 2 個參數值如果是正值，就是向右位移，負值是向左位移；第 3 個參數值如為正值是向下位移，負值是向上位移。以此例是向右位移 25 點，向上位移 75 點，如下圖所示：

轉換成灰階或 RGB/BGR 圖片：ch10-2-1e.py

OpenCV 在讀取圖檔後，就可以呼叫 cvtColor() 方法轉換彩色圖片成灰階圖片，此時的第 2 個參數是 cv2.COLOR_BGR2GRAY，如下所示：

```
gray_img = cv2.cvtColor(img, cv2.COLOR_BGR2GRAY)
```

基本上，OpenCV 的 imread() 方法讀取的是 BGR 格式（即藍綠紅順序），如果需要 RGB 格式（即紅綠藍），請在第 2 個參數使用 cv2.COLOR_BGR2RGB 將 BGR 轉換成 RGB（cv2.COLOR_RGB2BGR 是將 RGB 轉換成 BGR），如下所示：

```
rgb_img = cv2.cvtColor(img, cv2.COLOR_BGR2RGB)
```

 Tips 請注意！OpenCV 預設圖片色彩順序和其他軟體的 RGB 格式不同，其順序是 BGR，但因 imread() 和 imshow() 方法都是用 BGR，所以不需要進行色彩轉換。

從 URL 取得圖片：ch10-2-1f.py

在 imutils 模組提供 url_to_image() 方法，可以讓我們從網路上讀取圖檔，如下所示：

```
url = "https://fchart.github.io/img/koala.png"
img = imutils.url_to_image(url)
```

上述 url 變數是圖片的 URL 網址，然後呼叫 imutils.url_to_image() 方法讀取此 URL 網址的圖片。

註記圖片：ch10-2-1g.py

　　註記圖片就是在圖片上繪圖，我們可以使用 OpenCV 的繪圖方法，在圖片上畫線、畫長方形、畫圓形、畫橢圓形和加上文字內容，各種繪圖方法的基本語法，如下所示：

```
cv2.line(影像, 開始座標, 結束座標, 顏色, 線寬)
cv2.rectangle(影像, 開始座標, 結束座標, 顏色, 線寬)
cv2.circle(影像, 圓心座標, 半徑, 顏色, 線條寬度)
cv2.ellipse(影像, 中心座標, 軸長, 旋轉角度, 起始角度, 結束角度, 顏色, 線寬)
cv2.putText(影像, 文字, 座標, 字型, 大小, 顏色, 線寬, 線條種類)
```

　　Python 程式在讀取圖片後，就可以在圖片上呼叫上述方法來繪出註記圖形，如下所示：

```
cv2.line(img, (0,0), (200,200), (0,0,255), 5)
cv2.rectangle(img, (20,70), (120,160), (0,255,0), 2)
cv2.rectangle(img, (40,80), (100,140), (255,0,0), -1)
cv2.circle(img,(90,210), 30, (0,255,255), 3)
cv2.circle(img,(140,170), 15, (255,0,0), -1)
cv2.putText(img, 'OpenCV', (10, 40),
            cv2.FONT_HERSHEY_SIMPLEX,
            1, (0,255,255), 5, cv2.LINE_AA)
```

　　上述程式碼依序畫出直線、2 個長方形（第 2 個線寬是負值，即填滿），2 個圓形和寫上 OpenCV 文字，其執行結果如右圖所示：

寫入圖檔：ch10-2-1h.py

OpenCV 是呼叫 imwrite() 方法將圖片內容寫入圖檔，如下所示：

```
img = cv2.imread("images/koala.jpg")
gray_img = cv2.cvtColor(img, cv2.COLOR_BGR2GRAY)
cv2.imwrite("result_gray.jpg", gray_img)
cv2.imwrite("result.png", img)
```

上述程式碼依序讀取彩色和灰階圖片 img 和 gray_img 後，呼叫 2 次 imwrite() 方法寫入圖檔，其中第 1 個參數是圖檔名稱，OpenCV 會自動依據副檔名來儲存成指定格式的圖檔。

10-2-2　OpenCV 影片處理

影片事實上就是一種動態影像，是由一連串連續的靜態影像圖片所組成，每一個靜態影像稱為「**影格**」(Frame，或稱幀)，每秒播放的靜態影像圖片數稱為「**影格率**」(Frame per Second，或稱幀率)。

OpenCV 支援讀取和播放影片檔案，我們可以取得影片資訊，也能播放灰階黑白內容的影片。

播放影片檔：ch10-2-2.py

Python 程式是建立 OpenCV 的 VideoCapture 物件來播放影片檔，如下所示：

```
cap = cv2.VideoCapture('YouTube.mp4')
```

上述程式碼的參數是影片檔路徑。如果是本機連接的 Webcam 網路攝影機，參數是數字編號；網路監控攝影機 IP Camera 則是 URL 網址字串。然後使用 while 迴圈來播放影片的每一個影格，如下所示：

```
while(cap.isOpened()):
    ret, frame = cap.read()
    if ret:
        cv2.imshow('frame',frame)
    if cv2.waitKey(1) & 0xFF == ord('q'):
        break
```

上述 while 迴圈呼叫 isOpened() 方法判斷是否已經開啟影片檔——如果是，就呼叫 VideoCapture 物件的 read() 方法**讀取每一個影格（幀）**，其回傳值 ret 可以判斷是否讀取成功，而 frame 是讀取到的影格。第 1 個 if 條件判斷是否成功讀取到影格，如果是，就呼叫 imshow() 方法顯示影格；第 2 個 if 條件判斷使用者是否**按下 q 鍵來結束播放**，即跳出 while 迴圈。

最後在下方釋放 VideoCapture 物件並關閉視窗，如下所示：

```
cap.release()
cv2.destroyAllWindows()
```

Python 程式的執行結果可以看到播放的影片內容，如下圖所示：

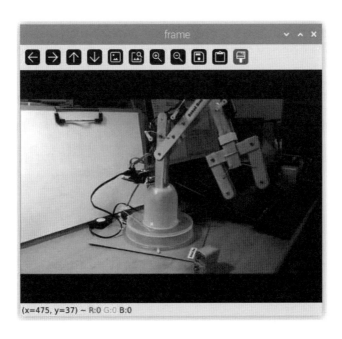

取得影片資訊：ch10-2-2a.py

在 Python 程式建立 VideoCapture 物件後，就可以取得影片尺寸和編碼的影片資訊，如下所示：

```
cap = cv2.VideoCapture('YouTube.mp4')

def decode_fourcc(v):
    v = int(v)
    return "".join([chr((v >> 8 * i) & 0xFF) for i in range(4)])
```

上述程式碼建立 VideoCapture 物件 cap 後，建立 decode_fourcc() 函式將編碼轉換成編碼名稱，並在下方取得影片尺寸：

```
width = cap.get(cv2.CAP_PROP_FRAME_WIDTH)
height = cap.get(cv2.CAP_PROP_FRAME_HEIGHT)
print("圖片尺寸:", width, "x", height)
```

上述程式碼使用 get() 方法取得影片資訊，參數依序是影格的寬和高。詳細的列舉常數，請參閱下列 URL 網址，如下所示：

https://docs.opencv.org/4.10.0/d4/d15/group__videoio__flags__base.html

在 VideoCapture 物件 cap 可以使用 get() 方法取得影片資訊 (set() 方法更改影片資訊)，以此例是取得 cv2.CAP_PROP_FOURCC 的影片編碼，如下所示：

```
6fourcc = cap.get(cv2.CAP_PROP_FOURCC)
codec = decode_fourcc(fourcc)
print("Codec編碼:", codec)
```

上述程式碼取得編碼後，呼叫 decode_fourcc() 函式轉換成可閱讀的編碼字串，其執行結果如下圖所示：

```
; /usr/bin/env /home/pi/.virtualenvs/opencv/bin/p
ython /home/pi/.vscode/extensions/ms-python.debugp
y-2024.10.0-linux-arm64/bundled/libs/debugpy/adapt
er/../../debugpy/launcher 38939 -- /home/pi/ch10/c
h10-2-2a.py
圖片尺寸：480.0 x 360.0
Codec編碼：h264
(opencv) pi@raspberrypi:~/ch10 $
```

播放灰階的黑白影片：ch10-2-2b.py

我們只需使用 ch10-2-1e.py 的方法來處理圖片的色彩，就可以播放出灰階的黑白影片，如下所示：

```
if ret:
    gray_frame = cv2.cvtColor(frame, cv2.COLOR_BGR2GRAY)
    cv2.imshow('frame',gray_frame)
```

上述程式碼呼叫 cvtColor() 方法轉換彩色影格成灰階的黑白影格。

10-2-3　OpenCV 網路攝影機操作

OpenCV 的 VideoCapture 物件除了播放影片外，也可以播放 Webcam 網路攝影機或 Pi 相機模組的影像。

取得網路攝影機的影像：ch10-2-3.py

在 OpenCV 的 VideoCapture 物件除了開啟影片檔案，也可以開啟 Webcam 攝影機，其參數 0 或 -1 是指第 1 台攝影機，而參數 1 是指第 2 台，以此類推。

同時安裝 Webcam 和 Pi 相機模組的情況下，樹莓派 5 在第 9-6-1 節已經查出是 video8，所以參數值是 8（樹莓派 4 則是 1）；若只有安裝 Webcam，參數值則為 0。程式碼的其他部分和播放影片檔並沒有什麼不同，如下所示：

```
cap = cv2.VideoCapture(8)

while(cap.isOpened()):
    ret, frame = cap.read()
    cv2.imshow('frame',frame)
    if cv2.waitKey(1) & 0xFF == ord('q'):
        break

cap.release()
cv2.destroyAllWindows()
```

上述程式碼中缺少 if 條件來判斷 ret 是否成功讀取影格。這是因為在播放影片檔時，當影片播放到最後一個影格後，cap.read() 會返回 ret = False，表示已經沒有更多的影格可以讀取；而對於攝影機的情況，除非設備出現問題，否則它會不斷地提供影格，因此通常不會遇到 ret = False 的情況。

取得 Pi 相機模組的影像：ch10-2-3_picam.py

由於本書使用的 Raspberry Pi OS 版本，經測試 OpenCV 的 VideoCapture 物件無法取得樹莓派 Pi 相機模組的影像，所以，Python 程式改用 Picamera2 模組來取得 Pi 相機模組的影像，如下所示：

```
import cv2
from picamera2 import Picamera2

picam2 = Picamera2()
picam2.start()
while True:
    image = picam2.capture_array()
    image = cv2.cvtColor(image, cv2.COLOR_RGB2BGR)
```

上述程式碼呼叫 capture_array() 方法取得影格的影像後，再呼叫 cvtColor() 方法將相機模組的 RGB 轉換成 OpenCV 的 BGR 色彩（即交換 R 和 B），就能在下方呼叫 imshow() 方法來顯示影格：

```
cv2.imshow("Frame", image)
if(cv2.waitKey(1) == ord("q")):
    cv2.imwrite("test_frame.png", image)
    break

cv2.destroyAllWindows()
```

更改影像的解析度：ch10-2-3a.py

在 Python 程式建立 VideoCapture 物件後，可以呼叫 set() 方法來更改影片的寬、高和影格率（如果 Webcam 硬體不支援更改後的解析度，執行 set() 方法並不會有作用），如下所示：

```
cap = cv2.VideoCapture(8)
cap.set(cv2.CAP_PROP_FRAME_WIDTH, 320)
cap.set(cv2.CAP_PROP_FRAME_HEIGHT, 180)
cap.set(cv2.CAP_PROP_FPS, 25)

while(cap.isOpened()):
  ret, frame = cap.read()
  cv2.imshow('frame',frame)
  if cv2.waitKey(1) & 0xFF == ord('q'):
      break

cap.release()
cv2.destroyAllWindows()
```

上述程式碼的執行結果可以看到開啟的視窗尺寸小了很多。

將影像寫入影片檔案：ch10-2-3b.py

OpenCV 可以建立 VideoWrite 物件來寫入影片檔案，如下所示：

```
cap = cv2.VideoCapture(8)

fourcc = cv2.VideoWriter_fourcc(*'XVID')
out = cv2.VideoWriter('output.avi', fourcc, 20, (640,480))
```

上述程式碼首先建立影片編碼 fourcc。可用的編碼字串說明，如下表所示：

編碼名稱	編碼字串	影片檔副檔名
YUV	*'I420'	.avi
MPEG-I	*'PIMT'	.avi
MPEG-4	*'XVID'	.avi
MP4	*'MP4V'	.mp4
Ogg Vorbis	*'THEO'	.ogv

然後建立 VideoWriter 物件來寫入影片檔，第 1 個參數是檔名，第 2 個參數是編碼，第 3 個參數是影格率，最後是影格尺寸的元組。呼叫 write() 方法來將影格一一寫入影片檔，如下所示：

```
while(cap.isOpened()):
  ret, frame = cap.read()
  if ret == True:
    out.write(frame)
    cv2.imshow('frame',frame)
    if cv2.waitKey(1) & 0xFF == ord('q'):
      break
  else:
    break

cap.release()
out.release()
cv2.destroyAllWindows()
```

上述程式碼的執行結果可以建立名為 output.avi 的影片檔，直到使用者按下 q 鍵為止。

10-3 AI 實驗範例：OpenCV 人臉偵測

電腦視覺（Computer Vision）目的在於研究如何讓電腦能夠看見並了解圖片或影像中影格的內容，其應用領域包含：

- 自駕車（Autonomous Vehicles）。

- 人臉偵測（Face Detection）或人臉辨識（Facial Recognition）。

- 物體偵測（Object Detection）或圖片搜尋與物體辨識（Image Search and Object Recognition）。

- 機器人（Robotics）。

10-3-1 OpenCV 哈爾特徵層級式分類器

人臉偵測屬於電腦視覺的應用領域，這是一種電腦技術，可以在任意一張圖片或影格的數位內容中，偵測出單張或多張人臉，並且標示出臉部的位置與尺寸。其重點是人臉偵測就只會找出人臉，並且自動忽略掉其他不是人臉的東西，例如：身體、樹木和建築物等。人臉偵測就是一種特殊版本的物體偵測（Object Detection），一種偵測人臉的電腦視覺。

OpenCV 已經內建哈爾層級式分類器（Haar Cascade Classifiers）的物體偵測技術，可以幫助我們進行圖片和影格數位內容的物體偵測。不只如此，因為 OpenCV 已經內建多種現成的**預訓練分類器**（Pre-trained Classifiers），所以我們可以馬上建立 Python 程式，使用 OpenCV 預訓練分類器來偵測出人臉、眼睛、微笑和身體等物體。

哈爾層級式分類器是一種機器學習的物體偵測技術，其作法是使用邊界、直線和中心圍繞等十多種哈爾特徵（Harr Features）的數位遮罩，然後在目標圖片或影格的數位內容上滑動窗格區域，計算出數位圖片或影格中特定區域的**特徵值**，即可透過這些特徵值來偵測出是否內含特定種類的物體。

一般來說，偵測特定物體的特徵非常的多，假設偵測出一張人臉需要 6000 個特徵，我們不可能在每一個窗格都套用 6000 個特徵，因為這種作法太沒有效率。因此，OpenCV 是使用**層級式分類器**（Cascade Classifiers），將特徵分成多個群組的弱分類器，每一個群組是一個階層，如同樓梯，通過第 1 階分類器才能進入第 2 階分類器，直到爬至最後一階分類器後，才能夠偵測出這是一張人臉。

層級式分類器就是使用很多層功能不強的弱分類器，採用「三個臭皮匠勝過一個諸葛亮」的策略，針對每一層分類器的錯誤再加強學習來建立出下一層分類器，經過層層助推（Boosting）後，錯誤就會愈來愈少，直到訓練出可以正確偵測出人臉的分類器。

10-3-2　圖片內容的人臉偵測

現在，我們就可以建立 Python 程式，使用 OpenCV 哈爾特徵層級式分類器來進行圖片內容的人臉偵測。

Python 程式使用的 haarcascade_frontalface_default.xml 檔案可在以下網址下載，並請和 Python 程式放在相同的目錄。

https://github.com/opencv/opencv/tree/master/data/haarcascades

Python 程式：ch10-3-2.py

Python 程式在使用 OpenCV 讀取圖檔後，再用 OpenCV 哈爾特徵層級式分類器來進行人臉偵測，其執行結果可以看到綠色方框所框出的多張人臉，如下圖所示：

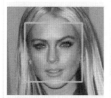  

在 Python 程式碼首先匯入 OpenCV，然後建立 CascadeClassifier 物件載入預先訓練的人臉偵測分類器 haarcascade_frontalface_default.xml，如下所示：

```
import cv2

faceCascade = cv2.CascadeClassifier(
                "haarcascade_frontalface_default.xml")

image = cv2.imread("images/faces.jpg")
gray = cv2.cvtColor(image, cv2.COLOR_BGR2GRAY)
```

上述 imread() 方法讀取 faces.jpg 圖片並呼叫 cvtColor() 方法轉換成灰階圖片 gray 後，即可在下方呼叫 detectMultiScale() 方法來偵測人臉：

```
faces = faceCascade.detectMultiScale(
    gray,
    scaleFactor=1.1,
    minNeighbors=5,
    minSize=(30, 30)
)

print("人臉數:", len(faces))
```

上述方法的回傳值是偵測出物體的方框座標，一個方框是一張人臉。其中第 1 個參數是灰階圖片 gray，其他參數的說明，如下所示：

- **scaleFactor 參數**：指定圖片每次縮小尺寸時的縮小比例。較大的參數值可以加快偵測速度，但可能因此遺漏一些較小或難以辨識的物體。

- **minNegihbors 參數**：定義每個候選框在被確認為該物體之前，至少需要有多少鄰近的框也被偵測到。較大的值會提高偵測結果的準確性，因為只有更確定的人臉才會被標記，但偵測出的數量會較少。

- **minSize 參數**：最小可能的物體尺寸，小於此尺寸的物體會被忽略。

- **maxSize 參數**：最大可能的物體尺寸，大於此尺寸的物體會被忽略。

然後使用 len() 函式顯示偵測出的人臉數。最後在下方使用 for 迴圈繪製偵測出人臉的長方形外框，再呼叫 imshow() 方法顯示偵測結果的圖片，如下所示：

```
for (x, y, w, h) in faces:
    cv2.rectangle(image, (x, y), (x+w, y+h), (0, 255, 0), 2)

cv2.imshow("preview", image)
cv2.waitKey(0)

cv2.destroyAllWindows()
```

10-3-3　即時影像的人臉偵測

成功建立圖片內容人臉偵測的 Python 程式後，我們就可以修改程式，結合 Webcam 或 Pi 相機模組，建立即時影像的人臉偵測。

Python 程式：ch10-3-3.py

Python 程式是整合第 10-2-3 節的 Webcam 網路攝影機，和第 10-3-2 節的 OpenCV 哈爾特徵層級式分類器來進行即時影像的人臉偵測，其執行結果可以看到在攝影機的即時影像中，標示出多張人臉的綠色框。

Python 程式首先匯入 OpenCV，接著載入預先訓練的人臉偵測分類器 haarcascade_frontalface_default.xml，即可建立 VideoCapture 物件開啟 Webcam 攝影機，並指定參數值為 8（請依實際情況修改），如下所示：

```
import cv2

faceCascade = cv2.CascadeClassifier("haarcascade_frontalface_default.xml")

cap = cv2.VideoCapture(8)
cap.set(cv2.CAP_PROP_FRAME_WIDTH, 640)
cap.set(cv2.CAP_PROP_FRAME_HEIGHT, 480)
```

上述程式碼調整影格尺寸成 640×480 後，在下方 while 無窮迴圈呼叫 read() 方法一一讀取攝影機的影格（幀），然後轉換成灰階圖片，如下所示：

```
while True:
    ret, frame = cap.read()
    gray = cv2.cvtColor(frame, cv2.COLOR_BGR2GRAY)
    faces = faceCascade.detectMultiScale(
        gray,
        scaleFactor=1.1,
        minNeighbors=5,
        minSize=(30, 30)
    )

    print("人臉數:", len(faces))
```

上述程式碼呼叫 detectMultiScale() 方法偵測人臉，並使用 len() 函式顯示偵測出的人臉數。最後在下方的 for 迴圈繪出每張人臉的長方形外框，並顯示人臉偵測結果的影格，如下所示：

```
    for (x, y, w, h) in faces:
        cv2.rectangle(frame, (x, y), (x+w, y+h), (0, 255, 0), 2)

    cv2.imshow("preview", frame)
    if cv2.waitKey(1) & 0xFF == ord("q"):
        break

cap.release()
cv2.destroyAllWindows()
```

Python 程式 ch10-3-3_picam.py 是請 Copilot 改寫的 Picamera2 版本（筆者只有自行修改色彩轉換部分的程式碼），可以讓我們使用 Pi 相機模組來進行即時影像的人臉偵測。

10-4 AI 實驗範例：OpenCV + YOLO 物體偵測

YOLO 原名 You only look once，代表只需看一次，就可以快速且準確地偵測出圖片或影格數位內容中的多種物體。

10-4-1 YOLO 物體偵測的深度學習演算法

YOLO 是一種快速且準確的物體偵測（Object Detection）演算法，這也是一種深度學習演算法（Deep Learning Algorithms）。

　　YOLO 演算法是使用深度學習的**卷積神經網路**（Convolutional Neural Networks，CNN），如其英文名稱所述，YOLO 只需單次神經網路的前向傳播（Forward Propagation），就可以準確地偵測出多個物體。其官方網址如下所示：

```
https://pjreddie.com/darknet/yolo/
```

什麼是深度學習

　　深度學習是一種機器學習，這是使用模仿人類大腦神經元（Neuron）傳輸所建立的一種神經網路架構（Neural Network Architectures），這也是深度學習演算法的核心，如下圖所示：

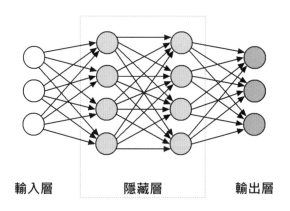

輸入層　　　　　　隱藏層　　　　　　輸出層

　　上述圖例是多層神經網路，每一個圓形的頂點是一個神經元，整個神經網路包含「輸入層」（Input Layer）、中間的「隱藏層」（Hidden Layers）和最後的「輸出層」（Output Layer）。

　　深度學習使用的神經網路稱為「深度神經網路」（Deep Neural Networks，DNNs），其中間的隱藏層有很多層，意味著整個神經網路十分的深（Deep），可能高達 150 層隱藏層。

深度學習的深度神經網路是一種神經網路，早在 1950 年就已經出現，只是受限早期電腦的硬體效能和技術不純熟，傳統多層神經網路並沒有成功。為了擺脫之前失敗的經驗，所以重新包裝成一個新名稱——「深度學習」。

再談物體偵測

在第 10-4 節的 OpenCV 人臉偵測就是一種物體偵測（Object Detection），物體偵測是在圖片或影格的數位內容中，偵測出物體的電腦視覺應用，例如：在圖片中偵測出人、車輛、椅子、石頭、建築物和各種動物等物體。事實上，所謂的物體偵測就是在回答下列 2 個基本問題，如下所示：

● 這是什麼東西？

● 東西在哪裡？

YOLO 演算法是一種深度學習的物體偵測技術，其效能超過 Fast R-CNN、Retina-Net 和 SSD（Single-Shot MultiBox Detector）等其他著名的物體偵測技術。

10-4-2　下載 YOLO 相關檔案

YOLO 是一種深度學習演算法，首先我們需要選擇一種深度學習框架來執行 YOLO 演算法。目前來說，執行 YOLO 演算法的常用框架，如下所示：

● **Darknet**：YOLO 原開發者的深度學習框架，執行效能高，支援 CPU 和 GPU，但目前只有支援 Linux 作業系統。

- **Darkflow**：TensorFlow 版的 Darknet，TensorFlow 是 Google 公司的機器學習/深度學習框架，其執行效能高，支援 CPU 和 GPU，同時跨平台支援 Linux、Windows（新版已經不支援 GPU）和 Mac 作業系統。

- **OpenCV**：OpenCV 支援執行 YOLO 演算法的深度學習框架，我們只需安裝 OpenCV 就可以執行 YOLO 演算法，不過，目前只支援 CPU，並不支援 GPU 運算。

在本節是使用 OpenCV 執行 YOLO 演算法，而在第 10-5 節則使用 Ultralytics 公司所開發的優化版 YOLO。在 Python 程式使用 OpenCV 執行 YOLO 演算法需要先下載 3 個檔案，其說明如下所示：

- **權重檔**（Weight File）：預訓練模型的權重檔 yolov3.weights，檔案大小 237MB，其下載網址如下所示：

```
https://pjreddie.com/media/files/yolov3.weights
```

- **設定檔**（Cfg File）：YOLO 演算法本身的設定檔，請進入下列 GitHub 網址後，儲存網頁內容成 yolov3.cfg，如下所示：

```
https://raw.githubusercontent.com/pjreddie/darknet/master/cfg/
yolov3.cfg
```

- **分類名稱檔**（Name File）：演算法可偵測的物體名稱清單，請進入下列 GitHub 網址後，儲存網頁內容成 coco.names，如下所示：

```
https://raw.githubusercontent.com/pjreddie/darknet/master/
data/coco.names
```

OpenCV + YOLO 物體偵測的官方教學文件，其 URL 網址如下所示：

> https://opencv-tutorial.readthedocs.io/en/latest/yolo/yolo.html

在本節的 Python 程式範例：ch10-4-3.py 是修改 OpenCV + YOLO 物體偵測的官方教學文件。在第 10-4-2 節下載的 3 個 YOLO 相關檔案是儲存在「ch10\yolo」目錄。

在書附範例檔只有缺少 YOLO 權重檔，請啟動終端機切換至「ch10」目錄後，執行 wget 指令來下載 YOLO 權重檔，如下所示：

```
(opencv) $ cd ch10 Enter
(opencv) $ wget -P yolo https://pjreddie.com/media/files/yolov3.weights
Enter
```

成功下載後，就可以在 yolo 子目錄看到下載的權重檔，如下圖所示：

Python 程式：ch10-4-3.py

Python 程式在使用 OpenCV 讀取圖檔後，使用 YOLO 進行物體偵測。其執行結果可以看到不同色彩方框所標示出偵測到的物體，而方框上方顯示的是分類名稱和信心指數值，如下圖所示：

在 Python 程式碼首先匯入 OpenCV 和 Numpy，接著載入分類名稱檔 coco.names，指定亂數種子，以及使用 randint() 亂數方法產生不同分類色彩值的 Numpy 陣列，如下所示：

```
import cv2
import numpy as np

classes = open('yolo/coco.names').read().strip().split('\n')
np.random.seed(42)
colors = np.random.randint(0, 255, size=(len(classes), 3), dtype='uint8')
```

接著在下方呼叫 readNetFromDarknet() 方法載入參數的設定檔（Cfg File）和權重檔（Weight File），並且指定優先選擇 OpenCV 後台，如下所示：

```
net = cv2.dnn.readNetFromDarknet('yolo/yolov3.cfg', 'yolo/yolov3.weights')
net.setPreferableBackend(cv2.dnn.DNN_BACKEND_OPENCV)

ln = net.getLayerNames()
ln = [ln[i - 1] for i in net.getUnconnectedOutLayers()]
```

上述程式碼用串列推導建立輸出層的串列 ln。然後在下方建立 post_process() 函式來處理物體偵測——先出圖片的高（H）和寬（W），並初始 boxes、confidences 和 classIDs 三個串列：

```
def post_process(img, outputs, conf):
    H, W = img.shape[:2]

    boxes = []
    confidences = []
    classIDs = []

    for output in outputs:
        scores = output[5:]
        classID = np.argmax(scores)
        confidence = scores[classID]
```

使用上述 for 迴圈一一取出偵測到的物體，再依序取出其 scores 分數、classID 分類編號和 confidence 信心指數值。而下方 if 條件判斷值 confidence 是否大於參數 conf，假如傳入的 conf 參數值是 0.5，也就是當 confidence 大於 0.5 時，就表示偵測到該物體：

```
if confidence > conf:
    x, y, w, h = output[:4] * np.array([W, H, W, H])
    p0 = int(x - w//2), int(y - h//2)
    p1 = int(x + w//2), int(y + h//2)
    boxes.append([*p0, int(w), int(h)])
    confidences.append(float(confidence))
    classIDs.append(classID)
```

上述程式碼首先取出物體範圍左上角座標，以及寬與高，即可呼叫 append() 方法建立偵測出物體的 boxes 方框座標（只有使用 p0，沒有使用右下角的 p1）、confidences 信心指數值，和 classIDs 分類編號的串列。

接著在下方呼叫 NMSBoxes() 方法消除多個重疊或相同偵測結果的雜訊，其中 NMS 是 Non Maximum Suppression。然後使用 if 條件判斷是否有偵測出物體，如果有，就使用 for 迴圈標示偵測出的物體，如下所示：

```
indices = cv2.dnn.NMSBoxes(boxes, confidences, conf, conf-0.1)
if len(indices) > 0:
    for i in indices.flatten():
        (x, y) = (boxes[i][0], boxes[i][1])
        (w, h) = (boxes[i][2], boxes[i][3])
        color = [int(c) for c in colors[classIDs[i]]]
        cv2.rectangle(img, (x, y), (x + w, y + h), color, 2)
        text = "{}: {:.4f}".format(classes[classIDs[i]],
                                          confidences[i])
        cv2.putText(img, text, (x, y - 5),
                cv2.FONT_HERSHEY_SIMPLEX, 0.5, color, 1)
```

上述程式碼取出左上角座標 (x, y)、寬與高 (w, h)，並取得 color 色彩後，就使用此色彩呼叫 rectangle() 方法來繪出物體範圍的方框。putText() 方法顯示分類名稱和信心指數值，其位置是在方框的上方。

在下方讀取 horse.jpg 圖檔後，先呼叫 copy() 方法複製圖片，再呼叫 blobFromImage() 方法使用圖片來建立 Blob 物件，YOLO 是使用 Blob 物件來從圖片中抽出特徵和調整尺寸，如下所示：

```
img0 = cv2.imread('images/horse.jpg')
img = img0.copy()
blob = cv2.dnn.blobFromImage(img, 1/255.0, (416, 416),
                             swapRB=True, crop=False)
```

上述 blobFromImage() 方法的第 1 個參數是圖片；第 2 個參數是標準化的比例值，1/255.0 可以將像素值調整成 0~1 之間；第 3 個參數是尺寸，YOLO 支援 3 種大小的圖片尺寸，其說明如下所示：

- **(320, 320)**：小尺寸，速度快，但準確度低。

- **(609, 609)**：大尺寸，速度慢，但準確度高。

- **(416, 416)**：中等尺寸，可以在速度和準確度之間取得平衡。

在方法的參數 swapBR 指定是否轉換 BGR 色彩成 RGB 色彩，參數 crop 指定是否剪裁圖片。然後在下方呼叫 setInput() 方法指定輸入的 Blob 物件後，執行 forward() 方法的前向傳播，其回傳值即為偵測出物體的 outputs 陣列，如下所示：

```
net.setInput(blob)
outputs = net.forward(ln)
outputs = np.vstack(outputs)
post_process(img, outputs, 0.5)
cv2.imshow('window', img)

cv2.waitKey(0)
cv2.destroyAllWindows()
```

上述 vstack() 方法將回傳陣列 outputs 從垂直方向疊起來，以方便呼叫 post_process() 函式來處理偵測出的物體，最後呼叫 imshow() 方法顯示偵測結果的 img 圖片。

Python 程式：ch10-3-3a.py 是整合 Webcam + OpenCV + YOLO 建立即時影像的物體偵測。Python 程式：ch10-3-3a_picam.py 是 Pi 相機模組的版本，這也是請 Copilot 所改寫的版本。

補充說明

picamera2 模組取得的影像有可能是 4 通道（RGBA），所以下方 if/else 條件判斷就是在處理是否為 4 通道的情況——如果是，就呼叫 OpenCV 的 cvtColor() 方法將其轉換為 3 通道（BGR）：

```
if frame.shape[2] == 4:
    frame = cv2.cvtColor(frame, cv2.COLOR_RGBA2BGR)
else:
    frame = cv2.cvtColor(frame, cv2.COLOR_RGB2BGR)
```

10-5 AI 實驗範例：Ultralytics 的 YOLO11

　　YOLO11 是 Ultralytics 公司開發的 YOLO 模型，這是使用優化 YOLO 模型結構，提供更靈活的架構來幫助開發者開發更快速、更準確且易於使用的 AI 視覺解決方案，包含：物體偵測、影像分割和姿態評估等，而且目前仍然在持續優化和改版中。

　　在 Ultralytics 官方網站可以查詢可用的 YOLO11 預訓練模型，其 URL 網址如下所示：

https://docs.ultralytics.com/models/yolo11/#key-features

Model	Filenames	Task	Inference	Validation	Training	Export
YOLO11	yolo11n.pt yolo11s.pt yolo11m.pt yolo11l.pt yolo11x.pt	Detection	☑	☑	☑	☑
YOLO11-seg	yolo11n-seg.pt yolo11s-seg.pt yolo11m-seg.pt yolo11l-seg.pt yolo11x-seg.pt	Instance Segmentation	☑	☑	☑	☑
YOLO11-pose	yolo11n-pose.pt yolo11s-pose.pt yolo11m-pose.pt yolo11l-pose.pt yolo11x-pose.pt	Pose/Keypoints	☑	☑	☑	☑
YOLO11-obb	yolo11n-obb.pt yolo11s-obb.pt yolo11m-obb.pt yolo11l-obb.pt yolo11x-obb.pt	Oriented Detection	☑	☑	☑	☑
YOLO11-cls	yolo11n-cls.pt yolo11s-cls.pt yolo11m-cls.pt yolo11l-cls.pt yolo11x-cls.pt	Classification	☑	☑	☑	☑

上述 YOLO 預訓練模型的副檔名 .pt 是 PyTorch 格式，在 yolo11 後的 n（Nano）、s（Small）、m（Medium）、l（Large）和 x（Extra Large）分別代表不同尺寸和複雜度的模型，位在「-」後的 seg、pose 是 Task 欄支援的 AI 應用。開發者可以依據不同應用和運算能力的裝置，以及專案所需的執行速度和準確度來選擇使用的 YOLO 預訓練模型。

目前的 YOLO 版本更新十分快速，Ultralytics 公司是在 2024 年 9 月 27 日釋出 YOLO11，這是繼 YOLOv8 版之後，Ultralytics 官方釋出的 YOLO 最新版本。

安裝 Ultralytics 的 YOLO11

我們準備新增名為 yolo 的 Python 虛擬環境，並在此虛擬環境安裝 YOLO11 的 ultralytics 套件（套件版本需大於 8.3.0 版才支援 YOLO11），如下所示：

```
$ mkvirtualenv --system-site-packages yolo  Enter
(yolo) $ pip install ultralytics  Enter
```

將 PyTorch 格式的模型轉換成 NCNN 格式：ch10-5.py

在本節是使用 Nano 尺寸的 YOLO 預訓練模型：yolo11n.pt（物體偵測）、yolo11n-seg.pt（影像分割）和 yolo11n-pose.pt（姿態評估）來執行物體偵測、影像分割和姿態評估。

由於在樹莓派使用 NCNN 模型可以提供更佳的推論執行效能，Python 程式：ch10-5.py 就是使用 export() 方法來轉換這 3 個模型檔成 NCNN 格式，如下所示：

```
from ultralytics import YOLO

model = YOLO('yolo11n.pt')
model.export(format="ncnn")

model = YOLO('yolo11n-seg.pt')
model.export(format="ncnn")

model = YOLO('yolo11n-pose.pt')
model.export(format="ncnn")
```

上述程式碼先匯入亞建立 YOLO 物件，再呼叫 export() 方法轉換模型
檔格式。在 VS Code 請使用 Python 虛擬環境 yolo 來執行此程式，其執
行結果自動依序下載 3 個 YOLO 模型檔，然後匯出建立成 NCNN 格式的
模型檔子目錄：yolo11n_ncnn_model、yolo11n-pose_ncnn_model 和
yolo11n-seg_ncnn_model，如下圖所示：

yolo11n_nc-   yolo11n-   yolo11n-
nn_model   pose_ncnn_   seg_ncnn_
         model   model

YOLO11 物體偵測：ch10-5a.py

Python 程式在使用 OpenCV 讀取圖檔後，接著使用 YOLO11 進行物
體偵測，其執行結果可以看到不同色彩方框標示出偵測到的物體，其上方
顯示的是分類名稱和信心指數值，如下圖所示：

Python 程式碼首先匯入 YOLO 和 cv2，然後建立 YOLO 物件，其參數是 NCNN 模型名稱 'yolov8n_ncnn_model'，如下所示：

```
from ultralytics import YOLO
import cv2

model = YOLO('yolo11n_ncnn_model')

img = cv2.imread('images/horse.jpg')
results = model(img)
result = results[0].plot()
cv2.imshow('yolo', result)

cv2.waitKey(0)
cv2.destroyAllWindows()
```

上述 imread() 方法讀取圖檔後，使用 model(img) 進行物體偵測，接著呼叫 results[0].plot() 方法取得已繪出偵測結果的 result 影像，最後呼叫 imshow() 方法顯示偵測結果的圖片。

YOLO11 影像分割：ch10-5b.py

影像分割模型（Segmentation Model）是計算機視覺領域的一種技術，可以描繪出影像偵測結果的物體外框區域，分割顯示出多個不同物體的區域，其目的是為了簡化影像的表達形式，讓影像更容易理解與分析，其執行結果如下圖所示：

在 Python 程式碼是載入 NCNN 格式的影像分割模型來進行影像分割，如下所示：

```
model = YOLO('yolo11n-seg_ncnn_model')
```

YOLO11 姿態評估：ch10-5c.py

YOLO11 姿態評估可以標示人體骨架的 17 個關鍵點（Key Points），如下所示：

- 左手臂和左腿部、右手臂和右腿部各 4 個共 8 個關鍵點。

- 身體軀幹左右各 2 個共 4 個關鍵點。

- 頭臉部共 5 個關鍵點。

Python 程式的執行結果可以標示人體姿態的 17 個關鍵點（其執行結果比第 11 章 MediaPipe 的準確度差了一些，而且不支援 3D 的 Z 座標），如下圖所示：

在 Python 程式碼是載入 NCNN 格式的姿態評估與追蹤模型，如下所示：

```
model = YOLO('yolo11n-pose_ncnn_model')
```

學習評量

1. 請問什麼是 OpenCV？請參考第 10-1 節的說明和步驟安裝 OpenCV。

3. 請問何謂電腦視覺（Computer Vision）？其應用領域有哪些？

4. 請問什麼是 OpenCV 哈爾特徵層級式分類器？

5. 請簡單說明什麼是 YOLO？物體偵測是在回答哪 2 個基本問題？

6. 請問什麼是 Ultralytics 公司開發的 YOLO？其提供的功能為何？

chapter

11

AI 實驗範例（二）：MediaPipe + CVZone 3D

▷ 11-1 Google MediaPipe 機器學習框架

▷ 11-2 CVZone 電腦視覺套件

▷ 11-3 手勢與人體姿態的 3D 角度與距離

▷ 11-4 AI 實驗範例：辨識剪刀、石頭和布的手勢

11-1　Google MediaPipe 機器學習框架

　　Google MediaPipe 是一種跨平台的機器學習解決方案，可以讓 AI 研究者和開發者建立世界等級，針對手機、PC、雲端、Web 和 IoT 裝置的機器學習應用程式和解決方案。

11-1-1　認識與安裝 MediaPipe

　　在認識 MediaPipe 之前，我們需要先了解什麼是「**機器學習管線**」（Machine Learning Pipeline，ML Pipeline），這是一個編輯和自動化產生機器學習模型（ML Model）的工作流程，此工作流程是由多個循序步驟（子工作）所組成，從資料擷取、資料預處理、模型訓練到模型部署，建構出一個完整建立機器學習模型的工作流程。

　　對比應用程式開發的軟體開發生命周期（System Development Life Cycle，SDLC）是從規劃、建立、測試到最終完成部署的工作流程，機器學習管線就是開發機器學習模型的生命周期，可以提供自動化程序、版本控制、自動測試、效能監控與更快的迭代循環（Iterative Cycle）。

MediaPipe 是什麼

　　MediaPipe 是 Google 公司於 2019 年釋出的開放原始碼專案，此專案主要針對即時串流媒體和電腦視覺（Computer Vision），提供開放原始碼和跨平台的機器學習解決方案，使用的就是機器學習管線（ML Pipeline）。

　　基本上，Google MediaPipe 是一種圖表基礎系統（Diagram Based System），可以用來建構多模態影片、聲音和感測器等應用的機器學習管線。我們可以使用圖形方式來組織模組元件，例如：TensorFlow 或 TensorFlow Lite 推論模型和多媒體處理函式等，來建構出一個擁有感知功能的機器學習管線，能夠即時從媒體中偵測出人臉、手勢和姿勢等，其官方網址：https://ai.google.dev/edge/mediapipe/solutions/。

MediaPipe 跨平台支援 Android、iOS、Web 和邊緣運算裝置，並支援 C++、JavaScript 和 Python 等程式語言。只要跟著平台釋出的應用範例進行操作，就能馬上執行相關的人工智慧應用，包含：人臉偵測（Face Detection）、多手勢追蹤（Multi-hand Tracking）、人體姿態估計（Human Pose Estimation）、物體偵測和追蹤（Object Detection and Tracking）和精細化影像分割（Hair Segmentation）等。

在樹莓派安裝 MediaPipe

我們準備在樹莓派新增名為 mp 的 Python 虛擬環境，在此虛擬環境安裝 MediaPipe，並且在 pip install 指令的最後使用「==」指定安裝版本 0.10.14 版，如下所示：

```
$ mkvirtualenv --system-site-packages mp  Enter
(mp) $ pip install mediapipe==0.10.14  Enter
```

上述指令在安裝 mediapipe 的同時也會一併安裝 opencv-contrib-python 和相關套件。

> **Tips** 請注意！MediaPipe 新舊版本的 Python 程式碼並不相容，請安裝本章使用的 MediaPipe 版本，以避免 Python 程式無法執行。

11-1-2 MediaPipe 人臉偵測

MediaPipe 人臉偵測（Face Detection）是基於 BlazeFace 模型的一種超快速人臉偵測技術。BlazeFace 模型是由 Google 所開發，使用 Single Shot Detector 架構和客製化編碼器建立的輕量級人臉偵測模型，可以在圖片中偵測出多張人臉並標示臉部的 6 個關鍵點（Key Points）。

MediaPipe 人臉偵測可以回傳辨識出的人臉範圍方框座標，以及左眼、右眼、鼻尖、嘴巴、左耳和右耳的 6 個關鍵點座標。

MediaPipe 人臉偵測：ch11-1-2.py

Python 程式在讀取圖檔後，使用 MediaPipe 進行人臉偵測，其執行結果可以看到框出的人臉和紅色的 6 個關鍵點，如下圖所示：

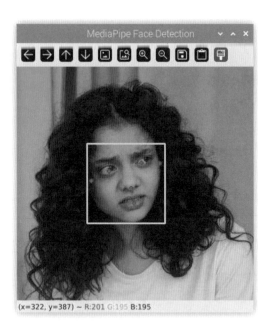

Python 程式首先匯入 OpenCV 和 MediaPipe 套件（並指定別名為 mp），即可將 face_detection 和 drawing_utils 模組分別命名為 mp_face_detection 和 mp_drawing，如下所示：

```
import cv2
import mediapipe as mp

mp_face_detection = mp.solutions.face_detection
mp_drawing = mp.solutions.drawing_utils
face_detection = mp_face_detection.FaceDetection(
                 min_detection_confidence=0.5)
```

上述程式碼建立 FaceDetection 物件，之中的 min_detection_confidence 參數是最低信心指數，其值介於 0~1，以此例是當值超過 0.5 時，就表示偵測到人臉。下方程式碼使用 OpenCV 讀取圖檔後，呼叫 process() 方法辨識人臉，參數是圖檔影像img：

```python
img = cv2.imread("images/face.jpg")
results = face_detection.process(img)
if results.detections:
    for detection in results.detections:
        mp_drawing.draw_detection(img, detection)

cv2.imshow("MediaPipe Face Detection", img)
cv2.waitKey(0)
cv2.destroyAllWindows()
```

上述 if 條件判斷是否有偵測到人臉，如果有，就使用 for 迴圈並以 draw_detection() 方法來繪製人臉的方框和 6 個關鍵點，最後呼叫 imshow() 方法顯示偵測結果的圖片。

11-1-3　MediaPipe 臉部網格

MediaPipe 臉部網格（MediaPipe Face Mesh）同樣是以 BlazeFace 模型為基礎，可以預測出 468 個關鍵點，並使用網格來繪出 3D 臉部模型。

MediaPipe 臉部網格：ch11-1-3.py

Python 程式在讀取圖檔後，使用 MediaPipe 臉部網格進行人臉偵測並繪製 3D 臉部模型，其執行結果可以標示出 3D 臉部網格，如下圖所示：

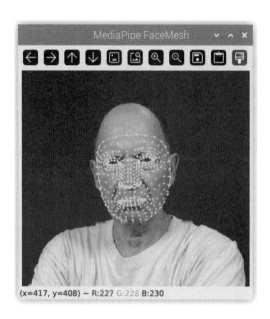

(x=417, y=408) ~ R:227 G:228 B:230

Python 程式在匯入 OpenCV 和 MediaPipe 套件（並指定別名為 mp）後，將 face_mash 和 drawing_utils 模組分別命名為 mp_face_mash 和 mp_drawing，即可建立 DrawingSpec 物件的連接線規格，如下所示：

```
import cv2
import mediapipe as mp

mp_drawing = mp.solutions.drawing_utils
mp_face_mesh = mp.solutions.face_mesh
drawing_spec = mp_drawing.DrawingSpec(thickness=1, circle_radius=1)
face_mesh = mp_face_mesh.FaceMesh(min_detection_confidence=0.5,
                                  min_tracking_confidence=0.5)
```

上述程式碼建立 FaceMesh 物件，之中的 min_detection_confidence 參數是最低信心指數，其值介於 0~1，以此例是當值超過 0.5 時，就表示偵測到人臉；而 min_tracking_confidence 參數是最低追蹤出臉部 3D 關鍵點的信心指數，當值超過 0.5 時，表示可以繪出臉部的 3D 網格。

在下方使用 OpenCV 讀取圖檔後，呼叫 process() 方法偵測人臉和繪出 3D 網格，參數是圖檔影像 img：

```
img = cv2.imread("images/face2.jpg")
results = face_mesh.process(img)
if results.multi_face_landmarks:
    for face_landmarks in results.multi_face_landmarks:
        mp_drawing.draw_landmarks(image=img,
            landmark_list=face_landmarks,
            connections=
                mp_face_mesh.FACEMESH_CONTOURS,
            landmark_drawing_spec=drawing_spec,
            connection_drawing_spec=drawing_spec)

cv2.imshow("MediaPipe FaceMesh", img)
cv2.waitKey(0)
cv2.destroyAllWindows()
```

上述 if 條件判斷是否有偵測到人臉，如果有，就使用 for 迴圈並呼叫 draw_landmarks() 方法繪出臉部的 468 個關鍵點，以及使用網格繪製 3D 臉部模型，最後顯示偵測結果的圖片。

11-1-4 MediaPipe 多手勢追蹤

MediaPipe 手勢（MediaPipe Hands）是使用手掌偵測模型（Palm Detection Model）進行多手勢追蹤，在偵測出手掌或拳頭後，使用手部地標模型（Hand Landmark Model）偵測出手部 21 個關鍵點的 3D 座標，如下圖所示：

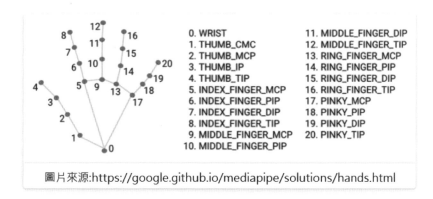

圖片來源:https://google.github.io/mediapipe/solutions/hands.html

MediaPipe 多手勢追蹤：ch11-1-4.py

Python 程式在讀取圖檔後，使用 MediaPipe 多手勢追蹤進行手勢偵測，其執行結果標示出 2 隻手部地標的 21 個關鍵點（紅色點），如下圖所示：

Python 程式在匯入 OpenCV 和 MediaPipe 套件（並指定別名為 mp）後，將 hands 和 drawing_utils 模組分別命名為 mp_hands 和 mp_drawing，如下所示：

```python
import cv2
import mediapipe as mp

mp_drawing = mp.solutions.drawing_utils
mp_hands = mp.solutions.hands
hands = mp_hands.Hands(min_detection_confidence=0.5,
                       min_tracking_confidence=0.5)
```

上述程式碼建立 Hands 物件，之中的 min_detection_confidence 參數是最低信心指數，其值介於 0~1，以此例是當超過 0.5 時，就表示偵測到手掌；而 min_tracking_confidence 參數是最低追蹤出手勢關鍵點的信心指數，其值超過 0.5 表示偵測出手勢。

在下方使用 OpenCV 讀取圖檔後，呼叫 process() 方法偵測手勢，參數是圖檔影像 img：

```
img = cv2.imread("images/hands.jpg")
results = hands.process(img)
if results.multi_hand_landmarks:
    for hand_landmarks in results.multi_hand_landmarks:
        mp_drawing.draw_landmarks(img, hand_landmarks,
                        mp_hands.HAND_CONNECTIONS)

cv2.imshow("MediaPipe Hands", img)
cv2.waitKey(0)
cv2.destroyAllWindows()
```

上述 if 條件判斷是否有偵測到手勢，如果有，就在 for 迴圈使用 draw_landmarks() 方法繪出偵測手勢的 21 個紅色關鍵點，並以連接線來連接關鍵點，最後顯示偵測結果的圖片。

11-1-5　MediaPipe 人體姿態估計

MediaPipe 姿勢（MediaPipe Pose）是使用 BlazePose 偵測模型來進行人體姿態估計（Human Pose Estimation），在偵測出人體後，使用人體地標模型（Pose Landmark Model，BlazePose GHUM 3D）偵測出人體 33 個關鍵點的 3D 座標，如下圖所示：

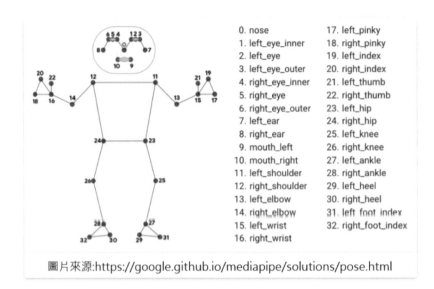

0. nose	17. left_pinky
1. left_eye_inner	18. right_pinky
2. left_eye	19. left_index
3. left_eye_outer	20. right_index
4. right_eye_inner	21. left_thumb
5. right_eye	22. right_thumb
6. right_eye_outer	23. left_hip
7. left_ear	24. right_hip
8. right_ear	25. left_knee
9. mouth_left	26. right_knee
10. mouth_right	27. left_ankle
11. left_shoulder	28. right_ankle
12. right_shoulder	29. left_heel
13. left_elbow	30. right_heel
14. right_elbow	31. left foot index
15. left_wrist	32. right_foot_index
16. right_wrist	

圖片來源:https://google.github.io/mediapipe/solutions/pose.html

MediaPipe 人體姿態估計：ch11-1-5.py

Python 程式在讀取圖檔後，使用 MediaPipe 人體姿態估計進行姿勢偵測，其執行結果標示出人體地標的 33 個關鍵點（紅色），如下圖所示：

　　Python 程式在匯入 OpenCV 和 MediaPipe 套件（並指定別名為 mp）後，將 pose 和 drawing_utils 模組分別命名為 mp_pose 和 mp_drawing，如下所示：

```
import cv2
import mediapipe as mp

mp_drawing = mp.solutions.drawing_utils
mp_pose = mp.solutions.pose
pose = mp_pose.Pose(min_detection_confidence=0.5,
                    min_tracking_confidence=0.5)
```

　　上述程式碼建立 Pose 物件，之中的 min_detection_confidence 參數是最低信心指數，其值介於 0~1，以此例是當超過 0.5 時，就表示偵測到人體；而 min_tracking_confidence 參數是最低追蹤出姿勢關鍵點的信心指數，其值超過 0.5 表示偵測出人體姿態。

　　在下方使用 OpenCV 讀取圖檔後，呼叫 process() 方法偵測人體姿態估計，參數是圖檔影像 img：

```
img = cv2.imread("images/pose.jpg")
results = pose.process(img)
mp_drawing.draw_landmarks(
        img,
        results.pose_landmarks,
        mp_pose.POSE_CONNECTIONS)

cv2.imshow("MediaPipe Pose", img)
cv2.waitKey(0)
cv2.destroyAllWindows()
```

　　上述程式碼使用 draw_landmarks() 方法繪出偵測人體姿勢的 33 個紅色關鍵點，並以連接線來連接關鍵點，最後顯示偵測結果的圖片。

11-2 CVZone 電腦視覺套件

CVZone 電腦視覺套件可以讓我們以更少的 Python 程式碼來執行圖片處理和 AI 電腦視覺。

11-2-1 認識與安裝 CVZone

CVZone 電腦視覺套件是基於 OpenCV 和 MediaPipe 的 Python 套件。比起 MediaPipe，我們可以使用更少的程式碼，並以更容易的方式來進行人臉偵測、3D 臉部網格、多手勢追蹤和人體姿態估計等 AI 電腦視覺應用，其官方網址：https://github.com/cvzone/cvzone。

接下來，我們準備在第 11-1-1 節建立的 Python 虛擬環境 mp 安裝 CVZone，請啟動 mp 虛擬環境，並使用 pip 安裝 CVZone 的 1.6.1 版（需配合 MediaPipe 的版本），如下所示：

```
$ workon mp  Enter
(mp) $ pip install cvzone==1.6.1  Enter
```

11-2-2 CVZone 人臉偵測

在 CVZone 是建立 FaceDetector 物件後，呼叫 findFaces() 方法來找出從圖片中偵測到的人臉。

CVZone 人臉偵測：ch11-2-2.py

Python 程式在讀取圖檔後，使用 CVZone 進行人臉偵測，其執行結果可以看到框出的人臉，和上方顯示的百分比指出是人臉的可能性，以及標示出的方框中心點，如下圖所示：

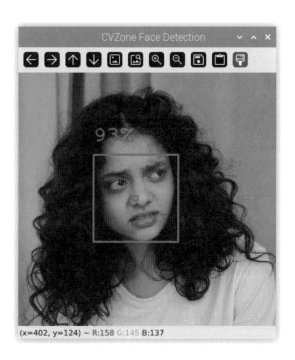

Python 程式碼首先從 CVZone 的 FaceDetectionModule 模組匯入 FaceDetector 類別，再匯入 OpenCV，即可建立 FaceDetector 物件 detector，如下所示：

```python
from cvzone.FaceDetectionModule import FaceDetector
import cv2

detector = FaceDetector()

img = cv2.imread("images/face.jpg")
img, bboxs = detector.findFaces(img)
```

上述程式碼使用 OpenCV 讀取圖檔後，呼叫 findFaces() 方法偵測人臉，其參數是圖檔影像 img，並回傳已框起臉部的圖片 img 和方框座標 bboxs。

在下方的 if 條件判斷 bboxs 是否有值，如果有，就表示偵測到人臉：

```
if bboxs:
    # bboxInfo - "id","bbox","score","center"
    center = bboxs[0]["center"]
    cv2.circle(img, center, 5, (255, 0, 255), cv2.FILLED)

cv2.imshow("CVZone Face Detection", img)
cv2.waitKey(0)
cv2.destroyAllWindows()
```

上述程式碼使用 bboxs[0]["center"] 取得中心點座標後，呼叫 circle() 方法顯示 (255, 0, 255) 色彩的中心點圓形。

11-2-3　CVZone 臉部網格

在 CVZone 是建立 FaceMeshDetector 物件後，呼叫 findFaceMesh() 方法來進行人臉偵測和繪出臉部網格。

CVZone 臉部網格：ch11-2-3.py

Python 程式在讀取圖檔後，使用 CVZone 進行人臉偵測並繪出臉部的 3D 網格，其執行結果如下圖所示：

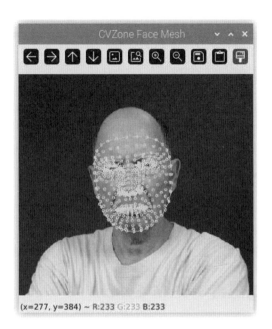

Python 程式碼首先從 CVZone 的 FaceMeshModule 模組匯入 FaceMeshDetector 類別，再匯入 OpenCV，即可建立 FaceMeshDetector 物件 detector，其 maxFaces 參數指定偵測出的最大人臉數，如下所示：

```python
from cvzone.FaceMeshModule import FaceMeshDetector
import cv2

detector = FaceMeshDetector(maxFaces=2)

img = cv2.imread("images/face2.jpg")
img, faces = detector.findFaceMesh(img)
```

上述程式碼使用 OpenCV 讀取圖檔後，呼叫 findFaceMesh() 方法偵測出人臉並繪製臉部 3D 網格，然後回傳已繪出臉部 3D 網格的圖片 img 和人臉數 faces。

在下方的 if 條件判斷是否有偵測到人臉，如果有，就顯示臉部 3D 網格 faces[0] 的關鍵點座標：

```
if faces:
    print(faces[0])

cv2.imshow("CVZone Face Mesh", img)
cv2.waitKey(0)
cv2.destroyAllWindows()
```

11-2-4 CVZone 多手勢追蹤

在 CVZone 是建立 HandDetector 物件來偵測手勢，可以計算伸出幾根手指，和測量 2 根手指之間的距離。

CVZone 多手勢追蹤：ch11-2-4.py

Python 程式在讀取圖檔後，使用 CVZone 進行多手勢追蹤，並標示偵測出的是右手或左手，其執行結果如下圖所示：

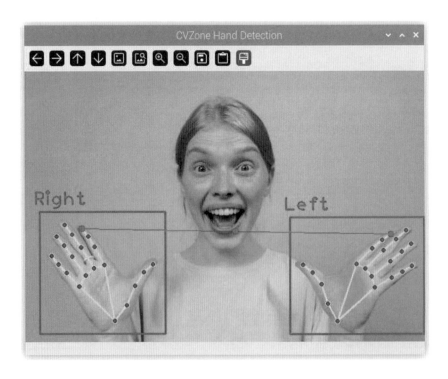

Python 程式碼首先從 CVZone 的 HandTrackingModule 模組匯入 HandDetector 類別，再匯入 OpenCV，即可建立 HandDetector 物件 detector，其第 1 個參數是信心指數，第 2 個參數指定最多偵測出幾個手勢，如下所示：

```
from cvzone.HandTrackingModule import HandDetector
import cv2

detector = HandDetector(detectionCon=0.5, maxHands=2)

img = cv2.imread("images/hands.jpg")
hands, img = detector.findHands(img)
```

上述程式碼使用 OpenCV 讀取圖檔後，呼叫 findHands() 方法偵測多手勢，並回傳手勢數 hands 和已繪出手勢的圖片 img。在下方的 if 條件判斷是否有偵測到手勢：

```
if hands:
    # Hand 1
    hand1 = hands[0]
    lmList1 = hand1["lmList"]
    bbox1 = hand1["bbox"]
    centerPoint1 = hand1['center']
    handType1 = hand1["type"]
    fingers1 = detector.fingersUp(hand1)
```

上述外層 if 條件若有偵測到手勢，就取出第 1 個手勢 hands[0] 的相關資訊，其說明如下所示：

- **hand1["lmList"]**：手勢的 21 個關鍵點清單。
- **hand1["bbox"]**：框起手勢的方框座標 (x, y, w, h)。
- **hand1['center']**：手勢方框的中心點座標 (cx, cy)。
- **hand1["type"]**：手勢是左手 Left 或右手 Right。
- **fingersUp() 方法**：計算第 1 個手勢伸出幾根手指。

在下方的內層 if 條件判斷是否有第 2 隻手，如果有，就取得第 2 個手勢的相關資訊：

```python
    if len(hands) == 2:
        # Hand 2
        hand2 = hands[1]
        lmList2 = hand2["lmList"]
        bbox2 = hand2["bbox"]
        centerPoint2 = hand2['center']
        handType2 = hand2["type"]
        fingers2 = detector.fingersUp(hand2)
        length, info, img = detector.findDistance(
                            lmList1[8][0:2], lmList2[8][0:2], img)

cv2.imshow("CVZone Hand Detection", img)
cv2.waitKey(0)
cv2.destroyAllWindows()
```

上述程式碼呼叫 findDistance() 方法計算出 2 個手勢的食指（關鍵點 8）之間的距離，最後顯示偵測結果的圖片。

偵測出手勢伸出幾根手指：ch11-2-4a.py

Python 程式在讀取圖檔後，使用 CVZone 進行多手勢追蹤，可以偵測出手勢共伸出幾根手指，以此例 Fingers: 4 就是伸出 4 根手指，其執行結果如右圖所示：

　　Python 程式碼在匯入 HandDetector 類別和 OpenCV 後，就可以建立 HandDetector 物件 detector，其第 1 個參數是信心指數，第 2 個參數指定最多偵測出幾個手勢，如下所示：

```python
from cvzone.HandTrackingModule import HandDetector
import cv2

detector = HandDetector(detectionCon=0.5, maxHands=1)

img = cv2.imread("images/hand.jpg")
hands, img = detector.findHands(img)
```

　　上述程式碼使用 OpenCV 讀取圖檔後，呼叫 findHands() 方法偵測多手勢，並回傳手勢數 hands 和已繪出手勢的圖片 img。在下方的 if 條件判斷是否有偵測到手勢：

```python
if hands:
    hand = hands[0]
    bbox = hand['bbox']
    fingers = detector.fingersUp(hand)
    totalFingers = fingers.count(1)
    cv2.putText(img, f'Fingers:{totalFingers}',
                (bbox[0]+100,bbox[1]-30),
                cv2.FONT_HERSHEY_PLAIN, 2, (0, 255, 0), 2)

cv2.imshow("CVZone Hand Detection", img)
cv2.waitKey(0)
cv2.destroyAllWindows()
```

　　上述 if 條件依序取出手勢 hand、方框座標，和呼叫 fingersUp() 方法，並回傳 5 根手指是否伸出的串列（值 1 是伸出，0 是未伸出），然後使用 count(1) 方法計算串列中值是 1 的總數後，使用 putText() 方法在方框上方顯示伸出的手指數，最後顯示偵測結果的圖片。

計算 2 根手指之間的距離：ch11-2-4b.py

Python 程式在讀取圖檔後，使用 CVZone 進行多手勢追蹤，可以計算指定 2 根手指之間的距離，以此例是左手的食指和中指之間的距離 24，和左右手食指之間的距離 490，其執行結果如下圖所示：

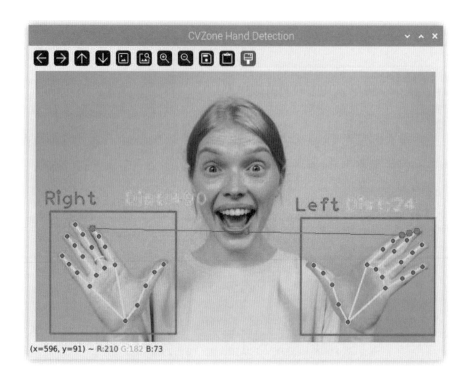

Python 程式碼在匯入 HandDetector 類別和 OpenCV 後，就可以建立 HandDetector 物件 detector，其第 1 個參數是信心指數，第 2 個參數指定最多偵測出幾個手勢，如下所示：

```python
from cvzone.HandTrackingModule import HandDetector
import cv2

detector = HandDetector(detectionCon=0.5, maxHands=2)

img = cv2.imread("images/hands.jpg")
hands, img = detector.findHands(img)
```

　　上述程式碼使用 OpenCV 讀取圖檔後，呼叫 findHands() 方法偵測多手勢，可以回傳手勢數 hands 和已繪出手勢的圖片 img。在下方的 if 條件判斷是否有偵測到手勢：

```
if hands:
    # Hand 1
    hand1 = hands[0]
    lmList1 = hand1["lmList"]
    bbox1 = hand1["bbox"]
    centerPoint1 = hand1['center']
    handType1 = hand1["type"]
    fingers1 = detector.fingersUp(hand1)
    length, info, img = detector.findDistance(lmList1[8][0:2],
                                              lmList1[12][0:2],
                                              img)
    cv2.putText(img, f'Dist:{int(length)}',(bbox1[0]+50,bbox1[1]-30),
                cv2.FONT_HERSHEY_PLAIN, 2, (0, 255, 0), 2)
```

　　上述程式碼取出第 1 個手勢 hands[0] 的相關資訊後，呼叫 fingersUp() 方法計算伸出幾根手指，然後再呼叫 findDistance() 方法計算食指和中指之間的距離（關鍵點 8 和 12）。不過，由於此方法只能計算二維座標，儘管 lmList1 是 3D 座標，我們也只能使用 [0:2] 取出其 (x, y) 座標來做計算，並在最後使用 putText() 方法顯示計算出的距離。

　　在下方的 if 條件判斷可以顯示第 2 個手勢的相關資訊、偵測伸出的手指數，以及計算 2 個手勢食指之間的距離：

```
    if len(hands) == 2:
        # Hand 2
        hand2 = hands[1]
        lmList2 = hand2["lmList"]
        bbox2 = hand2["bbox"]
        centerPoint2 = hand2['center']
        handType2 = hand2["type"]
        fingers2 = detector.fingersUp(hand2)
        length, info, img = detector.findDistance(lmList1[8][0:2],
                                                  lmList2[8][0:2],
                                                  img)
```

```
         cv2.putText(img, f'Dist:{int(length)}',(bbox2[0]+100,bbox2[1]-30),
                     cv2.FONT_HERSHEY_PLAIN, 2, (0, 255, 0), 2)

cv2.imshow("CVZone Hand Detection", img)
cv2.waitKey(0)
cv2.destroyAllWindows()
```

11-2-5　CVZone 人體姿態估計

在 CVZone 是建立 PoseDetector 物件來進行人體姿態估計，我們需要呼叫 findPose() 和 findPosition() 方法來偵測出人體和找出關鍵點。

CVZone 人體姿態估計：ch11-2-5.py

Python 程式在讀取圖檔後，使用 CVZone 進行人體姿態估計，其執行結果顯示關鍵點和人體方框（不包含手部），如下圖所示：

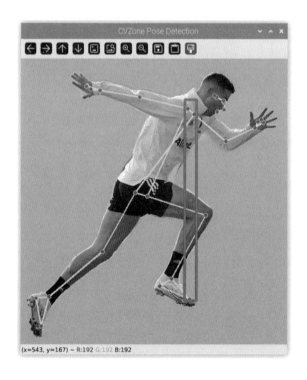

Python 程式碼首先從 CVZone 的 PoseModule 模組匯入 PoseDetector 類別，再匯入 OpenCV，就可以建立 PoseDetector 物件 detector，如下所示：

```
from cvzone.PoseModule import PoseDetector
import cv2

detector = PoseDetector()

img = cv2.imread("images/pose.jpg")
img = detector.findPose(img)
lmList, bboxInfo = detector.findPosition(img, bboxWithHands=False)
```

上述程式碼使用 OpenCV 讀取圖檔後，呼叫 findPose() 方法偵測人體，並回傳已繪出人體姿態的圖片 img；再呼叫 findPosition() 方法取得關鍵點和方框座標，其參數 bboxWithHands 指定 False 表示不包含手部。在下方的 if 條件判斷是否有偵測到人體：

```
if bboxInfo:
    center = bboxInfo["center"]
    cv2.circle(img, center, 5, (255, 0, 255), cv2.FILLED)

cv2.imshow("CVZone Pose Detection", img)
cv2.waitKey(0)
cv2.destroyAllWindows()
```

上述 if 條件判斷若有偵測到人體，就取出其中心點 bboxInfo["center"] 並繪製，最後顯示偵測結果的圖片。

計算出人體姿態的距離與角度：ch11-2-5a.py

CVZone 人體姿態估計支援 findDistance() 方法計算距離，以及 findAngle() 方法計算角度，其執行結果是使用藍色線標示 2 個關鍵點之間的距離，和顯示 3 個點之間的夾角 115 度，如下圖所示：

Python 程式碼在使用 if 條件判斷有偵測到人體姿態後，使用 findDistance() 方法計算關鍵點 11 和 15 的距離，其參數 color 是指定色彩，scale 是指定點的尺寸，即可回傳距離 length，如下所示：

```
...
if bboxInfo:
    length, img, info = detector.findDistance(lmlist[11][0:2],
                                              lmList[15][0:2],
                                              img=img,
                                              color=(255, 0, 0),
                                              scale=10)
    angle, img = detector.findAngle(lmList[11][0:2],
                                    lmList[13][0:2],
                                    lmList[15][0:2],
                                    img=img,
                                    color=(0, 0, 255),
                                    scale=10)
```

上述 findAngle() 方法是計算出關鍵點 11、13 和 15 的夾角，並回傳角度 angle。而下方 angleCheck() 方法是檢查參數的角度是否在指定的角度範圍內，以此例是 50 度 ± 10 度，即 40~60 度：

```
isCloseAngle50 = detector.angleCheck(myAngle=angle,
                                     targetAngle=50,
                                     offset=10)
print(length, isCloseAngle50)
...
```

上述 print() 函式顯示距離，以及是否在此角度範圍，其執行結果距離是 126.90547663517127，角度範圍是 False，表示不在此範圍。

11-3　手勢與人體姿態的 3D 角度與距離

MediaPipe 偵測出的手勢與人體姿態所回傳的關鍵點是 3D 座標，也就是說，我們取回的地標座標已經包含 Z 座標。因此，我們可以自行更改 CVZone 的 PoseModule.py 和 HandTrackingModule.py 模組，新增或修改現有方法來計算出關鍵點的 3D 角度與 3D 距離。

11-3-1　取得地標關鍵點的 3D 座標

基本上，目前版本的 MediaPipe 所偵測出的手勢和人體姿態，都可以取出其地標關鍵點的 3D 座標。我們準備使用取出的 3D 座標，在 Python 程式使用 Matplotlib 套件來繪出人體姿態的 3D 圖。

取得手勢地標關鍵點的 3D 座標：ch11-3-1.py

Python 程式在使用 CVZone 偵測出手勢後，就可以顯示手勢地標關鍵點的 3D 座標，其執行結果如下圖所示：

```
lmList = [[496, 385, 0], [481, 358, -8], [471, 328, -16], [457,
310, -24], [442, 298, -33], [526, 297, -5], [551, 273, -14], [56
7, 260, -23], [581, 251, -29], [540, 304, -9], [569, 276, -15],
[589, 259, -22], [605, 245, -28], [550, 316, -16], [580, 293, -2
2], [598, 278, -27], [613, 266, -30], [555, 333, -24], [582, 318
, -29], [599, 309, -30], [614, 300, -31]]
0 [496, 385, 0]
1 [481, 358, -8]
2 [471, 328, -16]
3 [457, 310, -24]
```

Python 程式碼在讀取圖檔並使用 CVZone 偵測出手勢後，就可以取出和顯示地標關鍵點座標的 lmList，如下所示：

```python
from cvzone.HandTrackingModule import HandDetector
import cv2

detector = HandDetector(detectionCon=0.5, maxHands=2)

img = cv2.imread("images/hands.jpg")
hands, img = detector.findHands(img)
if hands:
    # Hand 1
    hand1 = hands[0]
    lmList = hand1["lmList"]
    print("lmList =", lmList)
    for index, lm in enumerate(lmList):
        print(index, lm)
```

上述程式碼使用 for 迴圈配合 enumerate() 函式，一一顯示 21 個關鍵點的 3D 座標。

取得人體姿態地標關鍵點的 3D 座標：ch11-3-1a.py

　　Python 程式在使用 CVZone 偵測出人體姿態後，就可以顯示人體姿態地標關鍵點的 3D 座標，和繪製 3D 圖（可以藉由旋轉 3D 圖來檢視不同視角的人體姿態），其執行結果如下圖所示：

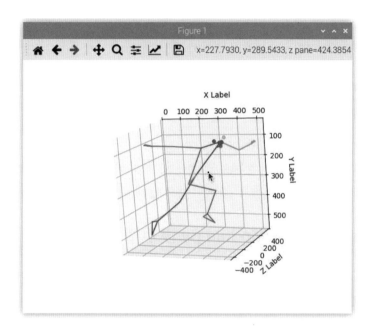

　　Python 程式碼首先從 Pose3D.py 模組檔匯入 plotPose3D() 函式，該函式是利用 Matplotlib 套件來繪製人體姿態的 3D 圖，而此圖的繪製是基於從 CVZone 取得的地標關鍵點座標 lmList 串列，如下所示：

```
from cvzone.PoseModule import PoseDetector
from Pose3D import plotPose3D
import cv2

detector = PoseDetector()

img = cv2.imread("images/pose.jpg")
img = detector.findPose(img)
lmList, bboxInfo = detector.findPosition(img, draw=False,
                              bboxWithHands=False)
```

```
if lmList:
    print("lmList =", lmList)
    for index, lm in enumerate(lmList):
        print(index, lm)
    plotPose3D(lmList)
```

上述程式碼使用 for 迴圈配合 enumerate() 函式，一一顯示 33 個關鍵點的 3D 座標後，再呼叫 plotPose3D() 函式繪出人體姿態的 3D 圖。

11-3-2　手勢的 3D 角度與距離

CVZone 的 HandTrackingModule.py 模組目前已支援 findDistance() 方法來計算手勢 2 個關鍵點之間的距離。接下來我們準備修改此模組，新增計算角度的 findAngle() 方法，以及計算手勢 3D 角度與距離的 2 個方法。

改寫 HandTrackingModule.py 模組檔

改寫 CVZone 的 HandTrackingModule.py 模組，對其新增和修改方法的說明，如下所示：

- 修改 findDistance() 方法的回傳值，使其與 PoseModule.py 同名的方法相同，其 3 個回傳值依序是 length, img, info（原來是 length, info, img）。

- 新增 3D 的 findDistance3D() 方法，來計算 2 個關鍵點之間的 3D 距離。

- 新增 2D 的 findAngle() 和 3D 的 findAngle3D() 方法，來計算 3 個關鍵點的 2D 和 3D 夾角角度。

- 新增 angleCheck() 方法檢查角度的範圍。

在本小節後續的 Python 程式中，需改為匯入相同目錄下 HandTrackingModule.py 的 HandDetector 類別，如下所示：

```
# from cvzone.HandTrackingModule import HandDetector
from HandTrackingModule import HandDetector
```

計算手勢的 3D 距離：ch11-3-2.py

Python 程式依序呼叫 findDistance() 和 findDistance3D() 方法，計算出手勢中，第 1 隻手關鍵點 4 到第 2 隻手關鍵點 20 之間的 2D 和 3D 距離，如下所示：

```
length1, img, info = detector.findDistance(
                 lmList1[4], lmList2[20], img)
length2, img, info = detector.findDistance3D(
                 lmList1[4], lmList2[20], img)
print(length1, length2)
```

上述程式的執行結果顯示 2 個關鍵點之間的距離，如下圖所示：

```
399.24553848477757 399.2655757763246
```

計算手勢的 3D 角度：ch11-3-2a.py

Python 程式依序呼叫 findAngle() 和 findAngle3D() 方法，計算出手勢中，關鍵點 5、6 和 7 之間的 2D 和 3D 夾角角度，如下所示：

```
angle, img = detector.findAngle(lmList[5], lmList[6], lmList[7],
                             img=img, color=(0,0,255), scale=10)
angle2, img = detector.findAngle3D(lmList[5], lmList[6], lmList[7],
                             img=img, color=(0,255,255), scale=5)
print(angle, angle2)
isCloseAngle100 = detector.angleCheck(myAngle=angle,
                                   targetAngle=100,
                                   offset=10)
print(isCloseAngle100)
```

上述 angleCheck() 方法可以檢查角度是否接近 100 度 ± 10 度，即位在 90~110 度之間的範圍，其執行結果顯示 2 個角度，以及是否在角度範圍之內，如下圖所示：

```
104.40177913961062 102.18628831995184
True
```

11-3-3　人體姿態的 3D 角度與距離

CVZone 的 PoseModule.py 模組目前已支援 2D 的 findDistance() 和 findAngle() 方法，接下來我們準備修改此模組，新增計算人體姿態的 3D 角度與距離的 2 個方法。

改寫 PoseModule.py 模組檔

改寫 CVZone 的 PoseModule.py 模組，對其新增方法的說明，如下所示：

● 新增 3D 的 findDistance3D() 方法，來計算 2 個關鍵點之間的 3D 距離。

● 新增 3D 的 findAngle3D() 方法，來計算 3 個關鍵點的 3D 夾角角度。

在本小節後續的 Python 程式中，需改為匯入相同目錄下 PoseModule.py 的 PoseDetector 類別，如下所示：

```
# from cvzone.PoseModule import PoseDetector
from PoseModule import PoseDetector
```

計算人體姿態的 3D 距離：ch11-3-3.py

　　Python 程式依序呼叫 findDistance() 和 findDistance3D() 方法，計算出人體姿態關鍵點 11 到關鍵點 15 之間的 2D 和 3D 距離，如下所示：

```python
length, img, info = detector.findDistance(lmList[11], lmList[15],
                            img=img, color=(255, 0, 0),
                            scale=10)
length2, img, info = detector.findDistance3D(lmList[12], lmList[16],
                            img=img, color=(255, 255, 0),
                            scale=5)
print(length, length2)
```

　　上述程式的執行結果顯示 2 個關鍵點之間的距離，如下圖所示：

```
126.90547663517127 301.4796842243271
```

計算人體姿態的 3D 角度：ch11-3-3a.py

　　Python 程式依序呼叫 findAngle() 和 findAngle3D() 方法，計算出人體姿態關鍵點 24、26 和 28 之間的 2D 和 3D 夾角角度，如下所示：

```python
angle, img = detector.findAngle(lmList[24], lmList[26], lmList[28],
                            img=img, color=(0, 0, 255),
                            scale=10)
angle2, img = detector.findAngle3D(lmList[24], lmList[26], lmList[28],
                            img=img, color=(0, 255, 255),
                            scale=5)
print(angle, angle2)
isCloseAngle80 = detector.angleCheck(myAngle=angle,
                            targetAngle=80,
                            offset=10)
print(isCloseAngle80)
```

上述 angleCheck() 方法可以檢查角度是否接近 80 度 ± 10 度，即位在 70~90 度之間的範圍，其執行結果顯示 2 個角度，以及是否在角度範圍之內，如下圖所示：

```
78.84700108558062 93.24215740533329
True
```

11-4　AI 實驗範例：辨識剪刀、石頭和布的手勢

CVZone 電腦視覺套件提供相關的模組和方法，讓我們得以容易地撰寫 Python 程式碼來執行手勢追蹤的電腦視覺。在本節的實驗範例準備使用 CVZone 根據手掌伸出的手指數來辨識該手勢是剪刀、石頭或布。

Python 程式是使用 HandDetector 物件的 fingersUp() 方法來偵測手掌伸出哪幾根手指，如下所示：

```
fingers = detector.fingersUp(hand)
```

上述方法的回傳值是 5 根手指（從姆指開始至小指）的串列（值 1 是伸出，0 是未伸出），例如：[0, 1, 1, 0, 0]，以此例是伸出食指和中指，所以，我們可以透過此串列來辨識出手勢是剪刀、石頭或布。

辨識剪刀、石頭和布的手勢：ch11-4.py

Python 程式首先使用 OpenCV 讀取圖片，再以 CVZone 進行手勢追蹤（需使用 Python 虛擬環境 mp 來執行），即可偵測手掌伸出哪幾根手指，並依此來辨識該手勢是剪刀、石頭或布，其執行結果如下圖所示：

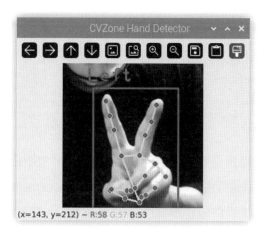

上述圖例顯示辨識出左手，而下圖顯示辨識伸出的 2 根指頭分別是食指和中指，因此判斷出手勢是剪刀 Scissors：

Python 程式碼首先從 CVZone 的 HandTrackingModule 模組匯入 HandDetector 類別，再匯入 OpenCV，就可以建立 HandDetector 物件 detector，其第 1 個參數是信心指數，第 2 個參數指定最多偵測出幾個手勢，以此例是只偵測 1 個手勢，如下所示：

```python
from cvzone.HandTrackingModule import HandDetector
import cv2

detector = HandDetector(detectionCon=0.5, maxHands=1)
img = cv2.imread("images/Scissors.png", cv2.IMREAD_COLOR)
```

上述程式碼呼叫 imread() 方法讀取 Scissors.png 圖檔後，在下方呼叫 findHands() 方法來偵測手勢，並回傳手勢數 hands 和已繪出手勢的圖片 img：

```
hands, img = detector.findHands(img)
if hands:
    hand = hands[0]
    fingers = detector.fingersUp(hand)
    print(fingers)
    totalFingers = fingers.count(1)
```

上述 if 條件判斷是否有偵測到手勢，如果有，就取出手勢 hand，和呼叫 fingersUp() 來取得手指狀態串列，然後使用 count(1) 計算伸出的手指數。在下方的 2 個 if 條件分別根據手指數是 5 或 0，來判斷布或石頭的手勢：

```
    if totalFingers == 5:
        print("Paper")
    if totalFingers == 0:
        print("Rock")
    if totalFingers == 2:
        if fingers[1] == 1 and fingers[2] == 1:
            print("Scissors")
cv2.imshow("CVZone Hand Detector", img)
cv2.waitKey(0)
cv2.destroyAllWindows()
```

上述 if 條件先判斷手指數是否為 2，如果是，就再使用 if 條件判斷是否為食指和中指，如果是，即判斷此為剪刀手勢。最後再顯示偵測結果的圖片。

Python 程式：ch11-4a.py 是結合 CVZone + Webcam 攝影機的即時影像偵測，可以即時偵測手勢是剪刀、石頭或布；Python 程式：ch11-4a_picam.py 是 Pi 相機模組的版本。

學習評量

1. 請問什麼是 Google 公司的 MediaPipe？什麼是機器學習管線（Machine Learning Pipeline，ML Pipeline）？

2. 請問什麼是 CVZone？

3. 請問如何改寫 CVZone 模組來計算出 3D 角度和距離？

4. 請參考第 11-4 節的 Python 程式範例，使用 CVZone 辨識出剪刀手勢後，再判斷剪刀的 2 根手指是合起或張開。

5. 請擴充學習評量 4. 的 Python 程式，整合第 7-3-1 節的 LED 燈，使用手勢來控制 LED 燈——2 根手指張開是點亮 LED 燈，2 根手指合起是熄滅 LED 燈。

MEMO

chapter 12

AI 實驗範例（三）：
TensorFlow Lite +
OpenCV DNN + LLM

▷ 12-1 TensorFlow Lite 影像分類

▷ 12-2 OpenCV DNN 影像分類與文字偵測

▷ 12-3 使用 LLM 大型語言模型

▷ 12-4 AI 實驗範例：TensorFlow Lite 即時物體偵測

▷ 12-5 AI 實驗範例：EasyOCR 的 AI 車牌辨識

▷ 12-6 AI + GPIO 實驗範例：使用 LLM 語意分析控制 GPIO

12-1 TensorFlow Lite 影像分類

　　TensorFlow 是 Google 公司的機器學習/深度學習框架,在這一節我們準備使用 TensorFlow Lite 載入預訓練模型來進行影像分類,而在第 12-4 節則是進行物體偵測。

12-1-1 認識 TensorFlow 和 TensorFlow Lite

　　TensorFlow 是一套開放原始碼且高效能的數值計算函式庫,也是一個機器學習/深度學習的框架。事實上,TensorFlow 是一個完整的機器學習平台,提供大量工具和社群資源,幫助開發者加速機器學習的研究與開發,並輕鬆部署大型機器學習應用程式。

　　TensorFlow 是由 Google Brain Team 開發,在 2005 年底開放專案後,2017 年推出第一個正式版本。之所以稱為 TensorFlow,是因為其輸入/輸出的運算資料是向量、矩陣等多維度的數值資料,稱為**張量**(Tensor);而我們建立的機器學習模型需要使用流程圖來描述訓練過程的所有數值運算操作,稱為**計算圖**(Computational Graphs),這是一種低階運算描述的圖形,Tensor 張量就是經過這些流程 Flow 的數值運算來產生輸出結果,稱為:Tensor + Flow = TensorFlow。

　　TensorFlow Lite 則是在行動裝置和 IoT 裝置上部署的機器學習模型,這是一種開放原始碼的深度學習架構,能夠直接在裝置端載入模型來執行推論,其官方網址:https://www.tensorflow.org/lite?hl=zh-tw。

在 Python 虛擬環境安裝 TensorFlow Lite

　　我們準備在樹莓派新增名為 tflite 的 Python 虛擬環境,並在此環境安裝 OpenCV、imutils 和 TensorFlow Lite Runtime,其指令如下所示:

```
$ mkvirtualenv --system-site-packages tflite  Enter
(tflite) $ pip install opencv-python  Enter
(tflite) $ pip install imutils Enter
(tflite) $ pip install tflite-runtime  Enter
```

上述 tflite-runtime 套件在 Python 3.9 之後已不再支援 Windows 和 macOS 作業系統（需安裝完整 TensorFlow），目前只支援 Linux 作業系統（包含樹莓派的 Raspberry Pi OS）。

取得 TensorFlow Lite 預訓練模型：MobileNet

TensorFlow Lite 提供多種可以馬上使用的預訓練模型，我們可以直接下載模型來進行影像分類，例如：下載 MobileNet V1 版預訓練模型（請下載內含標籤檔的 Metadata 版本），其 URL 網址如下所示：

https://www.kaggle.com/models/tensorflow/mobilenet-v1/tfLite/1-0-224-quantized-metadata/1

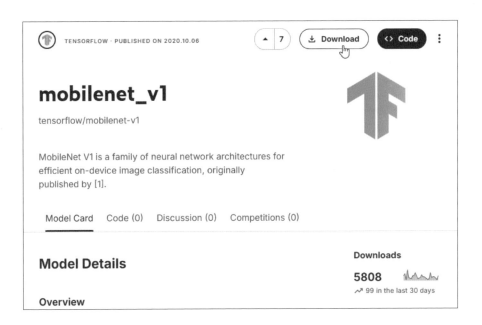

請先按上方 **Download** 鈕，再按 **Download as tar.gz** 鈕後，按 **Consent & Download** 鈕來下載預訓練模型。

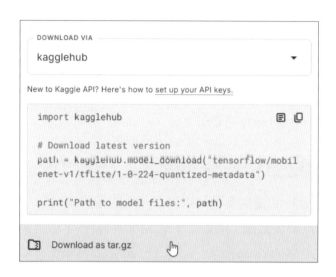

下載的檔案是一個壓縮檔，檔名是 **mobilenet-v1-tflite-1-0-224-quantized-metadata-v1.tar.gz**，請將其解壓縮，可以得到 1.tflite 模型檔案，再使用 unzip 解壓縮 1.tflite，就可以取得 labels.txt 分類名稱的標籤檔。請更名 1.tflite 成 mobilenet_v1_1.0_224_quantized_1_metadata_1.tflite。

在書附範例的「ch12/mobilenet/」目錄就是這 2 個檔案，如下圖所示：

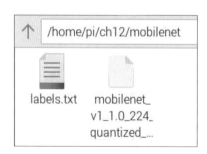

12-1-2　使用預訓練模型進行影像分類

影像分類（Image Classification）是指讓電腦能夠分析影像內容，並判斷其**最有可能**屬於的類別，例如：提供一張無尾熊影像，影像分類技術可以讓電腦分析該影像，並告訴我這是一隻無尾熊。

MobileNet V1 預訓練模型的圖片尺寸是 (224, 224)，可以分類 1000 種不同的物體。

TensorFlow Lite 物體偵測：ch12-1-2.py

Python 程式在讀取圖檔後，使用 TensorFlow Lite 載入 MobileNet V1 預訓練模型來分類圖片內容，其執行結果可以看到分類結果是一隻貓，如下圖所示：

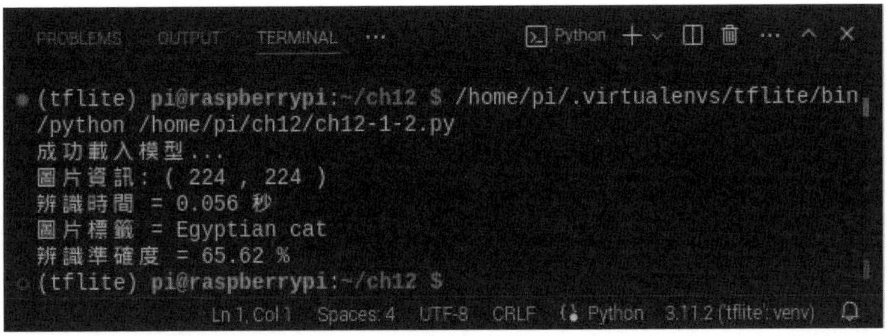

Python 程式碼首先從 tflite_runtime.interpreter 匯入 Interpreter 類別，再依序匯入 OpenCV 和 Numpy（別名 np），並建立模型和標籤檔的路徑，如下所示：

```
from tflite_runtime.interpreter import Interpreter
import cv2
import numpy as np
import time

# data_folder = "/home/pi/ch12/mobilenet/"
```

```
data_folder = "mobilenet/"
model_path = data_folder + "mobilenet_v1_1.0_224_quantized_1_metadata_1.
tflite"
label_path = data_folder + "labels.txt"

interpreter = Interpreter(model_path)
print("成功載入模型...")
interpreter.allocate_tensors()
_, height, width, _ = interpreter.get_input_details()[0]["shape"]
print("圖片資訊: (", width, ",", height, ")")
```

上述程式碼在建立 Interpreter 物件載入參數模型後，呼叫 allocate_
tensors() 方法配置張量，即可取出並顯示輸入模型的圖片尺寸。

在下方取得目前的時間後，依序讀取 test.jpg 圖檔、改成 RGB 色彩和
調整成輸入圖片的尺寸：

```
time1 = time.time()

image = cv2.imread("images/test.jpg")
image_rgb = cv2.cvtColor(image, cv2.COLOR_BGR2RGB)
image_resized = cv2.resize(image_rgb, (width, height))
input_data = np.expand_dims(image_resized, axis=0)
interpreter.set_tensor(interpreter.get_input_details()[0]["index"],input_
data)
interpreter.invoke()
```

上述程式碼呼叫 expand_dims() 方法擴充圖片資料陣列的第 0 維之
後，接著呼叫 set_tensor() 方法將擴充後的資料傳入模型，再透過 invoke()
方法執行影像分類。

在下方呼叫 get_output_detalis() 方法取得索引 0 的偵測結果，並透過
squeeze() 方法去除陣列中維度值為 1 的維度：

```
output_details = interpreter.get_output_details()[0]
output = np.squeeze(interpreter.get_tensor(output_details["index"]))
scale, zero_point = output_details["quantization"]
output = scale * (output - zero_point)
```

上述程式碼取出 "quantization" 鍵的量化值之後，利用這些量化值來計算輸出陣列 output。然後在下方呼叫 argpartition() 方法進行局部排序，以便使用串列推導找出最大可能的物體分類標籤編號 label_id，以及對應的準確度 prob：

```
ordered = np.argpartition(-output, 1)
label_id, prob = [(i, output[i]) for i in ordered[:1]][0]

time2 = time.time()
classification_time = np.round(time2-time1, 3)
print("辨識時間 =", classification_time, "秒")
with open(label_path, "r") as f:
    labels = [line.strip() for i, line in enumerate(f.readlines())]
classification_label = labels[label_id]
print("圖片標籤 =", classification_label)
print("辨識準確度 =", np.round(prob*100, 2), "%")
```

上述程式碼在取得影像分類完成時的時間後，即可計算出影像分類所花費的時間。接著在 with/as 的程式區塊開啟檔案並讀取標籤檔的分類名稱，就可以取得偵測結果的分類名稱，和顯示圖片的偵測結果。

12-2　OpenCV DNN 影像分類與文字偵測

OpenCV 本身支援深度學習推論，因此 Python 程式無需任何額外安裝任何套件，即可直接使用 OpenCV 的 DNN 模組來載入預訓練的深度學習模型進行推論和預測。

本節的 Python 程式也是在第 12-1 節的 Python 虛擬環境 tflite 中，執行 OpenCV DNN 模組預訓練模型的推論與預測。

12-2-1　認識 OpenCV DNN 模組

OpenCV 從 3.3 版開始加入了 DNN 模組，其全名是 Deep Neural Networks Module 深度神經網路模組，目前只支援影像和視訊的深度學習推論，可以使用 Caffe、TensorFlow、Torch/Pytorch 和 Darknet 等多種深度學習框架所訓練的模型。

目前 OpenCV DNN 模組已支援常見的預訓練模型：AlexNet、GoogLeNet V1、ResNet-34/50/…、SqueezeNet V1.1、VGG-based FCN、ENet、VGG-based SSD 和 MobileNet-based SSD 等。換句話說，我們只需下載這些預訓練模型檔，就可以馬上建立 Python 程式來實作人工智慧的相關應用。

OpenCV 官方 GitHub 網站有提供一些現成的預訓練模型和使用範例，其 URL 網址如下所示：

https://github.com/opencv/opencv_zoo

上述 **models** 目錄是官方的預訓練模型和使用範例。除此之外，我們也可以在 GitHub 或網路上，找到更多支援 OpenCV DNN 模組的預訓練模型。

12-2-2　OpenCV DNN 模組的影像分類

DenseNet 是一種 CNN 卷積神經網絡的深度學習模型，OpenCV DNN 模組可以直接使用 DenseNet 的預訓練模型來進行影像分類。

下載 DenseNet-Caffe 預訓練模型

DenseNet-Caffe 預訓練模型的下載網址（原網址 https://github.com/shicai/DenseNet-Caffe），如下所示：

https://github.com/fchart/test/tree/master/model/DenseNet_121

Name	Last commit message	Last commit date
📁 ..		
🗋 DenseNet_121.caffemodel	Update Model	2 years ago
🗋 DenseNet_121.prototxt.txt	Add files via upload	2 years ago
🗋 classification_classes_ILSVRC2012...	Add files via upload	2 years ago

　　請下載 DenseNet_121.caffemodel、DenseNet_121.prototxt.txt 和 classification_classes_ILSVRC2012.txt 三個檔案至「ch12/models」目錄。

OpenCV DNN 模組的影像分類：ch12-2-2.py

　　Python 程式在載入 DenseNet-Caffe 預訓練模型後，就可以對影像進行分類。此模型能分類 1000 種不同的物體，輸入的影像尺寸是 (224, 224)，其執行結果顯示這張圖片被分類為史賓格犬（English springer），且可能性有 45.02%，如下圖所示：

　　Python 程式碼在匯入 OpenCV 和 NumPy 套件（別名 np）後，依序指定模型檔、網路配置檔和分類檔的路徑，如下所示：

```
import cv2
import numpy as np

model_path = "models/DenseNet_121.caffemodel"
config_path = "models/DenseNet_121.prototxt.txt"
class_path = "models/classification_classes_ILSVRC2012.txt"
class_names = []
with open(class_path, "r") as f:
    for line in f.readlines():
        class_names.append(line.split(",")[0].strip())
```

　　上述 with/as 的程式區塊用來開啟分類檔，讀取類別資料並建立 class_names 串列。分類檔中的每一行代表一個類別，我們只取出第 1 個「,」符號前的類別名稱，例如：tench，如下所示：

```
tench, Tinca tinca
```

　　然後在下方呼叫 cv2.dnn.readNet() 方法載入預訓練模型，如下所示：

```
model = cv2.dnn.readNet(model=model_path, config=config_path,
                        framework="Caffe")
```

　　上述 model 參數是模型檔路徑，config 參數是網路配置檔路徑，framework 參數指定是哪一種框架的預訓練模型，其參數值可以是 Caffe、TensorFlow、Torch 和 Darknet 等，以此例是 Caffe。接著在下方呼叫 imread() 方法讀取 dog3.jpg 圖檔：

```
img = cv2.imread("images/dog3.jpg")
blob = cv2.dnn.blobFromImage(image=img, scalefactor=0.01,
                             size=(224, 224), mean=(104, 117, 123))
```

上述 blobFromImage() 方法是 OpenCV DNN 模組用來進行影像預處理的工具，可以將欲推論的圖片轉換成與訓練時相同的輸入格式，並回傳 Blob 物件，其參數說明如下所示：

- **image 參數**：NumPy 陣列格式的影像資料。

- **size 參數**：指定輸入影像尺寸，DenseNet 的輸入尺寸為 (224, 224)。

- **scalefactor 參數**：標準化的縮放比例值，預設值為 1。

- **mean 參數**：均值減法，是將 RGB 三原色的值 0~255 減去色彩平均值 (該平均值視模型而定)，其目的是解決光照變換的問題。

- **swapRB 參數**：是否將 OpenCV 的 BGR 色彩格式轉換為 RGB，預設值為 True。

接著，在下方呼叫 setInput() 方法指定輸入為 Blob 物件後，使用 forward() 方法執行前向傳播來進行深度學習推論，其回傳值 final_outputs 是存放物體分類結果的 NumPy 陣列，如下所示：

```
model.setInput(blob)
outputs = model.forward()
final_outputs = outputs[0].reshape(1000, 1)
```

上述程式碼呼叫 reshape() 方法將輸出的 outputs 轉換成形狀為 (1000, 1) 的 final_outputs。由於模型的輸出值需要經過 Softmax 函數的計算，因此在下方建立 softmax() 函式，這是使用 Softmax 的數學公式來計算出各類別的可能性或信心指數，如下所示：

```
def softmax(x):
    return np.exp(x)/np.sum(np.exp(x))
probs = softmax(final_outputs)
```

上述程式碼呼叫 softmax() 函式，參數是 final_outputs 陣列。然後在下方呼叫 max() 方法取出最大可能性的值，又因為此值是小於 1 的浮點數，故乘以 100 將其轉換成百分比，而 round() 方法是四捨五入，其第 2 個參數 2 表示取至小數點下 2 位：

```
final_prob = np.round(np.max(probs)*100, 2)
label_id = np.argmax(probs)
out_name = class_names[label_id]
```

上述 argmax() 方法可以取出 probs 陣列中最大值的索引值，即可能性最高的物體，然後藉由此索引值，從 class_names 串列中取出該類別的名稱。最後在下方顯示推論結果的類別名稱和可能性的百分比，並呼叫 imshow() 方法顯示已標示分類結果的圖片：

```
cv2.putText(img, out_name, (25, 50),
            cv2.FONT_HERSHEY_SIMPLEX, 1, (0, 255, 0), 2)
out_msg = str(final_prob) + "%"
cv2.putText(img, out_msg, (25, 100),
            cv2.FONT_HERSHEY_SIMPLEX, 1, (0, 255, 0), 2)
cv2.imshow("Image", img)
cv2.waitKey(0)
cv2.destroyAllWindows()
```

12-2-3 OpenCV DNN 模組的文字偵測

EAST（An Efficient and Accurate Scene Text Detector）是一種高效且正確率高的文字偵測預訓練模型，在這一節我們準備使用 OpenCV DNN 模組來建立 EAST 文字偵測。

下載 EAST 預訓練模型

EAST 預訓練模型的下載網址（原網址 https://github.com/ZER-0-NE/
EAST-Detector-for-text-detection-using-OpenCV），如下所示：

● https://github.com/fchart/test/tree/master/model/EAST

Name	Last commit message	Last commit date
..		
🗋 frozen_east_text_detection.pb	Update Model	2 years ago

請下載 frozen_east_text_detection.pb 檔案至「ch12/models」目錄。

EAST 文字偵測：ch12-2-3.py

Python 程式
是載入 EAST 預訓
練模型來進行文字
偵測，可以在影像
中使用方框標示出
偵測到的文字內容
（只標示有文字內
容的區域，而非文
字辨識）。其執行
結果可以看到綠色
方框標示出的文字
區域，以此例是車
牌的文字區域，如
右圖所示：

　　Python 程式碼首先匯入 OpenCV、NumPy 套件（別名 np），再從 imutils.object_detection 匯入 non_max_suppression，然後建立模型檔的路徑，如下所示：

```
import cv2
import numpy as np
from imutils.object_detection import non_max_suppression

model_path = "models/frozen_east_text_detection.pb"
img = cv2.imread("images/car1.jpg")
model = cv2.dnn.readNet(model_path)
```

　　上述程式碼呼叫 imread() 方法讀取 car1.jpg 圖檔後，再呼叫 readNet() 方法載入 EAST 模型。然後在下方建立輸出層 outputLayers 串列，其內容依序是推論結果的可能性信心指數和方框座標：

```
outputLayers = []
outputLayers.append("feature_fusion/Conv_7/Sigmoid")
outputLayers.append("feature_fusion/concat_3")
height,width,colorch = img.shape
new_height = (height//32+1)*32
new_width = (width//32+1)*32
h_ratio = height/new_height
w_ratio = width/new_width
```

　　上述程式碼計算影像的新尺寸，這是因為 EAST 模型要求輸入的影像尺寸須為 32 的倍數。因此，程式使用整數除法計算出符合要求的新尺寸，並進一步計算與原始尺寸的比例，以便之後調整座標。接著在下方呼叫 blobFromImage() 方法執行影像預處理，回傳一個 Blob 物件：

```
blob = cv2.dnn.blobFromImage(img ,1 ,(new_width, new_height),
                             (123.68,116.78,103.94), True)
model.setInput(blob)
(scores, geometry) = model.forward(outputLayers)
rectangles=[]
confidence_score=[]
```

上述程式碼呼叫 setInput() 方法指定輸入為 Blob 物件，再使用 forward() 方法執行前向傳播來進行推論，回傳的值包括所有偵測出文字的可能性分數 scores 和區域資訊 geometry，其中 geometry 是以列和欄的方式儲存每一個偵測到文字區域的資訊。

在下方取出 geometry 的列 rows 和欄 cols 之後，使用 2 層 for 迴圈來走訪列和欄，一一取出偵測到的每一個文字區域，如下所示：

```
rows = geometry.shape[2]
cols = geometry.shape[3]
for y in range(0, rows):
    for x in range(0, cols):
        if scores[0][0][y][x] < 0.5:
            continue
        offset_x = x*4
        offset_y = y*4
```

上述 if 條件判斷可能性分數 scores 如果小於 0.5，則跳過該區域並直接進入下一次迴圈，故只會取出 scores 大於等於 0.5 的文字區域，並計算出文字區域的位移量，即可在下方使用位移量來計算方框的左上角和右下角座標：

```
        bottom_x = int(offset_x + geometry[0][1][y][x])
        bottom_y = int(offset_y + geometry[0][2][y][x])
        top_x = int(offset_x - geometry[0][3][y][x])
        top_y = int(offset_y - geometry[0][0][y][x])
        rectangles.append((top_x, top_y, bottom_x, bottom_y))
        confidence_score.append(float(scores[0][0][y][x]))
```

上述程式碼依序將方框座標和可能性分數新增至 rectangles 和 confidence_score 串列。然後在下方呼叫 non_max_suppression() 方法進行 NMS (Non Maximum Suppression) 處理，以消除多個偵測到相同物體的重疊方框雜訊，並從其中找出最佳的方框：

```
final_boxes = non_max_suppression(np.array(rectangles),
                                  probs=confidence_score,
                                  overlapThresh=0.5)
for (x1,y1,x2,y2) in final_boxes:
    area = abs(x2-x1) * abs(y2-y1)
    if area > 4000:
        x1 = int(x1*w_ratio)
        y1 = int(y1*h_ratio)
        x2 = int(x2*w_ratio)
        y2 = int(y2*h_ratio)
        cv2.rectangle(img, (x1,y1), (x2,y2), (0,255,0), 2)
```

上述 for 迴圈走訪經過 NMS 篩選後的方框座標，並計算每個方框的面積。然後 if 條件會判斷面積是否大於 4000，如果是，就依照先前計算的比例來調整座標，再呼叫 rectangle() 方法在圖片上繪製方框。最後在下方呼叫 imshow() 方法顯示已標示文字區域的圖片：

```
cv2.imshow("EAST", img)
cv2.waitKey(0)
cv2.destroyAllWindows()
```

12-3 使用 LLM 大型語言模型

LLM 大型語言模型（Large Language Model）是一種深度學習模型，簡單地說，它是一個擁有超過 1000 億個參數的 **NLP 自然語言處理**（Natural Language Processing）系統。

在樹莓派上，我們可以使用 Ollama 在本地安裝和運行 LLM 大型語言模型。Ollama 是一個開源軟體平台，用來建立、運行和分享 LLM 大型語言模型服務，特別適合希望在本地端運行模型的使用者。

12-3-1 在樹莓派安裝 Ollama

Ollama 是輕量級的可擴展框架，可以讓我們如同使用手機 App 一樣，輕鬆體驗 LLM 大型語言模型。在樹莓派安裝 Ollama 的步驟，如下所示：

Step 1 請啟動終端機執行 update 和 upgrade 指令來更新和升級套件資料庫，如下所示：

```
$ sudo apt update [Enter]
$ sudo apt upgrade -y [Enter]
```

Step 2 需要確認是否已安裝 curl 套件（通常 Raspberry Pi OS 預設安裝 curl 套件），如下所示：

```
$ sudo apt install -y curl [Enter]
```

Step 3 使用 sudo curl 安裝 Ollama 0.3.6 版（新版本經測試在樹莓派執行時會出現問題），如下所示：

```
$ sudo curl -fsSL https://ollama.com/install.sh | OLLAMA_VERSION=0.3.6 sh
[Enter]
```

```
                              pi@raspberrypi: ~                    ˅ ∧ ✕
檔案(F)  編輯(E)  分頁(T)  說明(H)
pi@raspberrypi:~ $ sudo curl -fsSL https://ollama.com/install.sh |
OLLAMA_VERSION=0.3.6 sh
>>> Installing ollama to /usr/local
>>> Downloading Linux arm64 CLI
#=#=#
```

請等待下載安裝，這需要花些時間。若看到如下圖的訊息文字表示已成功安裝：

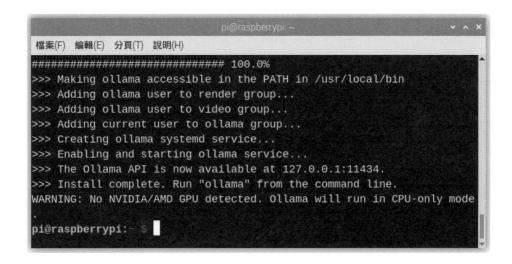

 Tips **請注意！**如果安裝過程中出現 "url: (92) HTTP/2 stream 1 was not closed cleanly: PROTOCOL_ERROR (err 1)" 的錯誤訊息，這可能是網路問題，請重新安裝 Ollama。

成功安裝 Ollama 後，可以使用 --version 參數來顯示安裝的版本，如下所示：

```
$ ollama --version Enter
```

Ollama 支援多種 LLM 大型語言模型，可以讓我們在樹莓派體驗大型語言模型的運行。不過，受限於樹莓派的記憶體，我們只能執行超輕量或輕量級模型——4GB 樹莓派可以下載使用 TinyLalma 和 Gemma 2:2B 模型，8GB 樹莓派還可以下載使用 Phi3 和 Llama3 模型。

使用 TinyLlama 模型（4GB 樹莓派）

TinyLlama 是在樹莓派上運行最快的 LLM 大型語言模型之一，這是一種超輕量（637MB）模型，雖然無法像大型模型產生相同品質的回應，但足以回答大多數基本問題，且其最大的優點就是回應速度很快。

在 Ollama 是使用 run 指令來執行 TinyLlama 模型，如下所示：

```
$ ollama run tinyllama  Enter
```

上述指令第 1 次執行時會自動下載模型，在成功下載且開始執行之後，即可看到「>>>」提示文字。現在，我們就可以輸入訊息與 TinyLlama 模型進行對話（輸入 Ctrl + d 或 **/bye** 可以結束對話），如下圖所示：

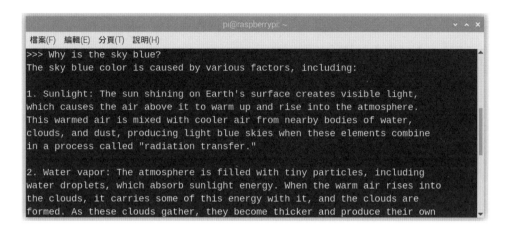

如果欲輸入的問題超過一行，請輸入 3 個引號「"""」後再輸入文字，並可藉由 Enter 鍵來換行，最後再加上 3 個引號「"""」將文字括起。例如：分析英文句子來回答 On 或 Off（其語意分析的結果並不佳），如下圖所示：

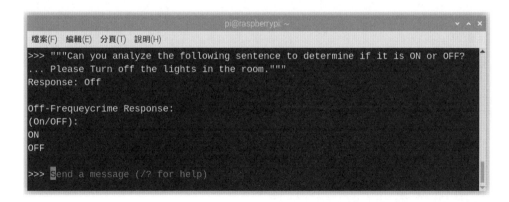

在終端機執行 ollama list 指令可以顯示目前已下載的模型清單；使用 ollama rm < 模型名稱 > 指令可以刪除已下載的指定模型。

使用 Gemma 2:2B 模型（4GB 樹莓派）

Gemma 2 是 Google 開源的大型語言模型，這是基於與 Google Gemini 相同技術所建構的 LLM 大型語言模型，具備精巧的設計與強大的性能。由於 Gemma 2:2B 模型大小僅 1.6GB 的輕量特性，成為在樹莓派上運行 LLM 大型語言模型的絕佳選擇之一。

在 Ollama 是使用 run 指令來執行 Gemma 2:2B 模型，如下所示：

```
$ ollama run gemma2:2b Enter
```

上述指令第 1 次執行時會自動下載模型，成功下載後就能與 Gemma 2:2B 模型進行對話（可以成功處理第 12-6 節所需的語意分析），如下圖所示：

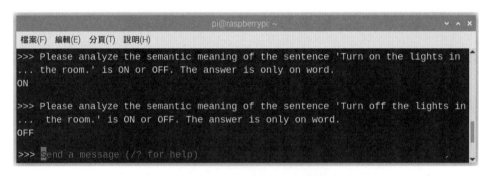

Tips 請注意！如果出現記憶體不足的錯誤，請關閉所有應用程式後再執行一次；如果仍然不足，請重啟樹莓派來清出所有可用的記憶體。

使用 Phi3 模型（8GB 樹莓派）

Phi3 是 Microsoft 微軟公司開發的大型語言模型（LLM），其模型尺寸是 2.2GB。在 Ollama 是使用 run 指令來執行 Phi3 模型，如下所示：

```
$ ollama run phi3 Enter
```

上述指令第 1 次執行時會自動下載模型（如果下載失敗，請不要關閉終端機，再執行 1 次上述指令即可繼續下載），成功下載後就能與 Phi3 模型進行對話。

Tips　**請注意！**此模型需要 8GB 樹莓派才能執行。

使用 Llama3 模型（8GB 樹莓派）

Llama3 是 Meta 推出的新一代開源大型語言模型（LLM），其模型尺寸是 4.7GB。在 Ollama 是使用 run 指令來執行 Llama3 模型，如下所示：

```
$ ollama run llama3  Enter
```

上述指令第 1 次執行時會自動下載模型（如果下載失敗，請不要關閉終端機，再執行 1 次上述指令即可繼續下載），成功下載後就能與 Llama3 模型進行對話。

Tips　**請注意！**此模型需要 8GB 樹莓派才能執行。

12-3-3　使用 Python 程式碼與模型進行互動

Ollama 提供了 Python 套件，支援類似於 ChatGPT API 的語法，讓我們能夠透過 Python 程式碼與 LLM 大型語言模型進行互動。

在 Python 虛擬環境安裝 Ollama 套件

我們準備在第 6 章建立的 Python 虛擬環境 ai 安裝 ollama 套件，其安裝指令如下所示：

```
$ workon ai Enter
(ai) $ pip install ollama Enter
```

啟動 Ollama 服務

在 Python 程式使用 Ollama API 前，我們需要先確認是否已啟動 Ollama 服務（預設自動啟動此服務），如下所示：

```
$ ollama serve Enter
```

上述錯誤訊息是因為 Ollama 服務已經啟動，請不用理會此訊息。

在 Python 程式碼使用 Ollama API：ch12-3-3.py

Python 程式可以使用對話方式（chat）與 Ollama 的 LLM 進行互動，但因為啟動 VS Code 會耗費大量記憶體，而且 4GB 樹莓派已經是 Gemma 2:2B 模型使用的極限，所以我們需要保留幾乎所有可用的記憶體（如果記憶體仍然不足，請重啟樹莓派來清出更多的記憶體）。

為了節省記憶體，請直接在終端機執行 Python 程式。在啟動 Python 虛擬環境 ai 並切換至目錄「ch12」後，請直接在命令列執行 Python 程式 ch12-3-3.py，可以看到執行結果的回應是 ON，如下所示：

```
(ai) $ cd ch12 Enter
(ai) $ python ch12-3-3.py Enter
```

基本上，在 Python 程式碼使用 Ollama API 的方式與第 6-6-2 節的 ChatGPT API 十分相似。首先需要匯入 ollama 模組，如下所示：

```
import ollama

prompt1 = "Please analyze the semantic meaning of the sentence '"
prompt2 = "' is ON or OFF. The answer is only on word."
question = prompt1 + "Turn on the lights in the room." + prompt2

response = ollama.chat(
    model = "gemma2:2b",
    messages = [
        {"role": "system", "content": "You are a semantic analysis
robot."},
        {"role": "user", "content": question}
    ])
print("Q:", question)
print(response['message']['content'])
```

上述程式碼在建立問題的提示詞文字 questions 後，呼叫 ollama.chat() 來取得 Gemma2:2B 模型的 response 回應內容，其參數和 ChatGPT API 完全相同。

12-4 AI 實驗範例：TensorFlow Lite 即時物體偵測

如同第 10 章介紹的 YOLO 物體偵測，我們一樣可以使用 TensorFlow Lite 建立即時物體偵測，使用的是 SSD MobileNet 預訓練模型，支援偵測 90 種物體。

取得 TensorFlow Lite 預訓練模型：SSD MobileNet

SSD MobileNet V1 預訓練模型的下載網址（請下載內含標籤檔的 Metadata 版本），如下所示：

https://www.kaggle.com/models/tensorflow/ssd-mobilenet-v1/tfLite/metadata/2

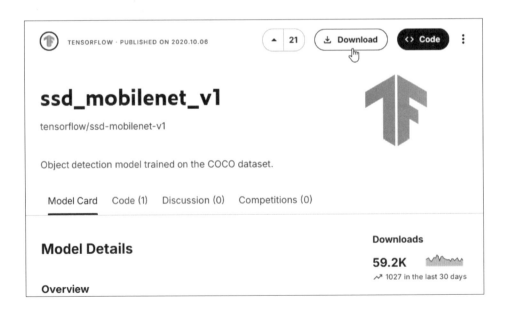

請捲動視窗找到下載位置後，按 **Download** 鈕下載模型檔，其下載檔名是 **ssd-mobilenet-v1-tflite-metadata-v2.tar.gz**，解壓縮後可以得到 2.tflite 模型檔案，再使用 unzip 解壓縮 2.tflite 取得 labelmap.txt 分類名稱的標籤檔。請更名 2.tflite 成 lite-model_ssd_mobilenet_v1_1_metadata_2. tflite。

在書附範例的「ch12/ssd_mobilenet/」目錄就是這 2 個檔案，如下圖所示：

TensorFlow Lite + Webcam 即時物體偵測：ch12-4.py

Python 程式首先使用 OpenCV 讀取 Webcam 影像，再使用 SSD MobileNet V1 預訓練模型進行多物體的即時偵測，其執行結果顯示偵測出的物體，並以多個方框來標示，如下圖所示：

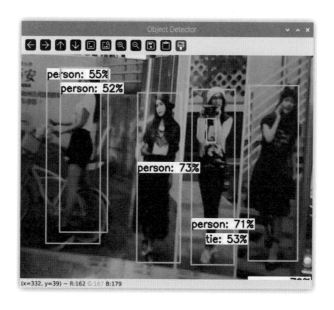

Python 程式碼首先從 tflite_runtime.interpreter 匯入 Interpreter 類別，
再匯入 OpenCV 和 Numpy 套件（別名 np），就可以建立模型和標籤檔的路
徑，並指定最低信心指數 min_conf_threshold 的值為 0.5，表示當信心指
數大於 0.5 時，則判定為成功偵測出物體，如下所示：

```python
from tflite_runtime.interpreter import Interpreter
import cv2
import numpy as np

# data_folder = "/home/pi/ch12/ssd_mobilenet/"
data_folder = "ssd_mobilenet/"

model_path = data_folder + "lite-model_ssd_mobilenet_v1_1_metadata_2.
tflite"
label_path = data_folder + "labelmap.txt"
min_conf_threshold = 0.5

with open(label_path, "r") as f:
    labels = [line.strip() for line in f.readlines()]
```

上述程式碼開啟檔案讀取標籤檔的分類名稱。接著在下方載入參數
model_path 的模型來建立 Interpreter 物件，接著配置張量，並分別呼叫
get_input_details() 和 get_output_details() 方法取得輸入和輸出的詳細資
訊，即可取出輸入圖片的尺寸 height 和 width：

```python
interpreter = Interpreter(model_path=model_path)
interpreter.allocate_tensors()
input_details = interpreter.get_input_details()
output_details = interpreter.get_output_details()
_, height, width, _ = interpreter.get_input_details()[0]["shape"]

cap = cv2.VideoCapture(8)
imWidth  = cap.get(cv2.CAP_PROP_FRAME_WIDTH)
imHeight = cap.get(cv2.CAP_PROP_FRAME_HEIGHT)
```

　　上述程式碼先建立攝影機的 VideoCapture 物件（若樹莓派 5 同時安裝 Webcam 和 Pi 相機模組，其參數值是 8，樹莓派 4 則是 1；而若只有安裝 Webcam，其參數值則為 0），再使用 get() 方法取得攝影機的影格尺寸，分別是寬和高。

　　下方的 while 迴圈檢查攝影機是否開啟，如果是，就讀取影像進行偵測，依序讀取影格、將其轉換成 RGB 色彩和調整成模型的圖片輸入尺寸，即可呼叫 expand_dims() 方法擴充圖片陣列維度成輸入資料，如下所示：

```
while cap.isOpened():
    success, frame = cap.read()
    frame_rgb = cv2.cvtColor(frame, cv2.COLOR_BGR2RGB)
    frame_resized = cv2.resize(frame_rgb, (width, height))
    input_data = np.expand_dims(frame_resized, axis=0)
    interpreter.set_tensor(input_details[0]["index"],input_data)
    interpreter.invoke()
    boxes = interpreter.get_tensor(output_details[0]["index"])[0]
    classes = interpreter.get_tensor(output_details[1]["index"])[0]
    scores = interpreter.get_tensor(output_details[2]["index"])[0]
```

　　上述程式碼呼叫 set_tensor() 方法指定輸入資料，然後使用 invoke() 方法執行物體偵測，即可依序取得偵測結果的方框座標 boxes、分類 classes 和準確度分數 scores。

　　在下方使用 for 迴圈繪出偵測結果的方框、分類和分數：

```
for i in range(len(scores)):
    if ((scores[i] > min_conf_threshold) and (scores[i] <= 1.0)):
        min_y = int(max(1,(boxes[i][0] * imHeight)))
        min_x = int(max(1,(boxes[i][1] * imWidth)))
        max_y = int(min(imHeight,(boxes[i][2] * imHeight)))
        max_x = int(min(imWidth,(boxes[i][3] * imWidth)))
        cv2.rectangle(frame, (min_x,min_y), (max_x,max_y),
                                        (10,255,0), 2)
```

上述程式碼使用 if 條件判斷分數是否大於最低信心指數（即 0.5）且小於等於 1，如果是，就計算物體方框座標，並在圖片上繪出方框。

然後在下方取得分類名稱 object_name，建立偵測到的物體名稱和分數的 label 字串內容後，呼叫 getTextSize() 方法取出此文字內容的尺寸和位置，就可以計算出文字內容的 Y 軸座標：

```
object_name = labels[int(classes[i])]
label = "%s: %d%%" % (object_name, int(scores[i]*100))
labelSize, baseLine = cv2.getTextSize(label,
               cv2.FONT_HERSHEY_SIMPLEX, 0.7, 2)
label_min_y = max(min_x, labelSize[1] + 10)
cv2.rectangle(frame, (min_x, label_min_y-labelSize[1]-10),
      (min_x+labelSize[0], label_min_y+baseLine-10),
      (255, 255, 255), cv2.FILLED)
cv2.putText(frame, label, (min_x, label_min_y-7),
      cv2.FONT_HERSHEY_SIMPLEX, 0.7, (0, 0, 0), 2)
```

上述程式碼呼叫 rectangle() 方法繪製填滿長方形的背景色彩後，在此長方形中使用 putText() 方法顯示分類名稱和分數。最後在下方顯示偵測結果的影像：

```
    cv2.imshow("Object Detector", frame)
    if cv2.waitKey(1) == ord("q"):
        break

cap.release()
cv2.destroyAllWindows()
```

Python 程式：ch12-4_picam.py 是 Pi 相機模組的版本。Python 程式：ch12-4a.py 是偵測使用 OpenCV 開啟的圖檔，並在圖片上顯示偵測結果的方框、類別和準確度百分比，如下圖所示：

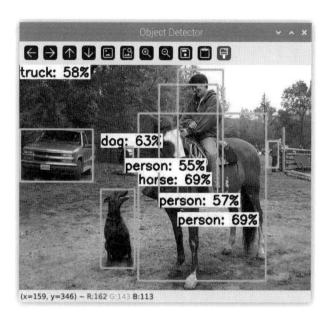

12-5 | AI 實驗範例： EasyOCR 的 AI 車牌辨識

EasyOCR 是一套基於深度學習模型的文字偵測與 OCR 文字辨識的 Python 套件，由名為 Jaided AI 的 OCR 公司使用 PyTorch 框架開發。目前，EasyOCR 已支援超過 70 國語言的文字識別，對於大多數正常影像中的文字識別皆具有非常高的準確度。

在 Python 虛擬環境安裝 EasyOCR

我們準備建立 Python 虛擬環境 ocr 來安裝 EasyOCR 套件，其指令如下所示：

```
$ mkvirtualenv --system-site-packages ocr  Enter
(ocr) $ pip install easyocr  Enter
```

上述 pip install 指令會同時自動安裝 OpenCV，但其安裝的 opencv-python-headless 是沒有 GUI 介面的 OpenCV 特殊版本。因此，我們需要使用 pip uninstall 指令解除安裝 opencv-python-headless 後，再重新安裝 opencv-python 套件的 OpenCV，如下所示：

```
(ocr) $ pip uninstall opencv-python-headless  Enter
(ocr) $ pip install opencv-python  Enter
```

EasyOCR 的 AI 車牌辨識：ch12-5.py

Python 程式是使用 EasyOCR 進行車牌文字偵測和 OCR 文字識別來辨識車牌號碼，其執行結果首先下載模型檔，然後顯示辨識出的車牌號碼 BBT-6566，如下圖所示：

在終端機顯示辨識出文字區域的座標和車牌號碼，如下圖所示：

```
[[266 427]
 [403 413]
 [405 459]
 [268 474]]
BBT-6566
```

Python 程式碼在匯入 EasyOCR 後，依序匯入 OpenCV 和 NumPy 套件（別名 np），如下所示：

```python
import easyocr
import numpy as np
import cv2

img = cv2.imread("images/car.jpg")
reader = easyocr.Reader(["en"])
result = reader.readtext(img)
```

上述程式碼讀取圖檔並建立 Reader 物件，參數的串列是英文（因為車牌文字是英文），然後呼叫 readtext() 方法執行文字偵測和文字辨識。接著在下方使用 for 迴圈來走訪辨識結果 result：

```python
y = 0
for box in result:
    points = box[0]
    points = np.array(points, np.int32)
    print(points)
    print(box[1])
    cv2.polylines(img, pts=[points], isClosed=True,
                  color=(0, 0, 255), thickness=3)
    y = y + 30
    cv2.putText(img, box[1], (10, y),
                cv2.FONT_HERSHEY_PLAIN, 2, (0, 255, 0), 2)
```

上述 box[0] 是文字方框的四角座標，box[1] 是識別出的文字內容，然後使用 polylines() 方法以四角座標來繪製多邊形，並顯示識別出的文字內容，即車牌號碼。最後在下方呼叫 imshow() 方法顯示車牌辨識結果的圖片：

```
cv2.imshow("Car", img)
cv2.waitKey(0)
cv2.destroyAllWindows()
```

12-6 AI + GPIO 實驗範例：使用 LLM 語意分析控制 GPIO

於本節，我們準備修改第 7-6 節的實驗範例，改用本機 Ollama 的 LLM 模型來進行語意分析並控制 GPIO，讓我們在 Gradio 的 Web 使用介面輸入提示文字後，透過 Gemma 2:2B 模型的語意分析來控制 LED 燈是點亮或熄滅。

請注意！4GB 樹莓派若啟動 Python 開發工具可能造成執行 Ollama 模型的記憶體不足，為了節省記憶體，請直接在終端機啟動 Python 虛擬環境 ai 並切換至「ch12」目錄，然後在命令列執行 Python 程式 ch12-6.py，如下所示：

```
(ai) $ python ch12-6.py  Enter
```

請在 Windows 作業系統啟動瀏覽器，開啟上述本機的 URL 網址 http://raspberrypi.local:7860，就可以看到與第 7-6 節相同的 Web 使用介面，如下圖所示：

請輸入英文問題後，按 **Submit** 鈕，可以在右方看到回應內容。因為回應內容有可能是 ON、OFF、**ON** 或 **OFF** 等，所以 Python 程式碼的 get_response() 函式在取得 Gemma 2:2B 模型的語意分析結果後，if/else 條件判斷改用成員運算子 in 來判斷回應內容，如下所示：

```python
def get_response(question):
    prompt1 = "Please analyze the semantic meaning of the sentence '"
    prompt2 = "' is ON or OFF. The answer is only on word."
    response = ollama.chat(
    model = "gemma2:2b",
    messages = [
        {"role": "system", "content": "You are a semantic analysis
robot."},
        {"role": "user", "content": prompt1 + question + prompt2}
    ])
    reply_msg = response['message']['content']
    if "ON" in reply_msg:
        led.on()
    else:
        led.off()

    return reply_msg
```

1. 請簡單說明什麼是 TensorFlow 和 TensorFlow Lite？

2. 請問什麼是 OpenCV DNN 模組？何謂預訓練模型？

3. 請簡單說明影像分類和文字偵測是什麼？何謂 EAST？

4. 請問什麼是 Ollama？如何在 Python 程式與 Ollama 的 LLM 進行互動？

5. 請整合 Python 程式 ch12-2-2.py 和 Webcam，建立 OpenCV DNN 模組的即時影像分類，使其得以在視訊的影格中分類影像。

6. 請整合 Python 程式 ch12-2-3.py 和 Webcam，建立 OpenCV DNN 模組的即時文字偵測，使其得以在視訊的影格中標示出偵測到的文字區域。

chapter 13

IoT 實驗範例：
溫溼度監控與
Node-RED

▷ 13-1 認識 IoT 物聯網

▷ 13-2 DHT11 溫溼度感測器

▷ 13-3 Node-RED 物聯網平台

▷ 13-4 MQTT 通訊協定

▷ 13-5 Node-RED 儀表板

▷ 13-6 IoT 實驗範例：溫溼度監控的 Node-RED 儀表板

13-1 認識 IoT 物聯網

　　物聯網的英文全名是 **Internet of Things**，縮寫為 IoT，簡單來說就是「萬物連網」，所有物體都可以連上網路，也因如此，我們能夠透過任何連網裝置來遠端控制它們，即使遠在天涯海角也一樣可以進行監控，如下圖所示：

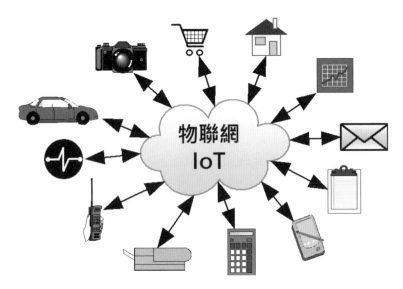

　　在物聯網中，每個人都可以將實體物品連接上網，我們也就能輕易地查詢此物品的位置，並且對這些物品進行集中管理與控制，例如：遙控家電用品、汽車遙控、行車路線追蹤和防盜監控等自動化操控，或建立更聰明的智慧家電、更安全的自動駕駛和住家環境等。

　　不只如此，透過從物聯網上大量裝置和感測器取得的資料，我們可以建立大數據（Big Data）來進行分析，並從分析結果來重新設計流程，改善我們的生活，例如：減少車禍、災害預測、犯罪防治與流行病控制等。

13-2　DHT11 溫溼度感測器

本章第 13-6 節的 IoT 實驗範例是建立一個 MQTT 溫溼度監控的 IoT 裝置，因此在本節先說明如何在 Pico W 開發板使用 DHT11 溫溼度感測器。

DHT11 溫溼度感測器

DHT11 感測器是一種溫溼度感測器，如下圖左所示，其外觀為下方有 4 個接腳的藍色長方形裝置；而下圖右是 DHT11 感測器模組：

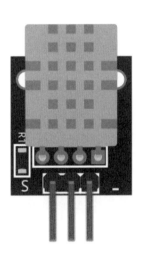

上述左圖 DHT11 感測器接腳從左至右依序是編號 1、2、3 和 4——最左邊接腳 1 是接 VCC，最右邊接腳 4 是接 GND，位在左邊第 2 個接腳 2 連接 GPIO，而此例沒有使用接腳 3。右圖 DHT11 感測器模組的左邊 S 是連接 GPIO，然後再依序接 VCC 和 GND。

電子電路設計

完成本節實驗的電子電路設計需要使用到的電子元件，如下所示：

● DHT11 感測器模組 × 1

● 麵包板 × 1

● 麵包板跳線 × 3

請依據下圖連接方式建立電子電路，其中 DHT11 感測器模組的 S 接腳連接 GPIO22，+ 接腳連接 VCC，- 接腳連接 GND，即可完成本節實驗的電子電路設計，如下圖所示：

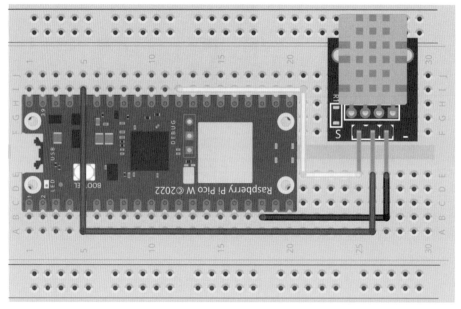

MicroPython 程式：ch13-2.py

MicroPython 程式是使用 dht 模組來讀取 DHT11 溫溼度感測器的值，其執行結果顯示取得的溫度和溼度資料，如下所示：

```
互動環境 ✕
>>> %Run -c $EDITOR_CONTENT

 MPY: soft reboot
 Temperature:  31 ℃
 Humidity:  81 %
 ------------
 Temperature:  31 ℃
 Humidity:  81 %
 ------------
```
MicroPython (Raspberry Pi Pico) • Board in FS mode @ /dev/ttyACM0 ☰

MicroPython 程式碼在匯入 Pin 類別和 dht 模組後，就可以建立 DHT11 物件，其參數是連接 GPIO22 腳位的 Pin 物件，如下所示：

```python
from machine import Pin
import utime
import dht

sensor = dht.DHT11(Pin(22))

while True:
    try:
        utime.sleep(2)
        sensor.measure()
        print("Temperature: ", sensor.temperature(),"\u2103")
        print("Humidity: ", sensor.humidity(), "%")
        print("------------")
    except OSError as e:
        print("Error reading from DHT11 sensor!")
```

上述 while 無窮迴圈是使用 try/except 程式區塊來持續呼叫 measure() 方法進行測量（間隔 2 秒鐘），接著呼叫 temperature() 方法取得溫度，呼叫 humidity() 方法取得溼度。

13-3　Node-RED 物聯網平台

　　Node-RED 是由 IBM Emerging Technology 所開發，一套開放原始碼且使用瀏覽器 Web 介面的視覺化物聯網開發工具，我們可以藉由拖拉節點和連接節點來建立**流程**（Flows），並直接使用流程來建立物聯網應用程式。

13-3-1　在樹莓派安裝與啟動 Node-RED

　　樹莓派的 Raspberry Pi OS 支援 Node-RED 開發工具，接下來，我們準備安裝 Node-RED 來建立本書所需的物聯網平台。

安裝 Node-RED

　　在 Node-RED 官方網站有提供樹莓派的安裝說明，其 URL 網址如下所示：

> https://nodered.org/docs/getting-started/raspberrypi

Installing and Upgrading Node-RED

We provide a script to install Node.js, npm and Node-RED onto a Raspberry Pi. The script can also be used to upgrade an existing install when a new release is available.

Running the following command will download and run the script. If you want to review the contents of the script first, you can view it on Github.

```
bash <(curl -sL https://raw.githubusercontent.com/node-red/linux-installers/master/deb/update-nodejs-and-nodered)
```

　　上述網頁提供樹莓派安裝 Node-RED 的指令，如下所示：

```
$ bash <(curl -sL https://raw.githubusercontent.com/node-red/linux-
installers/master/deb/update-nodejs-and-nodered) [Enter]
```

請按 2 次 Ⓨ 鍵，以確認安裝與同時安裝樹莓派的專屬節點。待看到
Node-RED Settings File initialization 訊息文字，表示已經完成安裝，請直
接關閉終端機即可。

啟動 Node-RED

成功安裝 Node-RED 之後，在樹莓派啟動 Node-RED 的步驟，如下所
示：

Step 1 請在樹莓派執行「選單/軟體開發/Node-RED」命令，可以看到主控
台視窗（Node-RED console）正在啟動 Node-RED，如下圖所示：

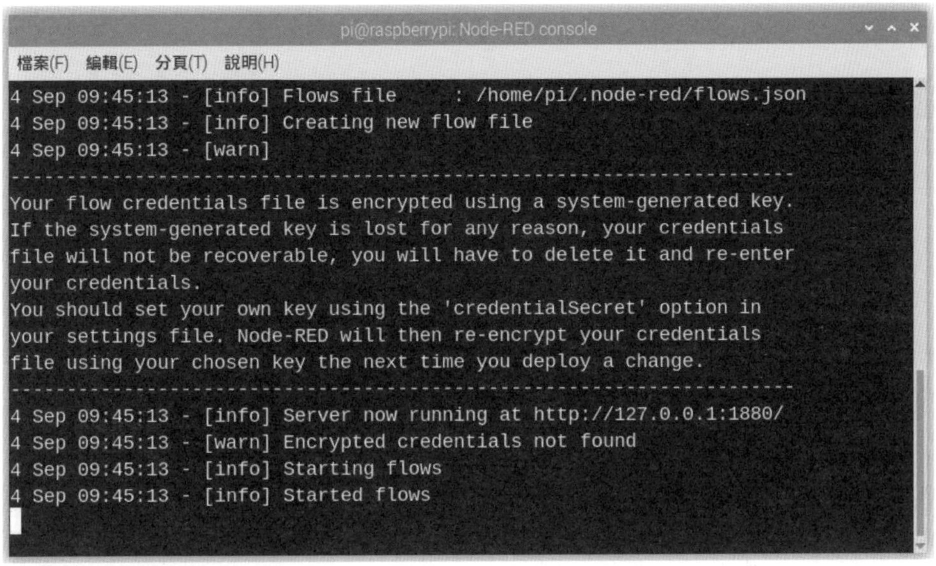

Step 2 若看到 Server now running at http://127.0.0.1:1880/ 的訊息文字，
表示已成功啟動 Node-RED。

請執行「選單/網際網路/Chromium 網頁瀏覽器」命令啟動瀏覽器，輸入上述網址 http://127.0.0.1:1880/ 並按 Enter 鍵後，在歡迎畫面點選右上角的 x，即可進入 Node-RED 的 Web 使用者介面，如下圖所示：

上述 Web 使用者介面的左側是分類區段的節點（Nodes）清單，位在中間的編輯區域可以讓我們拖拉節點建立流程（Flow），而在右側的側邊欄包含多個標籤，可用於切換顯示節點資訊、除錯資訊、管理配置節點和儀表板版面配置等。

成功建立或編輯流程後，請按右上方紅色**部署**鈕來部署和儲存流程；如果流程有更改，我們也需再次按下此鈕。而位在按鈕右邊的三條線是主選單，點選即可顯示主選單功能表，如右圖所示：

上述**匯入**和**匯出**命令可以從 JSON 檔案匯入流程，與匯出流程成
JSON 檔案，例如：匯入 Node-RED 範例 ch13-3-2.json 檔案（副檔名
.json）。

請執行主選單的**匯入**命令，可以看到「匯入節點」對話方塊，按**匯入所
選檔案**鈕並選擇 JSON 檔案後，再按**匯入**鈕來匯入流程，如下圖所示：

 Tips 請注意！Node-RED 大部分的編輯操作都可以使用鍵盤按鍵，請執行主選
單的**鍵盤快速鍵**命令，檢視鍵盤按鍵的功能說明。

Node-RED 相關的命令列指令

如果不使用功能表命令，我們也可以啟動終端機，直接使用下列指令
來啟動 Node-RED，如下所示：

```
$ node-red-start  Enter
```

重新設定 Node-RED 的命令列指令，如下所示：

```
$ node-red admin init [Enter]
```

如果需要，我們可以設定開機自動執行 Node-RED，即啟用 Node-RED 服務，其命令列指令如下所示：

```
$ sudo systemctl enable nodered.service [Enter]
```

取消開機自動執行 Node-RED，其指令如下所示：

```
$ sudo systemctl disable nodered.service [Enter]
```

13-3-2　在 Node-RED 建立第一個流程

成功啟動 Node-RED 之後，我們就可以藉由建立第一個流程來認識 Node-RED 的基本使用方式（Node-RED 流程：ch13-3-2.json），其建立步驟如下所示：

Step 1　請啟動 Node-RED 後，拖拉左邊「共通」區段的 **inject** 節點至中間的流程編輯區域（上方的標籤頁是**流程 1**），如下圖所示：

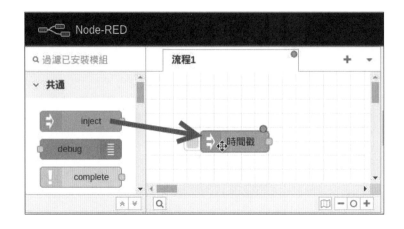

$Step$
2 雙擊節點，在「編輯 inject 節點」對話方塊的 **msg.payload** 欄，點選「=」之後欄位前方的小箭頭，並在下拉式清單選**文字列**的字串，即可在欄位輸入 **Hello World!**，然後按**完成**鈕完成編輯。

$Step$
3 請拖拉左邊「共通」區段的 **debug** 節點至中間的流程編輯區域，如下圖所示：

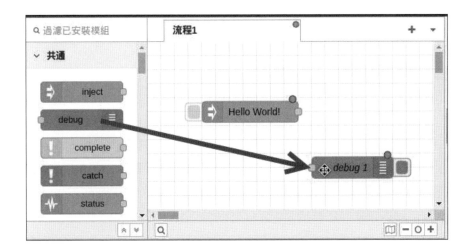

Step 4

將游標移至 **inject** 節點後方的小圓點,按住滑鼠左鍵進行拖拉,可以看到一條橙色線,請將此線拖拉至 **debug** 節點前方的小圓點,再放開滑鼠左鍵,即可建立 2 個節點之間的連接線(若要刪除節點或刪除連接線,請在選取後按 Del 鍵)。

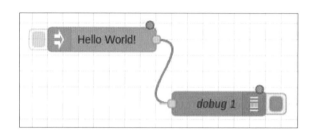

Step 5

請按右上方紅色**部署**鈕,若顯示部署成功的訊息框,表示已成功儲存和部署此流程。

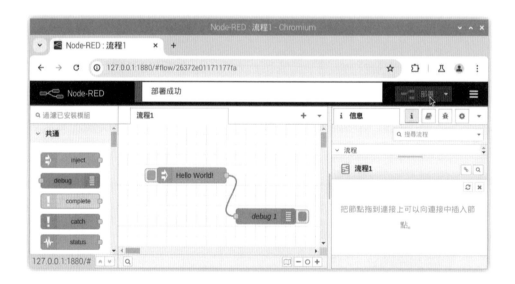

Step 6

現在,我們可以測試執行 Node-RED 流程,請按 **inject** 節點前方的圓角方框,即可在右邊側邊欄的烏龜標籤(除錯窗口)看到送出的訊息文字,每按 1 次會顯示 1 個 "Hello World!",如下圖所示:

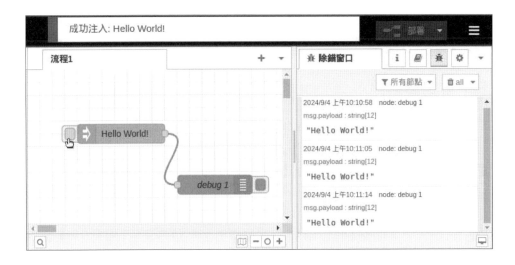

在選取上述整個 Node-RED 流程後，按 `Del` 鍵就可以刪除流程。

13-3-3 控制 LED 燈

在安裝 Node-RED 的同時，也已安裝樹莓派的專屬節點，因此，我們可以使用這些節點來控制 GPIO 接腳，例如：點亮和熄滅 LED 燈。

樹莓派的 Node-RED 專屬節點說明

在 Node-RED 左側節點清單的最後可以看到「Raspberry Pi」區段，內含 4 個樹莓派的專屬節點，如下圖所示：

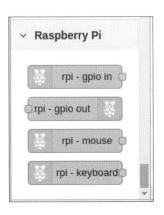

上述節點包含 GPIO、滑鼠和鍵盤，本章主要是使用 rpi-gpio out 和 rpi-gpio in 這 2 個 GPIO 控制節點。

電子電路設計

電子電路設計和第 7-3-1 節完全相同，其 LED 燈的長腳連接 GPIO18。

使用 Node-RED 流程控制 LED 燈：ch13-3-3.json

在 Node-RED 流程是使用 2 個 inject 節點分別送出 1 和 0 的字串，可以在 rpi-gpio out 節點 GPIO18 接腳數位輸出 1 來點亮紅色 LED 燈，輸出 0 來熄滅，如下圖所示：

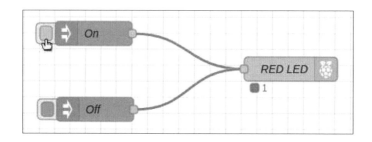

按**部署**鈕部署和儲存流程後，點選 inject 節點 On 前的圓角框可以點亮，Off 則熄滅。Node-RED 流程的節點說明，如下所示：

● **inject 節點 On**：設定**名稱**欄為節點名稱 On，並在 **msg.payload** 欄選文字列的字串後，在欄位輸入 1，這是送出的訊息內容，如下圖所示：

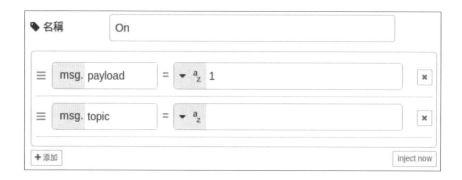

- inject 節點 Off：設定**名稱**欄為節點名稱 Off，並在 **msg.payload** 欄選文字列的字串後，在欄位輸入 0 的送出訊息，如下圖所示：

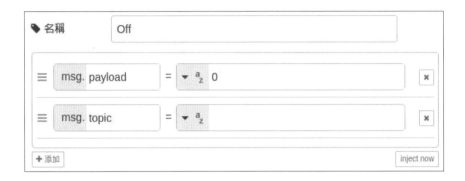

- rpi-gpio out 節點 RED LED：在 **Pin** 欄的腳位表格選 12 - GPIO18，**Type** 欄選 Digital output 數位輸出，並勾選 **Initialise pin state?** 設定接腳的初始狀態為 low (0)，即初始狀態為輸出 0──熄滅 LED 燈，最後設定**名稱**欄的節點名稱為 RED LED，如下圖所示：

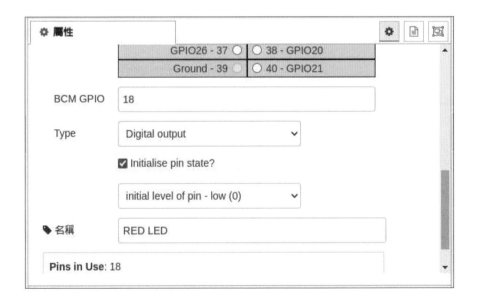

13-3-4　按鍵開關與 LED 燈

在第 13-3-3 節的流程只有使用 rpi-gpio out 節點，這一節我們準備加上 rpi-gpio in 節點的按鍵開關，並使用按鍵開關來控制 LED 燈的點亮與熄滅。

電子電路設計

電子電路設計和第 7-3-3 節完全相同，其按鍵開關連接至 GPIO2。

在 Node-RED 流程使用按鍵開關控制 LED 燈：ch13-3-4.json

在 Node-RED 流程是使用 rpi-gpio in 節點連接按鍵開關 GPIO2 的數位輸入，然後使用 1 個 switch 節點的條件判斷，來判斷是否按下按鍵開關，後接 2 個 change 節點更改訊息送出 0 和 1 的字串，即可在 rpi-gpio out 節點的 GPIO18 接腳，根據數位輸出來點亮和熄滅紅色 LED 燈，如下圖所示：

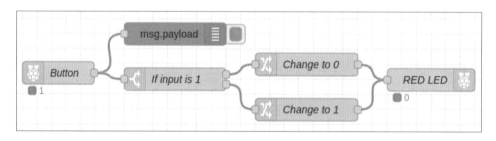

按**部署**鈕部署和儲存流程後，即可按下按鍵開關來點亮 LED，再按一下則熄滅。Node-RED 流程的節點說明，如下所示：

- **rpi-gpio in 節點 Button**：在 **Pin** 欄選 3 的 GPIO02，**Resistor?** 欄指定電阻為 pullup 上拉（或 pulldown 下拉），並設定**名稱**欄為節點名稱 Button，如下圖所示：

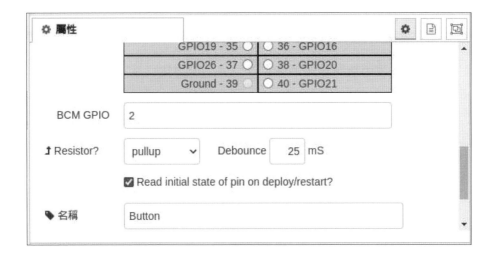

- **switch 節點 If input is 1**：這是條件判斷節點。首先在**名稱**欄設定節點名稱，**屬性**欄指定為判斷 msg.payload 的值，接著在下方框建立多個條件——第 1 個條件是當 msg.payload 等於 1 時輸出 1，除此以外的其他值則輸出 2（按左下方的**添加**鈕可以新增條件），如下圖所示：

- **change 節點 Change to 0**：由於 switch 節點的條件輸出為 1 和 2，我們需要將其改成輸出 0 和 1，所以使用 change 節點來更改訊息。在「規則」框可以新增規則來更改訊息，選**設定**就是指定敘述，可以將 msg.payload 的值指定成字串 0，如下圖所示：

- **change 節點 Change to 1**：在「規則」框使用**設定**操作，可以指定 msg.payload 的值為字串 1，如下圖所示：

13-4 | MQTT 通訊協定

13-4-1 | 認識 MQTT 通訊協定

「MQTT」(Message Queuing Telemetry Transport) 是 OASIS 標準的一種訊息通訊協定 (Message Protocol)，這是架構在 TCP/IP 通訊協定，針對機器對機器 (Machine-to-machine，M2M) 的輕量級通訊設計。

MQTT 支援在低頻寬網路和高延遲 IoT 裝置上進行資料交換，特別適用在 IoT 物聯網這類記憶體不足且效能較差的微控制器開發板。基本上，MQTT 是使用「出版和訂閱模型」(Publish/Subscribe Model) 來進行訊息的雙向資料交換，如下圖所示：

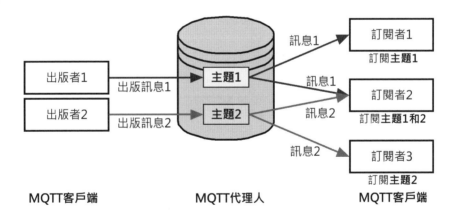

上述所有 MQTT 客戶端都需要連線到 MQTT 代理人 (MQTT Broker) 才能出版指定主題 (Topic) 的訊息，其扮演的角色是出版者和訂閱者 (也可以同時扮演出版者和訂閱者)，如下所示：

● **出版者** (Publisher)：MQTT 客戶端無需事先訂閱主題，就可以針對指定的 MQTT 主題 (Topic) 出版訊息，作為出版者。

- **訂閱者**（Subscriber）：每個 MQTT 客戶端都可以作為訂閱者訂閱指定主題，當有出版者針對該主題出版訊息時，所有訂閱該主題的訂閱者都可以透過 MQTT 代理人來接收到訊息。如果出版者本身也有訂閱該主題，作為訂閱者的它也同樣能接收到訊息。

在本章建立的 MQTT 客戶端都是使用 HiveMQ MQTT 公開代理人來出版和接收 MQTT 訊息，其相關資訊如下表所示：

主機名稱	broker.hivemq.com
TCP 埠號	1883
Websocket 埠號	8000

13-4-2　在 Node-RED 建立 MQTT 客戶端

在 Node-RED 的「網路」區段提供 mqtt in 節點來訂閱訊息，和 mqtt out 節點來出版訊息，讓我們使用 Node-RED 建立 MQTT 客戶端。

設定 mqtt-broker 配置節點

Node-RED 是使用 mqtt-broker 配置節點來新增 MQTT 代理人的連線設定，在 Node-RED 稱為服務端（Server）。新增 mqtt-broker 配置節點連線設定的步驟，如下所示：

Step
1　請拖拉 mqtt in 或 mqtt out 節點至編輯區域，並開啟編輯節點對話方塊，在**服務端**欄選**添加新的 mqtt-broker 節點**，然後點選後方游標所在 **+** 按鈕來新增 MQTT 代理人。

2 在**連接**標籤的**服務端**欄輸入 MQTT 代理人的 URL 網址，以此例是 **broker.hivemq.com**，埠號預設是 1883。

3 按**添加**鈕新增 MQTT 代理人。

使用 mqtt 節點建立 MQTT 客戶端：ch13-4-2.json

在 Node-RED 流程先使用 mqtt out 節點出版訊息，再使用 mqtt in 節點訂閱和接收出版的訊息，MQTT 主題如同 Windows 檔案路徑來定位檔案，以此例的主題是 sensors/1234/temp（請將其中的 1234 改設定為身分證字號或學號末 4 碼，其目的是讓每一位讀者的主題皆不同，以避免收到其他主題相同之讀者的訊息），如下圖所示：

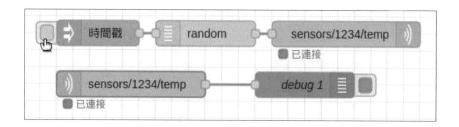

上述 Node-RED 流程的執行結果，每當點選第 1 個流程的 inject 節點，就會發送 1 個 20~40 之間的數字，在 mqtt out 節點出版到主題 sensors/1234/temp 的訊息就是此數字。

在第 2 個流程的 mqtt in 節點有訂閱主題 sensors/1234/temp，當 mqtt out 節點出版該主題的訊息，mqtt in 節點就會收到此訊息，我們可以在「除錯窗口」標籤頁看到接收到的 MQTT 訊息，如下圖所示：

Node-RED 流程的節點說明，如下所示：

- **inject/debug 節點**：預設值。

- **random 節點**：使用亂數產生 20~40 之間的整數，如下圖所示：

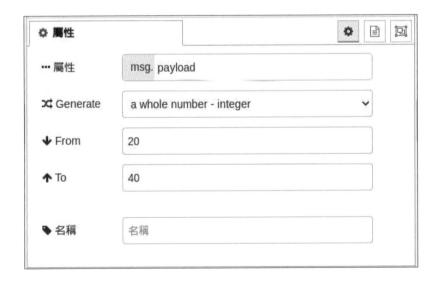

- **mqtt out 節點**：在**服務端**欄選擇先前建立的 MQTT 代理人，**主題**欄輸入 **sensors/1234/temp**，服務品質 QoS 選 0。其出版的訊息就會是 inject 節點傳入的 msg.payload，如下圖所示：

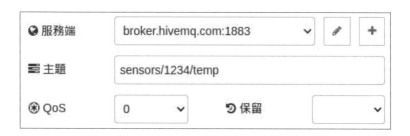

- **mqtt in 節點**：在**服務端**欄選擇先前建立的 MQTT 代理人，**主題**欄輸入訂閱主題 **sensors/1234/temp**，服務品質 QoS 選 0，而**輸出**欄預設自動檢測收到的訊息（如果訊息是 JSON 資料，可選**已解析的 JSON 對象**剖析成 JSON 物件）。其 MQTT 訂閱者收到的訊息就會是 msg. payload 值，如下圖所示：

13-4-3　在樹莓派使用 Python 建立 MQTT 客戶端

在樹莓派可以使用 Python 程式來建立 MQTT 客戶端，並透過 Paho 套件來出版和接收 MQTT 訊息。

安裝 MQTT 客戶端套件

在樹莓派需要安裝 MQTT 客戶端的 Paho 套件，才能使用 Python 程式建立 MQTT 客戶端。在樹莓派 Python 虛擬環境 gpio 安裝 Paho 套件的指令，如下所示：

```
(gpio) $ pip install paho-mqtt Enter
```

Python 程式：ch13-4-3.py

Python 程式的功能和第 13-4-2 節的 Node-RED 流程相同，可以使用 MQTT 通訊協定來出版整數亂數值到主題 sensors/1234/temp（請將其中的 1234 改設定為身分證字號或學號末 4 碼），以及顯示收到的 MQTT 訊息（請按 Ctrl + C 鍵結束程式的執行），其執行結果如下圖所示：

Python 程式碼首先匯入 paho.mqtt.client 模組（別名 mqtt），接著建立 MQTT 客戶端，如下所示：

```
import paho.mqtt.client as mqtt
import random
import time

client = mqtt.Client(mqtt.CallbackAPIVersion.VERSION1,
                     client_id="mqtt_test_1234")
broker = "broker.hivemq.com"
topic = "sensors/1234/temp"
```

上述程式碼建立 mqtt.Client 物件，其第 1 個參數是使用舊版回撥 API，而 client_id 參數是唯一的識別字串，然後指定 HiveMQ 主機名稱和 MQTT 主題。接著在下方就可以建立和指定回撥函式 on_message() 來接收訊息，即指定 on_messge 屬性值的回撥函式名稱，如下所示：

```
def on_message(client, userdata, message):
    print("收到訊息: ", message.payload.decode())

client.on_message = on_message
client.connect(broker)
client.subscribe(topic)

client.loop_start()
```

上述程式碼依序呼叫 connect() 方法連線 MQTT 代理人，subscribe() 方法訂閱主題，然後呼叫 loop_start() 方法開始事件迴圈來接收 MQTT 訊息。

在下方的 while 無窮迴圈中，每間隔 2 秒鐘呼叫 publish() 方法出版訊息，其第 1 個參數是主題，第 2 個參數是訊息，然後呼叫 loop_read() 方法來讀取 MQTT 訊息。當收到訊息時，就是呼叫 on_message() 回撥函式來處理訊息，如下所示：

```
while True:
    client.publish(topic, str(random.randint(20, 50)))
    time.sleep(2)
    client.loop_read()
```

13-4-4 在 Pico W 使用 MicroPython 建立 MQTT 客戶端

Pico W 開發板的 MicroPython 韌體沒有內建 MQTT 客戶端模組，因此我們需要自行上傳 MQTT 模組來建立 MQTT 客戶端。

上傳 MQTT 模組的 umqtt 目錄

Thonny 在成功連線 Pico W 開發板後，請將「/home/pi/ch13」目錄下的整個 umqtt 子目錄上傳至 Raspberry Pi Pico 設備。首先執行「檢視/檔案」命令開啟**檔案**標籤，並切換至「/home/pi/ch13」目錄，在 umqtt 子目錄上，執行右鍵快顯功能表的**上傳到 /** 命令，如右所示：

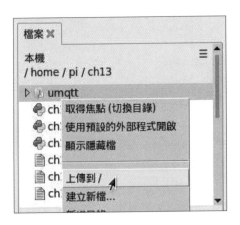

稍等一下，等到成功上傳 umqtt 目錄的檔案後，展開下方 Pico W 裝置的 umqtt 目錄，可以看到上傳的 MicroPython 程式檔案。

MicroPython 程式：ch13-4-4.py

MicroPython 程式的功能和第 13-4-2 節的 Node-RED 流程相同，可以使用 MQTT 通訊協定來出版整數亂數值到主題 sensors/1234/temp（請將其中的 1234 改設定為身分證字號或學號末 4 碼），以及顯示收到的 MQTT 訊息，其執行結果如下圖所示：

```
互動環境 ✕

>>> %Run -c $EDITOR_CONTENT

 MPY: soft reboot
 network config: ('192.168.1.101', '255.255.255.0', '192.168.1.1', '192.168
 .1.1')
 收到訊息:  34
 收到訊息:  28
 收到訊息:  34

                          MicroPython (Raspberry Pi Pico) • Board in FS mode @ /dev/ttyACM0 ☰
```

　　MicroPython 程式碼首先從 umqtt.simple 模組匯入 MQTTClient 類別
來建立 MQTT 客戶端 (即 umqtt 目錄下的 simple.py)，然後使用 urandom
和 math 模組建立整數亂數的 random_in_range() 函式，以及建立連線 WiFi
的 connect_wifi() 函式，如下所示：

```python
from umqtt.simple import MQTTClient
import network
import urandom, math
import utime


def random_in_range(low=0, high=1000):
    r1 = urandom.getrandbits(32)
    r2 = r1 % (high-low) + low
    return math.floor(r2)


def connect_wifi(ssid, passwd):
    sta = network.WLAN(network.STA_IF)
    sta.active(True)
    if not sta.isconnected():
        print("Connecting to network...")
        sta.connect(ssid, passwd)
        while not sta.isconnected():
            pass
    print("network config:", sta.ifconfig())


SSID = "<WiFi名稱>"
PASSWORD = "<WiFi密碼>"
connect_wifi(SSID, PASSWORD)
```

上述程式碼請修改成你的 WiFi 基地台名稱和密碼，即可呼叫 connect_wifi() 函式來連線 WiFi。接著在下方建立 MQTT 客戶端物件 client，其 client_id 是唯一的識別字串，server 是 HiveMQ 主機名稱，如下所示：

```
client = MQTTClient (
    client_id = "mqtt_test_1234",
    server = "broker.hivemq.com",
    ssl = False
)
topic = "sensors/1234/temp"

def sub_cb(topic, msg):
    print("收到訊息: ", msg.decode())
```

上述程式碼在指定 MQTT 主題後，建立 sub_cb() 回撥函式，此函式是當訂閱主題收到訊息時，就會自動呼叫此函式來處理訊息。然後在下方呼叫 set_callback() 方法指定回撥函式來接收訊息，如下所示：

```
client.set_callback(sub_cb)
client.connect()
client.subscribe(topic)
```

上述 connect() 方法是連線 MQTT 代理人，subscribe() 方法是訂閱的主題。最後在下方的 while 無窮迴圈中，每間隔 2 秒鐘呼叫 publish() 方法來出版訊息，其第 1 個參數是主題，第 2 個參數是訊息，如下所示：

```
while True:
    client.publish(topic, str(random_in_range(20, 50)))
    utime.sleep(2)
    client.check_msg()
```

上述 check_msg() 方法檢查是否有收到訊息，如果有，就呼叫 sub_cb() 回撥函式來處理收到的訊息。

13-5　Node-RED 儀表板

儀表板（Dashboard）將所有達成單一或多個目標所需的關鍵資訊整合顯示在同一頁面，可以讓我們快速存取重要資訊。例如：股市資訊儀表板在同一頁面連接多種圖表和統計摘要等重要資訊。

13-5-1　認識與安裝 Node-RED 儀表板

Node-RED 儀表板是使用 node-red-dashboard 節點來建立（需要額外安裝），可以幫助我們建立 IoT 物聯網所需的 Web 使用者介面。

認識 Node-RED 儀表板

Node-RED 儀表板預設擁有一頁名為 Home 的 Tab 標籤，在此標籤下可以新增多個 Group 群組，每個群組擁有一至多個元件的 Widget 小工具，即儀表板節點的介面元件，其組成結構如下圖所示：

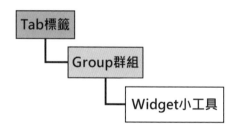

在 Node-RED 儀表板安裝 dashboard 節點

我們需要在 Node-RED 自行安裝 node-red-dashboard 儀表板節點。請執行主選單的**節點管理**命令，選**安裝**標籤，在欄位輸入 dashboard 並按 Enter 鍵，找到 node-red-dashboard 節點後，即可按**安裝**鈕來安裝此節點，如下圖所示：

接著會看到一個警告訊息，說明因相依關係，有些節點可能需要重新啟動 Node-RED，請再次按**安裝**鈕。

成功安裝後，在節點清單就會新增「dashboard」區段的 Widget 小工具，如下圖所示：

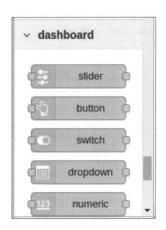

13-5-2 使用 Node-RED 儀表板

我們準備修改第 13-3-4 節的 Node-RED 流程，改用 Node-RED 儀表板的 Button 元件取代按鍵開關來點亮和熄滅 LED 燈。

在 Node-RED 儀表板安裝 led 節點

led 節點是指示燈的儀表板節點，我們需要在 Node-RED 自行安裝名為 node-red-contrib-ui-led 的節點。請開啟節點管理，在**安裝**標籤的欄位輸入 ui-led，找到 node-red-contrib-ui-led 節點後，按 2 次**安裝**鈕安裝此節點。

使用儀表板的 Button 元件控制 LED 燈：ch13-5-2.json

Node-RED 流程共有 2 個 Button 元件和 1 個 Led 元件，再加上 1 個 gpio out 節點 GPIO18，即可建立 Node-RED 儀表板，使用 Button 按鈕元件來控制 LED 燈，如下圖所示：

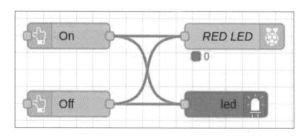

在 Node-RED 右邊的側邊欄選 dashboard，可以看到儀表板的版面配置（Layout），如右圖所示：

Node-RED 流程的執行結果需要瀏覽網址 http://127.0.0.1:1880/ui/。在顯示儀表板介面後，按 **ON** 鈕，可以看到儀表板的指示燈顯示紅色，同時 LED 燈亮起；按 **OFF** 鈕，指示燈改為黑色，同時 LED 燈熄滅，如下圖所示：

Node-RED 流程的節點說明，如下所示：

● **button 節點**（On）：在 **Group** 欄選 **[Home] MyGroup**（需自行在 Home 標籤下新增名為 MyGroup 的群組），**Label** 欄輸入 On，**Payload** 欄輸入字串 1，即按下按鈕時輸出字串 1，如下圖所示：

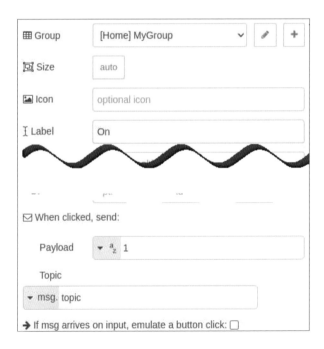

- **button 節點**（Off）：在 **Group** 欄選 **[Home] MyGroup**，**Label** 欄輸入 Off，**Payload** 欄輸入字串 0，即按下按鈕時輸出字串 0。

- **led 節點**：在**組**欄選 **[Home] MyGroup**，**Label** 欄輸入**紅色 LED**，如下圖所示：

然後在下方建立不同 msg.payload 屬性值對應顯示的指示燈色彩（請按下方 **Color** 鈕來新增），以此例字串 0 是 black 黑色，字串 1 是 red 紅色，如下圖所示：

13-6　IoT 實驗範例：溫溼度監控的 Node-RED 儀表板

在本節的 IoT 實驗範例是整合第 13-4 節的 MQTT 通訊協定和第 13-2 節的 DHT11 溫溼度感測器來建立 IoT 裝置，並同時整合 Node-RED 儀表板來顯示溫溼度量表與折線圖。

13-6-1 溫溼度監控的 Node-RED 儀表板

請啟動 Node-RED 匯入流程檔：ch13-6-1.json，會看到 2 個 Node-RED 流程，分別是訂閱和接收 MQTT 主題的溫溼度資料流程，如下圖所示：

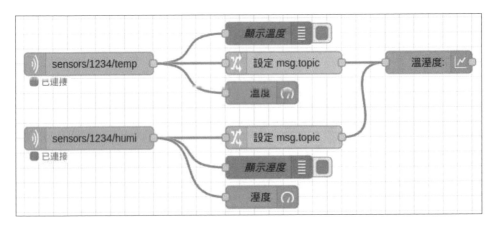

請按右上方紅色**部署**鈕部署流程（可能需按**確認部署**鈕），即可執行 MicroPython 程式：ch13-6-2.py，使用 MQTT 通訊協定來出版溫溼度，並在瀏覽儀表板 http://127.0.0.1:1880/ui/ 後顯示繪製的圖表，如下圖所示：

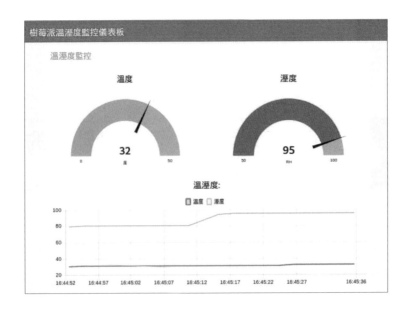

上述 Node-RED 儀表板顯示 IoT 裝置出版的溫溼度資料，並在握住或蓋住 DHT11 溫溼度感測器一段時間後，可以看到溫溼度的變動。

13-6-2 使用 MQTT 出版 DHT11 感測器的溫溼度

在第 13-6-1 節 Node-RED 儀表板顯示的溫溼度資料，就是使用 MQTT 通訊協定出版 DHT11 感測器的溫溼度資料。

使用 Pico W 出版 DHT11 的溫溼度：ch13-6-2.py

MicroPython 程式是整合 ch13-4-4.py 和 ch13-2.py，在建立 MQTT 客戶端後，呼叫 connect() 方法連線 MQTT 代理人，接著指定 2 個 MQTT 主題，分別是溫度和溼度的主題，如下所示：

```
...
client = MQTTClient (
    client_id = "mqtt1234_dht11",
    server = "broker.hivemq.com",
    ssl = False,
)
client.connect()
topic_temp = "sensors/1234/temp"
topic_humi = "sensors/1234/humi"

while True:
    try:
        sensor.measure()
        temp = sensor.temperature()
        client.publish(topic_temp, str(temp))
        humid = sensor.humidity()
        client.publish(topic_humi, str(humid))
        utime.sleep(2)
    except OSError as e:
        print("Error reading from DHT11 sensor!")
```

上述 while 無窮迴圈是使用例外處理來依序讀取溫度，再呼叫 publish() 方法出版溫度資料，然後讀取溼度，再呼叫 publish() 方法出版溼度資料。

1. 請簡單說明什麼是 IoT 物聯網？

2. 請問什麼是 DHT11 溫溼度感測器？如何在 Pico W 開發板讀取 DHT11 感測器的溫溼度資料？

3. 請簡單說明 Node-RED 是什麼？我們如何使用 Node-RED 流程來控制 LED 燈？

4. 請簡單說明 MQTT 通訊協定，以及 Node-RED、Python 和 MicroPython 是如何出版和接收 MQTT 訊息？

5. 請問什麼是 Node-RED 儀表板？在 Node-RED 儀表板是如何組織節點的介面元件？

6. 請修改第 13-6 節的 IoT 實驗範例，改為光線亮度監控，並顯示第 7-5-2 節或第 8-4-6 節的光敏電阻值。

chapter

14

AIoT 實驗範例：
Node-RED +
TensorFlow.js

▷ 14-1 認識 TensorFlow.js

▷ 14-2 安裝與使用相關的 Node-RED 節點

▷ 14-3 AIoT 實驗範例：Node-RED 與 COCO-SSD

▷ 14-4 AIoT 實驗範例：Node-RED 與 Teachable Machine

14-1 認識 TensorFlow.js

TensorFlow 是一套開放原始碼且高效能的數值計算函式庫,這是一個機器學習框架,支援使用 Python 或 JavaScript 語言搭配 TensorFlow 來開發機器學習專案,其中 JavaScript 版的 TensorFlow 即為 TensorFlow.js。

TensorFlow.js 是一個使用 JavaScript 語言執行機器學習開發的函式庫,可以讓我們在瀏覽器或 Node.js 開發和運行機器學習模型,也就是在網頁或伺服器端來使用機器學習,讓 TensorFlow.js 成為一個適用於各種機器學習應用的強大工具,其主要功能如下所示:

- **開發和訓練模型**:直接使用 JavaScript 來建構和訓練機器學習模型。

- **使用預訓練模型**:直接使用現成 JavaScript 版的預訓練模型,或是將 TensorFlow 模型轉換為 TensorFlow.js 版的模型。

- **重新訓練預訓練模型**:使用自己的資料來重新訓練現有的預訓練模型,或是使用遷移學習來建構出所需的機器學習模型。

TensorFlow.js 在硬體運算方面支援 CPU、顯示卡 GPU 和 Google 客製化 TPU(TensorFlow Processing Unit),以加速機器學習的訓練。其中,瀏覽器端使用 WebGL 來加速運算,而 Node.js 環境則可以直接使用 GPU 進行加速。

14-2 | 安裝與使用相關的 Node-RED 節點

在建立本章 AIoT 實驗範例的 Node-RED 流程之前，我們需要先安裝一些相關的 Node-RED 節點，本節將說明這些 Node-RED 節點的安裝與使用方法。

14-2-1 | 預覽和註記圖片

在 Node-RED 中，可以安裝 node-red-contrib-image-output 節點來預覽圖片，以及安裝 node-red-node-annotate-image 節點用於註記圖片內容。

使用 image 節點預覽圖片：ch14-2-1.json

Node-RED 流程可以使用「輸出」區段的 image 節點來預覽圖片，而圖片則是使用 read file 節點來載入，如下圖所示：

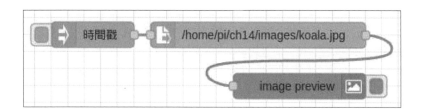

Node-RED 流程的節點說明，如下所示：

● **read file 節點**：讀取**檔案名**欄的檔案，以此例是讀取圖檔，**輸出**欄選一個 Buffer 物件（若讀取的檔案為文字內容，則是選一個 utf8 字串），如下圖所示：

- **image preview 節點**：即 image 節點，**Property** 欄是圖片內容來源的屬性名稱，**Width** 欄指定圖片寬度，高度會自動依比例調整，如下圖所示：

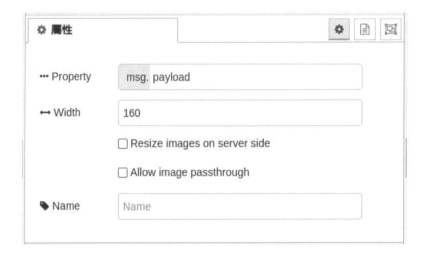

Node-RED 流程的執行結果，只需點選 inject 節點，就可以看到「/ch14/images/koala.jpg」圖檔的預覽圖片，如下圖所示：

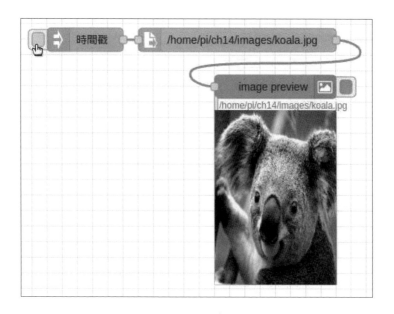

使用 annotate image 節點註記圖片：ch14-2-1a.json

Node-RED 流程可以使用「utility」區段的 annotate image 節點來註記圖片，我們需要建立 msg.annotations 屬性值來替圖片註記標籤文字，和新增長方形或圓形外框（在第 14-3 節的機器學習將使用此節點來註記偵測結果的圖片），如下所示：

```
[
    {
        "label": "cat",
        "bbox": [
            4.735950767993927,
            27.59294629096985,
            330.78828209638596,
            242.19613552093506
        ],
        "labelLocation": "top"
    }
]
```

上述屬性值是一個陣列，每一個元素是一個物件，其中 label 是標籤文字，bbox 是外框座標，labelLocation 是標籤顯示位置（top 是上方，bottom 是下方）。

Node-RED 流程首先使用 read file 節點載入圖片，接著使用 change 節點建立 msg.annotations 屬性值，即可在圖片內容加上註記，最後在 image 節點預覽註記後的圖片內容，如下圖所示：

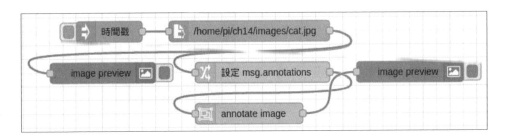

Node-RED 流程的節點說明，如下所示：

● **change 節點**：使用**設定**操作，指定 msg.annotations 屬性值（點選欄位後的 ⋯ 可以開啟編輯器），如下圖所示：

● **annotate image 節點**：如有需要，可以自行指定註記的框線色彩和寬度，以及字型色彩和尺寸，如下圖所示：

Node-RED 流程的執行結果，在點選 inject 節點後，可以看到「/ch14/ images/cat.jpg」圖檔的預覽圖片，和註記後的圖片內容，如下圖所示：

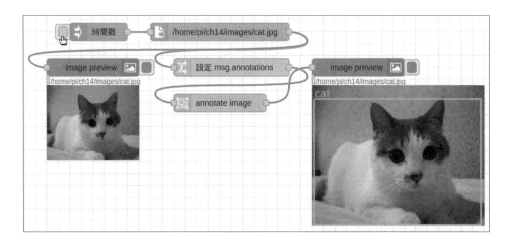

14-2-2 選擇 Raspberry Pi OS 作業系統檔案

Node-RED 的 node-red-contrib-browser-utils 節點是瀏覽器相關工具，我們可以使用 file inject 節點來選擇 Raspberry Pi OS 作業系統的檔案。

Node-RED 流程：ch14-2-2.json 是以「輸入」區段的 file inject 節點開始，可以讓使用者自行選擇 Raspberry Pi OS 作業系統的檔案，例如：dog.jpg 圖檔，如下圖所示：

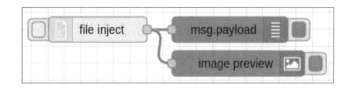

Node-RED 流程的節點說明，如下所示：

● **file inject 節點**：只支援 Name 名稱屬性，此例使用預設值。

　　Node-RED 流程的執行結果，請點選 file inject 節點前的按鈕，可以開啟對話方塊來選擇圖檔，請選擇位在「/ch14/images/」目錄的 dog.jpg 圖檔，即可看到顯示的預覽圖片，如下圖所示：

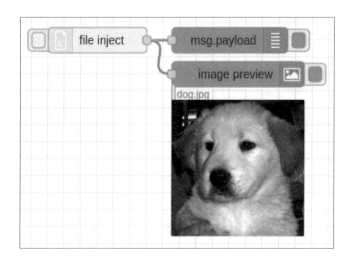

　　在「除錯窗口」標籤可以看到圖片內容的 Buffer 資料，如下圖所示：

2024/9/5 上午10:12:58
node: 2fde1552.6ca45a
msg.payload : buffer[12605]
▸ [255, 216, 255, 224, 0, 16, 74, 70, 73, 70 …]

14-2-3 內嵌框架

在 Node-RED 中，可以使用 node-red-node-ui-iframe 節點來建立 HTML 內嵌框架的 <iframe> 標籤，在安裝此節點後，我們就能在 Node-RED 儀表板中，嵌入其他網站或 Node-RED 流程建立的 Web 網站。

在 Node-RED 流程：ch14-2-3.json 中有 2 個流程，第 1 個流程是靜態 Web 網頁，第 2 個流程只有 1 個 iframe 節點，可以內嵌顯示第 1 個流程的 Web 網頁內容，如下圖所示：

Node-RED 流程的節點說明，如下所示：

● **http in 節點**：建立 Web 網站的路由，在**請求方式**欄選 HTTP 方法──支援 GET、POST、PUT、DELETE 和 PATCH，以此例是 GET 方法，然後在 **URL** 欄位輸入路由「/hello」，如下圖所示：

- **template 節點**：建立 Web 網頁內容，輸入的 HTML 標籤即為回應資料的網頁內容，如下所示：

```
<html>
    <head>
        <title>Hello</title>
    </head>
    <body>
        <h1>我的Hello World!網頁</h1>
    </body>
</html>
```

- **http response 節點**：可以建立 msg.payload 屬性值的 HTTP 回應給瀏覽器，此例使用預設值。

- **iframe 節點**：在 Group 欄選 **[Home] IFrame**（需自行新增名為 IFrame 的群組），**URL** 欄是第 1 個流程的 URL 網址，**Scale** 欄設定縮放尺寸，如下圖所示：

Node-RED 流程的執行結果需要瀏覽網址 http://127.0.0.1:1880/ui/，可以在儀表板看到 IFrame 元件顯示的網頁內容，如下圖所示：

在 Node-RED 只需安裝 node-red-node-ui-webcam 節點，就可以在儀表板開啟 Webcam 網路攝影機（不支援 Pi 相機模組）來擷取圖片。

Node-RED 流程：ch14-2-4.json 是使用 webcam 節點擷取圖片後，在 image 節點預覽取得的圖片內容，如下圖所示：

Node-RED 流程的節點說明，如下所示：

● **webcam 節點**：在 **Group** 欄選 **[Home] WebCam**（需自行新增名為 WebCam 的群組），**Size** 欄輸入尺寸（最大 10×10），如下圖所示：

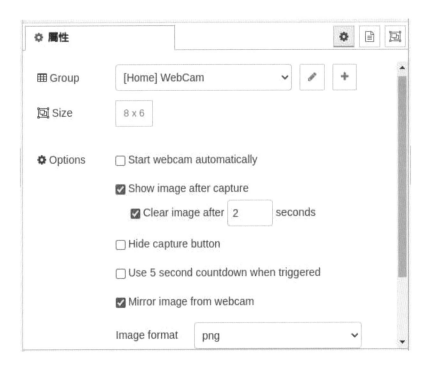

上述 Options 選項設定的說明，如下表所示：

選項	說明
Start webcam automatically	自動啟動 Webcam
Show image after capture	在擷取圖片後，顯示圖片
Clear image after seconds	顯示圖片幾秒鐘後清除圖片
Hide capture button	隱藏擷取圖片按鈕
Use 5 second countdown when triggered	使用 5 秒倒數來擷取圖片
Mirror image from webcam	使用鏡像圖片，即左右相反
Image format	選擇輸出的圖片格式

Node-RED 流程的執行結果需要瀏覽網址 http://127.0.0.1:1880/ui/，
請點選 webcam 圖示並按**允許**鈕啟用攝影機，畫面中就會顯示 Webcam 的
影格，如下圖所示：

點選右下角攝影機圖示擷取目前影像的圖片後，就會在 image 節點預覽擷取的圖片內容，如下圖所示：

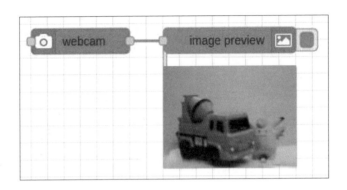

14-3 AIoT 實驗範例：Node-RED 與 COCO-SSD

AIoT 即為**人工智慧（AI）+ 物聯網（IoT）**，當 IoT 物聯網導入 AI 人工智慧後，AIoT 就擁有自行學習的能力，可以透過數據訓練來不斷地自我強化，以提供更佳的客製化服務體驗和人性化需求。

COCO-SSD 預訓練模型由 Google 公司於 2017 年 6 月釋出，源自「物體偵測 API」（Object Detection API）的 COCO-SSD 模型，並使用 COCO 資料集進行訓練。COCO-SSD 是基於 MobileNet 或 Inception 的 SSD 模型（Single Shot Multi-box Detector），能夠在圖片上偵測出多個物體。

Node-RED 支援多種 TensorFlow.js 預訓練模型的節點，但由於版本和模組相依問題，**請勿同時安裝這些節點**。在本節是安裝 node-red-contrib-tfjs-coco-ssd 節點來使用 COCO-SSD 預訓練模型，關於此節點的說明網址：https://flows.nodered.org/node/node-red-contrib-tfjs-coco-ssd。

在 Node-RED 安裝 node-red-contrib-tfjs-coco-ssd 節點

由於需要重建節點的相依性，請在結束 Node-RED 後重啟終端機，並輸入下列指令來安裝 node-red-contrib-tfjs-coco-ssd 節點，如下所示：

```
$ cd ~/.node-red [Enter]
$ npm i node-red-contrib-tfjs-coco-ssd [Enter]
```

上述 cd 指令切換至 Node-RED 使用者目錄「/home/pi/.node-red」，接著使用 npm i 指令安裝 node-red-contrib-tfjs-coco-ssd 節點（安裝此節點需花一些時間，請稍等一下）。等到節點安裝完成，我們還需要從原始碼來重建 tfjs-node 節點的相依性，其指令如下所示：

```
$ npm rebuild @tensorflow/tfjs-node --build-from-source [Enter]
```

在完成節點相依性的重建之後，請重新啟動樹莓派，再啟動 Node-RED 來完成 node-red-contrib-tfjs-coco-ssd 節點的安裝。

使用 COCO-SSD 預訓練模型偵測圖片上的物體：
ch14-3.json

Node-RED 流程首先使用 file inject 節點選擇圖片，再以 image 節點預覽選擇的圖片，接著送入 tf coco ssd 節點偵測圖片內容的物體後，使用 annotate image 節點在圖片上標示註記方框和物體名稱，最後再以 image 節點預覽顯示註記後的圖片，即圖片偵測結果，如下圖所示：

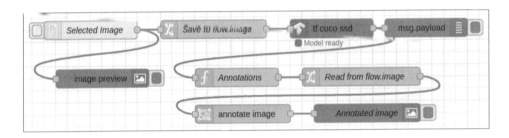

Node-RED 流程的節點說明，如下所示：

- **file inject 節點**（Selected Image）：在 **Name** 欄輸入 Selected Image。

- **image 節點**（image preview）：在 **Width** 欄輸入寬度為 100，如下圖所示：

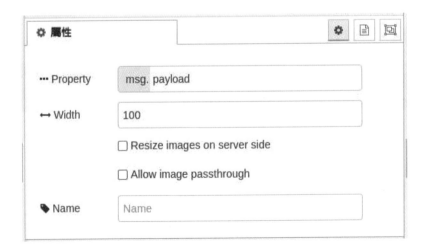

- **change 節點**（Save to flow.image）：使用**設定**操作，將圖片內容的 msg.payload 屬性值指定給 flow.image 變數，如下圖所示：

- **tf coco ssd 節點**：此例使用預設值，其偵測結果會存放在 msg. payload 屬性值（因為會取代原圖片內容，所以先用 flow.image 變數儲存原圖片）。

- **debug 節點**：此例使用預設值。

- **function 節點**：請輸入下列 JavaScript 程式碼取出偵測結果的 class 分類屬性，以及繪出物件方框座標的 bbox 屬性。由於 COCO-SSD 預訓練模型可以在圖片上偵測出多個物體，所以 msg.paylaod 屬性值是一個陣列，需要使用 for 迴圈取出所有偵測到的物體，如下所示：

```javascript
msg.annotations = []
for (i = 0; i < msg.payload.length; i++) {
    var obj = {}
    obj.label = msg.payload[i].class;
    obj.bbox = msg.payload[i].bbox;
    msg.annotations[i] = obj;
}
return msg;
```

上述 msg.annotations 屬性值是一個陣列，其值是用來在 annotate image 節點標示每一個物體的方框和顯示分類名稱。在 for 迴圈的 msg. payload.length 屬性值是偵測出的物體數，各物體的 label 屬性即為 class 分類名稱，bbox 屬性即為 bbox，最後再將其新增至 msg.annotations 屬性值。

- **change 節點**（Read from flow.image）：使用**設定**操作，將 flow.image 變數儲存的圖片再回存至 msg.payload 屬性，如下圖所示：

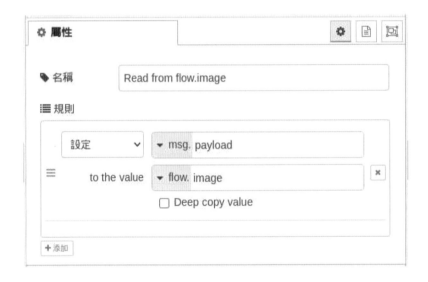

- **annotate image 節點**：此例使用預設值，可以指定標示的框線色彩、寬度，以及字型色彩和尺寸。這是使用 msg.annotations 屬性值的註記資料，在 msg.payload 屬性值的圖片上標示註記（只支援 JPEG 格式）。

- **image 節點**（Annotated image）：在 **Width** 欄輸入寬度為 200。

Node-RED 流程的執行結果，請點選 file inject 節點並選取 JPG 圖片 face01.jpg，即可看到預覽圖片，以及標示偵測出物體 Tie 和 Person 的圖片，如下圖所示：

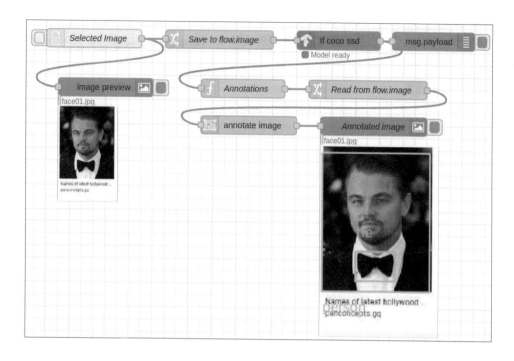

在「除錯窗口」標籤頁可以看到 2 個物體的偵測結果，如下圖所示：

```
2024/9/5 上午11:14:27   node: 75fbf592.1bde7c
msg.payload : array[2]
▼array[2]
  ▼0: object
    ▶bbox: array[4]
     class: "tie"
     score: 0.8466876745223999
  ▼1: object
    ▶bbox: array[4]
     class: "person"
     score: 0.8252304792404175
```

Node-RED 流程：ch14-3a.json 改用儀表板的 Webcam 節點來擷取圖片、偵測物體和標記圖片。

14-4 AIoT 實驗範例：Node-RED 與 Teachable Machine

Teachable Machine 是 Google 推出的網頁工具，無需專業知識或撰寫程式碼，就能為網站和應用程式訓練機器學習模型，支援影像分類、姿勢辨識和聲音分類。

我們準備使用 Teachable Machine 訓練機器學習模型，來分類剪刀、石頭和布的圖片。然後在 Node-RED 儀表板執行 Tensorflow.js 程式，使用此機器學習模型並透過 Webcam 即時辨識影像，判斷是剪刀、石頭或布。

14-4-1 使用 Teachable Machine 訓練機器學習模型

現在，我們就可以使用 Teachable Machine 訓練一個機器學習模型。

步驟一：新增專案和選擇機器學習模型的類型

使用 Teachable Machine 的第一步是新增專案和選擇機器學習模型的種類，其步驟如下所示：

Step 1 請啟動瀏覽器進入下列 URL 網址後，按 **Get Started** 鈕開始新增專案。

> https://teachablemachine.withgoogle.com/

2 選擇 **Image Project** 圖片分類專案（Audio Project 是聲音分類，Pose Project 是姿勢辨識）。

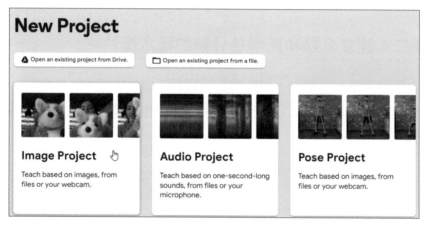

3 點選 **Standard Image model** 建立標準的圖片模型。

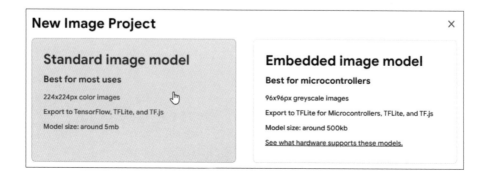

Step 4

Teachable Machine 機器學習的模型訓練介面，如下圖所示：

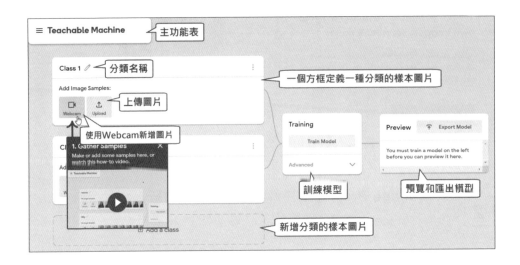

步驟二：建立分類和新增各分類的樣本圖片

在選擇完模型種類後，就能建立分類和新增樣本圖片。以剪刀、石頭或布而言，共需建立 3 種分類，並使用 Webcam 新增各類別的樣本圖片，其步驟如下所示：

Step 1

點選方框左上角的鉛筆圖示修改分類名稱。請將第 1 個分類 Class 1 改成 **Rock** 石頭，第 2 個改成 **Paper** 布，接著點選下方虛線框的 **Add a class** 再新增 1 個分類。

Step 2 在新增分類後，將此分類更名成 **Scissors** 剪刀。

Step 3 在「Rock」框點選 **Webcam** 鈕，使用 Webcam 新增此類別的樣本圖片（**Upload** 鈕是上傳樣本圖片），請按**允許**鈕允許網頁使用 Webcam 網路攝影機。

Step 4 按住 **Hold to Record** 鈕，即可使用 Webcam 持續在右邊框產生「石頭」的樣本圖片（請試著旋轉、前進和後退來產生不同角度和尺寸的樣本圖片）。而在右邊框中可以自行篩選樣本圖片，藉由將游標移至不需要的圖片上，並點選垃圾桶圖示來刪除該圖片。

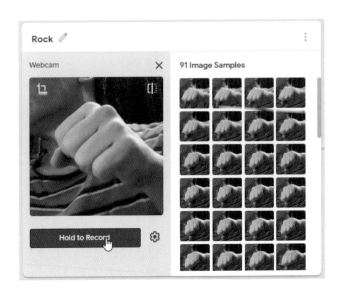

Step 5 在「Paper」框點選 **Webcam** 鈕，接著按住 **Hold to Record** 鈕，使用 Webcam 持續在右邊框產生「布」的樣本圖片。

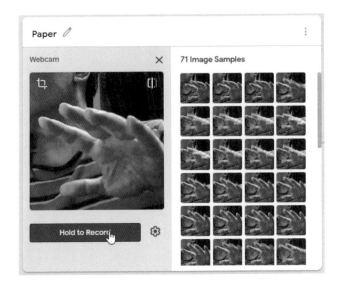

<table>
<tr><td>

Step
6

</td><td>

在「Scissors」框點選 **Webcam** 鈕，接著按住 **Hold to Record** 鈕，使用 Webcam 持續在右邊框產生「剪刀」的樣本圖片。

</td></tr>
</table>

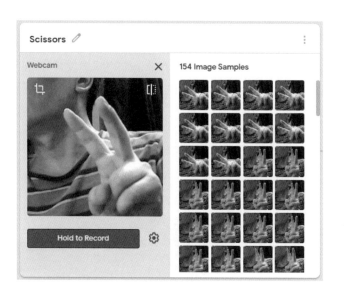

步驟三：訓練模型

完成新增 3 個分類的樣本圖片之後，即可開始訓練模型，其步驟如下所示：

<table>
<tr><td>

Step
1

</td><td>

在中間的「Training」框，按下 **Train Model** 鈕開始訓練模型。

</td></tr>
</table>

<table>
<tr><td>

Step
2

</td><td>

顯示「正在準備訓練資料」之後，開始訓練模型。模型訓練時間依樣本數而定，請稍等一下，等待模型訓練完成。

</td></tr>
</table>

步驟四:預覽、測試與優化模型

模型訓練完畢之後,我們就能預覽、測試與優化該模型,其步驟如下所示:

Step
1
若「Training」框中顯示 Model Trained 的訊息文字,表示模型已訓練完成,就能在「Preview」框匯出模型。不過在匯出之前,建議先測試模型並優化其準確度。

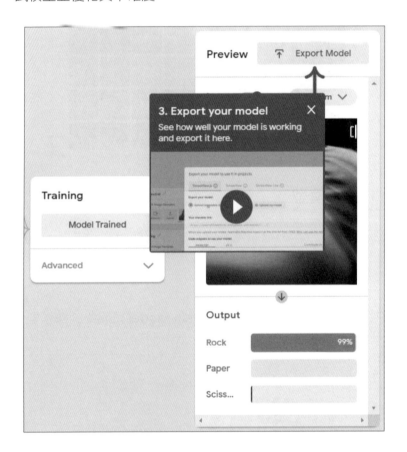

Step
2
請在「Preview」框預覽模型的辨識結果,在中間是 Webcam 影像,其下方是辨識結果的百分比,即模型分類圖片的結果,如下圖所示:

　　請在 Webcam 擺出不同角度和大小的剪刀、石頭或布來測試模型的準確度，如果發現某些情況的辨識錯誤率較高時，請增加此情況的樣本圖片來重新訓練模型，即可優化模型直到得到滿意的準確率為止。

步驟五：匯出模型和複製 JavaScript 程式碼

　　在增加各分類樣本圖片並優化出滿意的模型後，就可以匯出模型和複製 JavaScript 程式碼，其步驟如下所示：

Step
1 請按下「Preview」旁的 **Export Model** 鈕來匯出模型。

Step 2 Teachable Machine 支援匯出 3 種模型，請選擇 **Tensorflow.js**，再選 **Upload (shareable link)**，然後按下 **Upload my model** 鈕上傳模型。

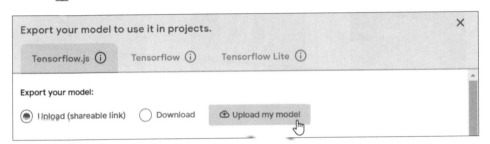

Step 3 等到成功上傳模型之後，在 **Your shareable link:** 的下方可以看到模型的 URL 網址，請按後方 **Copy** 圖示來複製此網址。

Export your model to use it in projects.   ✕

   Tensorflow.js ⓘ   Tensorflow ⓘ   Tensorflow Lite ⓘ

Export your model:

◉ Upload (shareable link)   ◯ Download   ☁ Update my cloud model

Your sharable link:

```
https://teachablemachine.withgoogle.com/models/_mD6F2flP/          Copy 🗐
```

When you upload your model, Teachable Machine hosts it at this link for free. (FAQ: Who can use my model?)

✓ Your cloud model is up to date.

Code snippets to use your model:

   Javascript   p5.js   Contribute on Github ◯

Learn more about how to use the code snippet on github.

```
                                                                    Copy 🗐
<div>Teachable Machine Image Model</div>
<button type="button" onclick="init()">Start</button>
<div id="webcam-container"></div>
<div id="label-container"></div>
<script src="https://cdn.jsdelivr.net/npm/@tensorflow/tfjs@1.3.1/dist/tf.min.js"></script>
<script src="https://cdn.jsdelivr.net/npm/@teachablemachine/image@0.8/dist/teachablemachine-
image.min.js"></script>
<script type="text/javascript">
```

Step 4 在下方選 **JavaScript** 並按 **Copy** 圖示，以複製使用此 Tensorflow.js 模型的 JavaScript 程式碼，我們準備使用此程式碼在第 14-4-2 節建立 Node-RED 的 Web 網站。

步驟六：儲存專案

在完成模型匯出之後，我們可以開啟主功能表，執行 **Save project to Drive** 命令將此專案儲存至 Google 雲端硬碟。

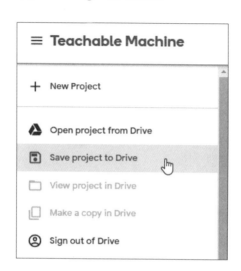

上述 **Open project from Drive** 命令，可以讓我們從雲端硬碟開啟已儲存的 Teachable Machine 專案。

14-4-2 在 Node-RED 儀表板即時辨識 Webcam 影像

在成功訓練模型、匯出模型和複製 JavaScript 程式碼後，我們就能夠建立 Node-RED 流程：ch14-4-2.json，在儀表板即時辨識 Webcam 影像，如下圖所示：

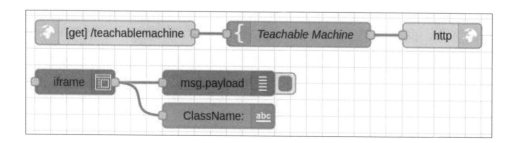

Node-RED 流程的節點說明，如下所示：

● **http in 節點**：使用 GET 方法，路由是「/teachablemachine」。

● **template 節點**：請將第 14-4-1 節複製的 JavaScript 程式碼貼入此節點，如下圖所示：

```
 7  <script type="text/javascript">
43      async function loop() {
44          webcam.update(); // update the webcam frame
45          await predict();
46          window.requestAnimationFrame(loop);
47      }
48
49      // run the webcam image through the image model
50      async function predict() {
51          var pre_className = "";
52          // predict can take in an image, video or canvas html element
53          const prediction = await model.predict(webcam.canvas);
54          for (let i = 0; i < maxPredictions; i++) {
55              const classPrediction =
56                  prediction[i].className + ": " + prediction[i].probability.toFixed(2);
57              labelContainer.childNodes[i].innerHTML = classPrediction;
58              if (prediction[i].probability.toFixed(2) >= 0.8) {
59                  var className = prediction[i].className;
60                  if (className != pre_className) {
61                      window.postMessage(className, "http://127.0.0.1:1880/");
62                      pre_className = className;
63                  }
64              }
65          }
66      }
67  </script>
```

上述程式碼首先在第 51 列建立變數 pre_className，用來記住前一個辨識出的分類名稱，如下所示：

```
var pre_className = "";
```

然後在第 58~64 列新增 if 條件來判斷預測的可能性是否超過 0.8（即 80%），如果是，就取得分類名稱 className。而內層 if 條件判斷與之前的分類名稱是否相同，如果不同，就使用 HTML5 Web Messaging 的 postMessage() 方法，將分類字串（第 1 個參數）傳遞給 iframe 節點父網頁的 Web 網站（第 2 個參數），如下所示：

```
if (prediction[i].probability.toFixed(2) >= 0.8) {
    var className = prediction[i].className;
    if (className != pre_className) {
        window.postMessage(className,"http://127.0.0.1:1880/");
        pre_className = className;
    }
}
```

在 iframe 節點之後的 Node-RED 流程，可以使用 msg.payload 屬性值取得傳遞的分類名稱字串。

● **http response 節點**：此例使用預設值。

● **iframe 節點**：在 **Group** 欄選 **[Home] Teachable Machine**（需自行新增名為 Teachable Machine 的群組），**Size** 欄選 10×10，**URL** 欄輸入 **http://127.0.0.1:1880/teachablemachine**（即第 1 個流程的 Web 網頁），如下圖所示：

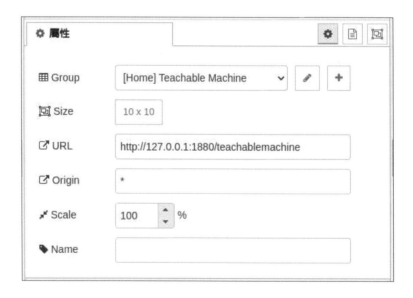

● **debug 節點**：此例使用預設值。

- **text 節點**：在 **Group** 欄選 **[Home] Teachable Machine**，**Label** 欄輸入 **ClassName:**，如下圖所示：

Node-RED 流程的執行結果需要瀏覽網址 http://127.0.0.1:1880/ui/，可以看到儀表板上 iframe 節點顯示的 Web 網站（即第 1 個流程）。請按 **Start** 鈕啟動 Webcam，即可在上方 text 節點看到影像的辨識結果，以此例是布，如下圖所示：

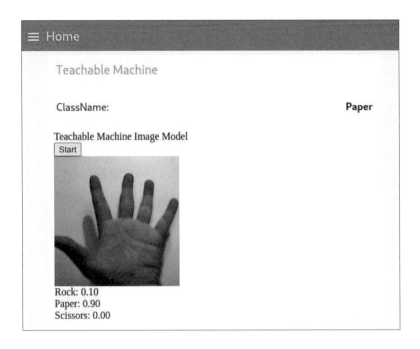

學習評量

1. 請簡單說明什麼是 TensorFlow.js？

2. 請簡單說明 Node-RED 如何預覽圖片、註記圖片和使用 Webcam 網路攝影機？

3. 請簡單說明什麼是 HTML 內嵌框架？

4. 請問什麼是 AIoT？什麼是物體偵測 COCO-SSD？

5. 請參考第 14-3 節的說明和範例，建立 Node-RED 流程來偵測和計算 Webcam 擷取圖片中的人數。

6. 請擴充第 13-5 節的 Node-RED 程式——先以第 14-4 節的 Teachable Machine 訓練辨識 2 種手勢的模型後，再使用手勢來點亮和熄滅 LED 燈。

MEMO

hapter

15

硬體介面實驗範例 (一)：
樹莓派 WiFi 遙控視訊車

▷　15-1　認識樹莓派智慧車

▷　15-2　樹莓派的直流馬達控制

▷　15-3　再談 Python 的 Flask 框架

▷　15-4　打造樹莓派 WiFi 遙控視訊車

15-1 認識樹莓派智慧車

　　樹莓派智慧車是一種輪型機器人的原型，在實務上，我們可以使用樹莓派打造多種不同類型的輪型機器人。不過，並不是每一種智慧車都真的有智慧，大部分使用樹莓派打造的智慧車，只是使用不同方式進行的遙控車或自走車，如下所示：

- **紅外線遙控車**：使用電視等家電用的紅外線遙控器來控制智慧車的行進。智慧車需安裝紅外線接收器來接收紅外線訊號，以控制智慧車的行進。

- **藍牙遙控車**：透過藍牙遠端控制智慧車。我們可以使用具有藍牙功能的電腦、平板或智慧型手機來控制智慧車的行進。

- **WiFi 遙控車**：利用 WiFi 遠端控制智慧車。我們需要使用連網的電腦、平板或智慧型手機來控制智慧車的行進，而在樹莓派可以使用 Web 網頁介面或 SSH 遠端連線來控制。

- **紅外線尋跡自走車**：在智慧車上安裝 2 至 3 個紅外線尋跡模組，讓車輛根據地面上的黑白線條來自動尋跡行駛，簡單地說，就是一輛跟著線走的自走車。

- **超音波避障自走車**：在智慧車使用超音波測距模組來偵測多個方向的距離（左、左前、前、右前、右方），以判斷最佳的行車路徑，同時避開位於前方的障礙物。

　　於本章，我們打造的樹莓派智慧車是一輛 WiFi 遙控車（在第 16 章準備將其改造成超音波避障、物體追蹤和 AI 自駕車），又因其提供 Pi 相機模組的串流視訊，所以，這是一輛樹莓派 WiFi 遙控視訊車，如下圖所示：

15-2 樹莓派的直流馬達控制

　　基本上，直流馬達（DC Motor）的線路連接並不複雜，我們只需將電線接上直流電源和接地（GND），馬達就會轉動；反接電源線，馬達則會反向轉動，如下圖所示：

　　上述直流馬達主要是控制其轉速和方向（順時鐘或逆時鐘轉）。在這一節我們準備使用 L298N 馬達模組來控制 2 顆直流馬達的轉動，並在第 15-4-2 節說明如何透過 PWM 控制直流馬達的轉速。

L298N 馬達模組

L298N 馬達模組是一種
常用的馬達控制模組，許多智
慧車都是使用此模組來驅動馬
達。它能夠驅動 1 顆步進馬達
或 2 顆直流馬達（每組輸出可
並聯驅動 2 顆直流馬達，因此
可驅動 4 顆直流馬達，例如：
第 15-4 節的樹莓派 WiFi 遙控
視訊車），如右圖所示：

上述 L298N 馬達模組驅動一顆馬達需要使用樹莓派的 2 個 GPIO 接
腳，可以控制馬達順時鐘轉（正轉）或逆時鐘轉（反轉），故驅動 2 顆馬達
共需 4 個 GPIO 接腳。

當 L298N 馬達模組的 3 個藍色接頭面向前方時，其右側的 IN1 和 IN2
接腳負責控制第 1 顆馬達，再右側的 IN3 和 IN4 接腳則控制第 2 顆馬達，
其控制方式如下表所示：

IN1/IN3	IN2/IN4	功能
HIGH（1）/ HIGH（1）	LOW（0）/ LOW（0）	馬達正轉
LOW（0）/ LOW（0）	HIGH（1）/ HIGH（1）	馬達反轉
IN1 = IN2、IN3 = IN4	IN2 = IN1、IN4 = IN3	馬達快速停止

電子電路設計

L298N 馬達模組和 2 顆直流馬達都是使用 18650 電池盒供電（7.4V），其電子電路設計的接線圖，如下圖所示：

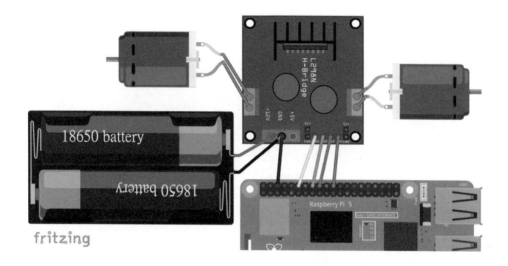

上述 L298N 馬達模組使用接線連接樹莓派的 GPIO 接腳，電源是一個 18650 電池盒，其說明如下所示：

- **左右 2 邊的藍色接頭**：分別連接 2 顆馬達的 2 條電源線（請使用十字或一字小起子鬆開上方螺絲後，將電線插入下方 2 片金屬片之中，再鎖緊接線）。先不用考慮 2 條線的正負極（影響馬達正轉或反轉），在接好電源線並執行 Python 程式測試時，再行調整電源線的正接或反接即可。

- **前方右邊的 IN1~4 接腳**：請使用母 - 母杜邦線依序連接樹莓派的 GPIO18、23、24 和 25 接腳。

- **前方左邊的 3 個藍色接頭**：最左邊連接 18650 電池盒的正極，中間連接 GND，右邊連接 L298N 馬達模組的電源（如果電池電壓小於 12V，也可同時為 L298N 馬達模組供電）。**請注意！**中間的 GND 除了連接電池盒的負極外，還需連接樹莓派的 GND 接腳。

Python 程式：ch15-2.py

Python 程式是使用 GPIO Zero 模組的 Motor 物件，以 IN1~IN4 接腳的數位輸出來控制 2 顆馬達。請在 opencv 虛擬環境執行此程式，並在提示文字後方輸入 'f'、'b'、'r'、'l'、's' 命令，即可控制 2 顆馬達的前進、後退、右轉、左轉和停止，而輸入 'q' 命令可以結束程式執行，如下圖所示：

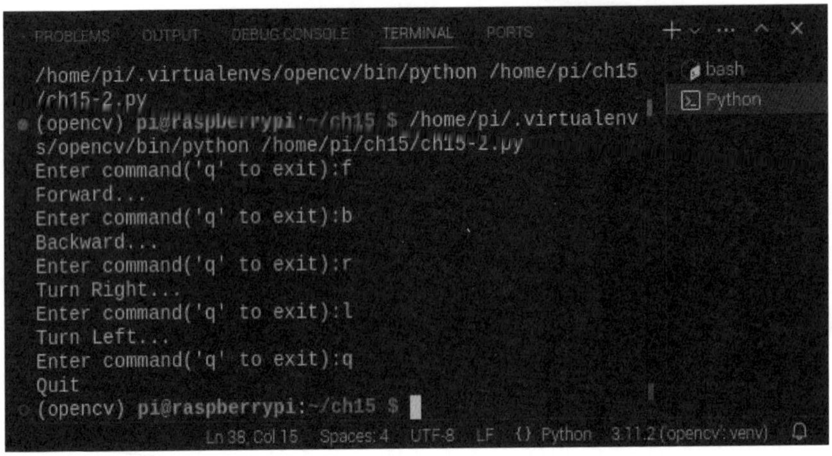

上述圖例輸入命令字元 'f'，按 Enter 鍵是前進，'b' 是後退，'r' 是右轉，'l' 是左轉，'q' 是結束程式。

Python 程式碼首先匯入 gpiozero 模組的 Motor 類別，接著指定 in1~4 共 4 個腳位編號，並建立 2 個 Motor 物件，如下所示：

```python
from gpiozero import Motor

in1 = 18
in2 = 23
in3 = 24
in4 = 25

motor1 = Motor(forward=in1, backward=in2)
motor2 = Motor(forward=in3, backward=in4)
```

　　上述 Motor 物件 motor1~2 需指定 2 個 GPIO 接腳來控制馬達，即可呼叫 Motor 物件的方法來前進、後退和停止，如下表所示：

方法	說明
forward()	前進
backward()	後退
stop()	停止

　　在下方的 while 無窮迴圈呼叫 input() 函式讓使用者輸入命令字元後，使用 if 條件判斷來處理輸入的命令——首先是 'q' 命令，在 2 顆馬達都呼叫 close() 方法關閉後，即使用 break 來跳出迴圈，如下所示：

```
while True:
    cmd = input("Enter command('q' to exit):")
    # Quit
    if cmd == 'q':
        print("Quit")
        motor1.close()
        motor2.close()
        break
    # Forward
    if cmd == 'go' or cmd == 'g' or cmd == 'f':
        print("Forward...")
        motor1.forward()
        motor2.forward()
```

　　上述第 2 個 if 條件判斷是處理前進的命令字元，也就是 2 顆馬達皆呼叫 forward() 方法。而下方的 if 條件判斷是處理後退的命令字元，即 2 顆馬達皆呼叫 backward() 方法：

```
    # Backward
    if cmd == 'back' or cmd == 'b':
        print("Backward...")
        motor1.backward()
```

```
        motor2.backward()
    # Turn Right
    if cmd == 'right' or cmd == 'r':
        print("Turn Right...")
        motor1.forward()
        motor2.stop()
```

上述第 2 個 if 條件判斷右轉情況,此時馬達 motor1 呼叫 forward() 方法來前進,馬達 motor2 則呼叫 stop() 方法以停止。而下方的 if 條件判斷左轉情況,左轉的順序相反,即 motor1 停止,motor2 前進:

```
    # Trun Left
    if cmd == 'left' or cmd == 'l':
        print("Turn Left...")
        motor1.stop()
        motor2.forward()
    # Stop
    if cmd == 'stop' or cmd == 's':
        print("Stop...")
        motor1.stop()
        motor2.stop()
```

上述第 2 個 if 條件判斷停止情況,即 2 顆馬達皆呼叫 stop() 方法。

15-3 再談 Python 的 Flask 框架

在第 9-5 節中,我們已經使用 Flask 框架建立了 Pi 相機模組的串流視訊,而由於第 15-4 節打造的 WiFi 遙控視訊車不僅需要提供串流視訊,還需透過 WiFi 遠端連線來遙控視訊車,因此,我們將使用 Flask 框架建立 Web 網站,以便透過 Web 介面遠端連線控制直流馬達。

15-3-1　使用 Flask 框架建立 Web 網站

在 Python 虛擬環境 opencv 需安裝 Flask 框架，其命令列指令如下所示：

```
$ workon opencv  Enter
(opencv) $ pip install flask  Enter
```

本節將說明如何使用 Flask 框架，來讓我們透過 Python 程式將樹莓派轉變為一個 Web 網站。

建立簡單的 Web 網站：ch15-3-1.py

Python 程式是使用 Flask 框架建立一個簡單的 Web 網站，其執行結果顯示 Web 伺服器正在執行的訊息（結束伺服器請按 Ctrl + C 鍵），如下圖所示：

```
(opencv) pi@raspberrypi:~/ch15 $ /home/pi/.virtualenvs/opencv/bin/p
ython /home/pi/ch15/ch15-3-1.py
 * Serving Flask app 'ch15-3-1'
 * Debug mode: on
WARNING: This is a development server. Do not use it in a productio
n deployment. Use a production WSGI server instead.
 * Running on all addresses (0.0.0.0)
 * Running on http://127.0.0.1:8080
 * Running on http://192.168.1.109:8080
Press CTRL+C to quit
 * Restarting with stat
 * Debugger is active!
 * Debugger PIN: 288-715-826
```

接著，請啟動瀏覽器瀏覽 URL 網址：http://localhost:8080，可以看到 main() 函式回傳字串所顯示的網頁內容，如下圖所示：

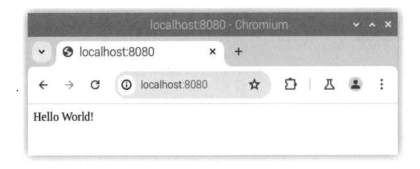

Python 程式碼首先從 flask 套件匯入 Flask 類別，再建立 Flask 物件 app，如下所示：

```
from flask import Flask

app = Flask(__name__)
```

上述參數值 __name__ 是一個 Python 特殊變數，用來判斷程式是以主程式的形式執行還是被匯入的模組。其值為 "__main__" 時，表示此程式為直接執行的主程式；若不是，則表示程式為被匯入的模組。

 Tips 請注意！一定要使用 __name__ 參數值，以便 Flask 框架找到 Web 網站的相關檔案，例如：本節後面將介紹的模板檔案。

接著在下方使用 Python 的裝飾者（Decorator）定義路由 "/"，並將 main() 函式裝飾成路由處理函式。路由 "/" 指向網站的根目錄，因此當使用者瀏覽網站首頁時，就會執行此函式，並回傳 "Hello World!" 字串，如下所示：

```
@app.route("/")
def main():
    return "Hello World!"

if __name__ == "__main__":
    app.run(host="0.0.0.0", port=8080, debug=True)
```

上述 if 條件判斷變數 __name__ 的值是否為 "__main__"，如果是，就呼叫 run() 方法啟動 Web 伺服器，其第 1 個參數 0.0.0.0 接受所有連線請求，無論來自 localhost、內網或外網，第 2 個參數是埠號，最後的 debug=True 參數則是啟用偵錯模式。

使用模板建立 Web 網站：ch15-3-1a.py、hello.html

Flask 框架支援使用 HTML 網頁模板來建立 Web 網站內容，並透過 Jinja2 模板引擎（Template Engine）將變數嵌入到 HTML 頁面中，即可藉由動態插入變數值，來建立與自動更新網頁內容。

在使用模板建立 Web 網站前，我們需要先了解 Flask 網站的結構，如右圖所示：

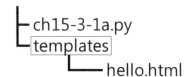

上述 Python 程式 ch15-3-1a.py 使用 Flask 框架建立 Web 伺服器，並在同一目錄下設有名為「templates」的子目錄，該目錄中包含 Flask 框架使用的模板檔案 hello.html。

執行 Python 程式並成功啟動 Web 伺服器之後，即可啟動瀏覽器輸入 URL 網址：http://localhost:8080，來查看網頁內容，如下圖所示：

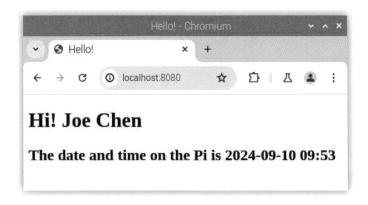

上述瀏覽器的標籤名稱 Hello!，以及姓名、日期/時間字串都是使用模板引擎來動態插入的網頁內容。

Python 程式碼首先匯入 Flask 類別和 render_template 函式，再匯入 datetime 模組，然後建立 Flask 物件 app，如下所示：

```python
from flask import Flask, render_template
import datetime

app = Flask(__name__)

@app.route("/")
def main():
    now = datetime.datetime.now()
    now_str = now.strftime("%Y-%m-%d %H:%M")
    templateData = {
        'name' : 'Joe Chen',
        'title' : 'Hello!',
        'now' : now_str
    }
    return render_template('hello.html', **templateData)

if __name__ == "__main__":
    app.run(host="0.0.0.0", port=8080, debug=True)
```

上述 main() 函式在建立目前的日期/時間字串後，即可建立傳遞至模板的動態變數 templateData 字典，此字典的 name、title 和 now 三個鍵和值，就是動態變數值。接著呼叫 render_template() 函式，使用模板 + 動態變數來產生網頁內容，如下所示：

```python
render_template('hello.html', **templateData)
```

上述 render_template() 函式的第 1 個參數是模板檔案名稱，第 2 個參數字典為置換網頁內容的動態變數值，而「**」可以解開字典中的 3 個鍵值對，將每個鍵值作為獨立參數傳入 render_template() 函式。

HTML 文件「templates/hello.html」是使用 Jinja2 模板來置換動態變數值，這是在 HTML 標籤中插入由「{{」和「}}」包夾的動態變數，如下所示：

```
<title>{{ title }}</title>
```

上述 {{ tite }} 表示 <title> 標籤的內容將由變數 title 的值取代，也就是說，當模板引擎生成網頁內容時，就將上述 {{ title }} 的位置替換成 title 變數值來產生 HTML 網頁內容，如下所示：

```
<!DOCTYPE html>
<html>
<head>
<title>{{ title }}</title>
<meta http-equiv="content-type" content="text/html;charset=utf-8" />
</head>
<body>
<h1>Hi! {{ name }}</h1>
<h2>The date and time on the Pi is {{ now }}</h2>
</body>
</html>
```

上述 {{ title }}、{{ name }} 和 {{ now }} 的 3 個位置，可以分別置換成 3 個動態變數 title、name 和 now 的值。

在路由使用參數：ch15-3-1b.py、hello.html

Python 程式的執行結果可以啟動 Web 伺服器，請開啟瀏覽器輸入 URL 網址，並加上姓名參數：http://localhost:8080/Tom Wang，即可更改網頁內容中顯示的姓名，如下所示：

在 Flask 框架中，路由函式 main() 可以接受 name 參數，如下所示：

```
@app.route("/")
@app.route("/<name>")
def main(name=None):
    now = datetime.datetime.now()
    now_str = now.strftime("%Y-%m-%d %H:%M")
    templateData = {
        'name' : name,
        'title' : 'Hello!',
        'now' : now_str
    }
    return render_template('hello.html', **templateData)
```

上述 @app.route("/<name>") 的 <name> 是 URL 網址參數，這個參數會被傳入 main() 函式並成為 name 變數的值。在 templateData 字典中，'name' 鍵的值就是這個 name 參數，也就是從 URL 中傳入的值，最終會傳入模板並顯示在網頁上。

15-3-2 使用 Flask 框架控制 GPIO

Flask 框架可以整合樹莓派的 GPIO，讓我們使用 HTML 網頁建立按鈕介面，並搭配 JavaScript 程式碼，直接遠端點亮或熄滅紅色和綠色的 LED 燈。

電子電路設計

完成本節實驗的電子電路設計需要使用到的電子元件，如下所示：

- 紅色 LED 燈 × 1
- 綠色 LED 燈 × 1
- 220Ω 電阻 × 2
- 麵包板 × 1
- 麵包板跳線 × 2
- 公 - 母杜邦線 × 3

請依據下圖連接方式建立電子電路，其中紅色 LED 燈的長腳（正電）連接 GPIO18，綠色 LED 燈的長腳（正電）連接 GPIO23，即可完成本節實驗的電子電路設計，如下圖所示：

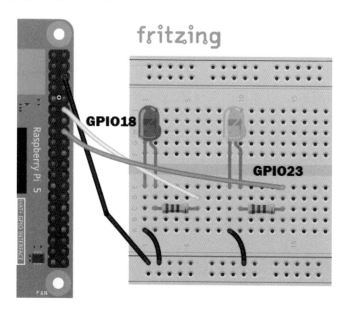

Python 程式：ch15-3-2.py

Python 程式是使用 Flask 框架建立 Web 伺服器，並透過 GPIO Zero 模組控制 LED 燈，其執行結果可以啟動 Web 伺服器（請按 Ctrl + C 鍵結束程式執行）。

請啟動瀏覽器輸入 URL 網址：http://localhost:8080，即可看到網頁內容，如下圖所示：

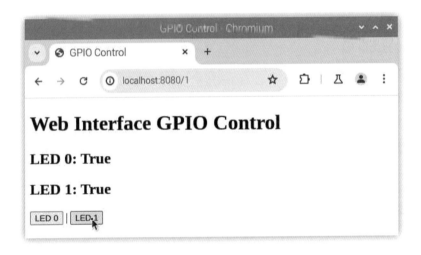

上述圖例顯示 2 個 LED 燈的狀態，True 是點亮，False 則熄滅，只需按下方的 2 個按鈕，就能切換點亮或熄滅 LED 燈。

Python 程式碼在匯入 Flask 類別和 render_template() 函式後，匯入 GPIO Zero 模組的 LED 類別，然後建立 Flask 物件 app，如下所示：

```python
from flask import Flask, render_template
from gpiozero import LED

app = Flask(__name__)

leds = [LED(18), LED(23)]
states = [False, False]

def update_leds():
```

```
    for i, value in enumerate(states):
        if value == True:
            leds[i].on()
        else:
            leds[i].off()
```

上述 leds 串列包含 2 個 LED 物件，而 states 串列則儲存這 2 個 LED 的狀態，然後 update_leds() 函式會依據 states 串列的值來更新這 2 個 LED 物件的狀態，這是使用 for 迴圈依序取出每個 LED 的狀態後，透過 if/else 條件判斷應點亮或熄滅 LED 燈。

在下方 main() 函式接受參數 led（預設值 '-1'），並回傳模板 gpio.html 網頁內容。此函式使用 @route() 裝飾者定義路由「/」和「/<led>」，其中 <led> 為 URL 中的參數，也就是在 URL 網址需加上「/0」或「/1」(0 對應紅色 LED 燈，1 對應綠色 LED 燈)，如下所示：

```
@app.route("/")
@app.route("/<led>")
def main(led='-1'):
    if led >= '0' and led <='1':
        pos = int(led)
        states[pos] = not states[pos]
        update_leds()
    templateData = {
        'title': 'GPIO Control',
        'LED0' : str(states[0]),
        'LED1' : str(states[1])
    }
    return render_template('gpio.html', **templateData)

if __name__ == "__main__":
    app.run(host="0.0.0.0", port=8080)
```

上述 main() 函式的 if 條件判斷 led 是否為 0 或 1，如果是，就切換 states 串列的狀態——將 True 變為 False，False 變為 True，並呼叫 update_leds() 函式來更新 LED 的狀態。接著建立動態變數 templateData 的 Python 字典，即可更新網頁內容 LED0 和 LED1 的狀態。

Tips **請注意!**當 Flask 框架整合 GPIO 時，app.run() 方法不可指定 debug 參數為 True，否則會出現 lgpio.error: 'GPIO busy' 的錯誤訊息。

HTML 網頁：templates/gpio.html

HTML 網頁是使用 Jinja2 模板和 JavaScript 程式碼來控制 GPIO，可以發送切換點亮或熄滅 LED 燈的 HTTP 請求，如下所示：

```
<!DOCTYPE html>
<html>
<head>
<title>{{ title }}</title>
<meta http-equiv="content-type" content="text/html;charset=utf-8" />
<script>
function changed(led) {
    window.location.href='/' + led
}
</script>
```

上述 <script> 標籤內的 JavaScript 程式碼定義了一個 changed() 函式，此函式接受一個參數 led，使用其參數值 0 或 1 來指定 window.location.href 屬性的新路由，即可重新載入網頁。在下方的 <body> 標籤是 HTML 網頁內容，可以使用模版變數 {{ LED0 }} 和 {{ LED1 }} 來顯示 2 個 LED 燈的狀態：

```
</head>
<body>
<h1>Web Interface GPIO Control</h1>
<h2>LED 0: {{ LED0 }}</h2>
<h2>LED 1: {{ LED1 }}</h2>
<input type='button' onClick='changed(0)' value='LED 0'/> |
<input type='button' onClick='changed(1)' value='LED 1'/>
</body>
</html>
```

上述 2 個 <input> 標籤為按鈕，在 onClick 屬性指定呼叫 JavaScript 的 changed() 函式，其參數值分別是 0 和 1。

15-3-3　建立 Web 介面的直流馬達控制

我們準備整合 Flask 框架與第 15-2 節的直流馬達控制，透過 Web 介面來遠端控制直流馬達。因此將在 HTML 網頁上設置 5 個按鈕，用於操控 2 顆馬達的前進、後退、右轉、左轉與停止。

電子電路設計

本節實驗的電子電路設計和第 15-2 節完全相同。

Python 程式：ch15-3-3.py

Python 程式是使用 Flask 框架建立 Web 伺服器，並在 Web 介面透過 GPIO Zero 模組的 Motor 物件來控制 2 顆馬達，其執行結果可以啟動 Web 伺服器（請按 Ctrl + C 鍵結束程式執行）。

請啟動瀏覽器輸入 URL 網址：http://localhost:8080，即可看到 Web 使用者介面，如下圖所示：

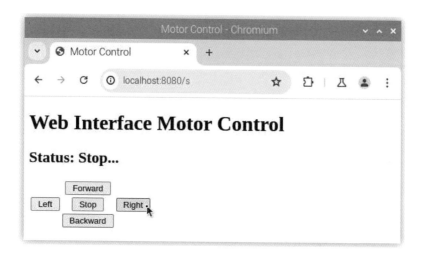

上述圖例的 Web 介面共顯示 5 個按鈕，按下按鈕可以控制 2 顆直流馬達，而按鈕上方顯示目前的操作狀態。由於是 Web 伺服器，我們同樣可以在 Windows 作業系統啟動 Chrome 瀏覽器來控制 2 顆直流馬達（需使用 IP 位址來連接）。

Python 程式碼首先匯入 Flask 類別和 render_template 函式，再從 gpiozero 匯入 Motor 類別，然後建立 Flask 物件 app，以及指定 4 個 GPIO 接腳的變數 in1~4，如下所示：

```python
from flask import Flask, render_template
from gpiozero import Motor

app = Flask(__name__)

in1 = 18
in2 = 23
in3 = 24
in4 = 25


motor1 = Motor(forward=in1, backward=in2)
motor2 = Motor(forward=in3, backward=in4)
```

上述程式碼分別用 2 個接腳來建立 2 個 Motor 物件。接著在下方使用 @route() 裝飾者定義路由「/」和「/<cmd>」，其中 <cmd> 的參數值為 f、b、r、l 或 s，分別代表前進、後退、右轉、左轉和停止：

```python
@app.route("/")
@app.route("/<cmd>")
def main(cmd=None):
    status = "None..."
    # Forward
    if cmd == 'f':
        status = "Forward..."
        motor1.forward()
        motor2.forward()
    # Backward
    if cmd == 'b':
        status = "Backward..."
        motor1.backward()
        motor2.backward()
```

上述 main() 函式接受參數 cmd（預設值 None），並回傳模板 moto.html 的網頁內容。接著以 2 個 if 條件判斷 cmd 的參數值來控制 2 顆馬達前進和後退。而下方的 3 個 if 條件判斷則控制右轉、左轉和停止：

```python
# Turn Right
if cmd == 'r':
    status = "Turn Right..."
    motor1.forward()
    motor2.stop()
# Trun Left
if cmd == 'l':
    status = "Turn Left..."
    motor1.stop()
    motor2.forward()
# Stop
if cmd == 's':
    status = "Stop..."
    motor1.stop()
    motor2.stop()
templateData = {
    'title': 'Motor Control',
    'status' : status
}
return render_template('motor.html', **templateData)
```

上述程式碼建立動態變數 templateData 的 Python 字典，其中的變數 status 即為目前的操作狀態。

```python
if __name__ == "__main__":
    app.run(host="0.0.0.0", port=8080)
```

 Tips **請注意！**當 Flask 框架整合 GPIO 時，app.run() 方法不可指定 debug 參數為 True，否則會出現 lgpio.error: 'GPIO busy' 的錯誤訊息。

HTML 網頁：templates/moto.html

　　HTML 網頁是使用 Jinja2 模板和 JavaScript 程式碼來控制馬達的前進、後退、左轉、右轉和停止，如下所示：

```
<!DOCTYPE html>
<html>
<head>
<title>{{ title }}</title>
<meta http-equiv="content-type" content="text/html;charset=utf-8" />
<script>
function motor(cmd) {
    window.location.href='/' + cmd
}
</script>
```

　　上述 <script> 標籤內的 JavaScript 程式碼定義了一個 motor() 函式，此函式接受一個參數 cmd，使用其參數值指定 window.location.href 屬性的新路由來重新載入網頁。在下方的 <body> 標籤是 HTML 網頁內容，可以使用模板變數 {{ status }} 來顯示目前的操作狀態：

```
</head>
<body>
<h1>Web Interface Motor Control</h1>
<h2>Status: {{ status }}</h2>
<table>
<tr>
  <td> </td>
  <td align="center">
    <input type="button" onClick="motor('f')" value=" Forward "/>
  </td>
  <td> </td>
</tr>
<tr>
  <td><input type="button" onClick="motor('l')" value=" Left "/></td>
  <td align="center">
    <input type="button" onClick="motor('s')" value=" Stop "/>
  </td>
  <td><input type="button" onClick="motor('r')" value=" Right "/></td>
</tr>
```

```
<tr>
  <td> </td>
  <td align="center">
    <input type="button" onClick="motor('b')" value=" Backward "/></td>
  <td> </td>
</tr>
</table>
</body>
</html>
```

上述 HTML 表格 <table> 標籤共編排 5 個 <input> 標籤的按鈕，並在 onClick 屬性指定呼叫 JavaScript 的 motor() 函式，其參數值分別是 f、l、s、r 和 b，分別用於控制 2 顆馬達的前進、左轉、停止、右轉和後退。

15-3-4　使用 Flask + OpenCV 建立串流視訊

OpenCV 可以處理樹莓派 Pi 相機模組或 Webcam 網路攝影機的影像資料，Python 程式只需整合 Flask，即可在 Web 介面上建立串流視訊。

Flask 是使用 HTTP 的 Multipart 回應來建立串流視訊，其回應資料為 Multipart/x-mixed-replace 類型。我們可以自行定義標記名稱，例如：--frame，並以此標記將回應資料分割成多個資料區塊，每個資料區塊代表一張視訊影格，即 JPG 圖片資料，如下所示：

```
HTTP/1.1 200 OK
Content-Type: multipart/x-mixed-replace; boundary=frame
--frame
Content-Type: image/jpeg
<JPG圖片資料>
--frame
Content-Type: image/jpeg
<JPG圖片資料>
--frame
Content-Type: image/jpeg
<JPG圖片資料>
...
```

簡單地說，透過在網頁上不停地顯示每個影格的圖片來產生串流視訊的效果。

Python 程式：ch15-3-4.py

Python 程式是使用 Flask 框架建立 Web 伺服器，並透過 OpenCV 取得 Webcam 網路攝影機的影格，在網頁上顯示串流視訊，其執行結果可以啟動 Web 伺服器（請按 Ctrl + C 鍵結束程式執行）。

請啟動瀏覽器輸入 URL 網址：http://localhost:8080，可以看到網頁內容的串流視訊，如下圖所示：

Python 程式碼在匯入 Flask 類別、render_template 函式和 Response 後，再匯入 OpenCV，然後建立 Flask 物件 app，如下所示：

```
from flask import Flask, render_template, Response
import cv2

app = Flask(__name__)
cap = cv2.VideoCapture(8)
```

上述程式碼建立 Webcam 網路攝影機的 VideoCapture 物件，其參數值請參閱第 9-6-1 節，找出裝置為 /dev/video? 的「?」編號值，以此例是8。

在下方的 get_frames() 函式使用 yield 生成器來取得每一個影格 JPG 圖片格式的回應資料：

```
def get_frames():
    while True:
        ret, frame = cap.read()
        if not success:
            break
        else:
            _, buffer = cv2.imencode('.jpg', frame)
            frame = buffer.tobytes()
            yield (b'--frame\r\n'
                b'Content-Type: image/jpeg\r\n\r\n' + frame + b'\r\n')
```

上述程式碼首先使用 while 無窮迴圈持續呼叫 read() 方法讀取攝影機影格，接著呼叫 imencode() 方法將影格編碼成 JPG 格式的圖片資料，再使用 tobytes() 方法將其轉換成二進位資料，最後使用 yield 生成器回應 JPG 圖片資料的區段。

在下方 video_feed() 函式是使用 @route() 裝飾者來定義路由「/video_feed」，並建立回應的 Response 物件，這是呼叫第 1 個參數 get_frames() 函式所取得的 JPG 圖片資料，而第 2 個參數是指定其 MIME 類型，如下所示：

```
@app.route('/video_feed')
def video_feed():
    return Response(get_frames(),
        mimetype='multipart/x-mixed-replace; boundary=frame')

@app.route('/')
def index():
    return render_template('video.html')

if __name__ == '__main__':
    app.run(host="0.0.0.0", port=8080, debug=False)
```

上述程式碼使用 @route() 裝飾者定義路由「/」，可以回傳模板 video. html 的網頁內容。

HTML 網頁：templates/video.html

HTML 網頁是使用 Jinja2 模板來顯示串流視訊，如下所示：

```
<!doctype html>
<html lang="en">
<head>
  <title>Flask+OpenCV Streaming Video</title>
</head>
<body>
  <h3>Pictures Streaming</h3>
  <img src="{{ url_for('video_feed') }}">
</body>
</html>
```

上述 <img> 標籤用於顯示圖片，在 src 屬性值使用「{{」和「}}」模板呼叫 url_for() 函式，來取得 video_feed 路由的完整 URL 網址。

Python 程式：ch15-3-4_picam.py 是根據 ch10-2-3_picam.py 修改的 Pi 相機模組版本。

15-4 打造樹莓派 WiFi 遙控視訊車

除了樹莓派開發板之外，我們還需要購買一些材料（詳細的零件清單請參閱附錄 C），待材料備齊之後，即可著手打造樹莓派 WiFi 遙控視訊車。

15-4-1 組裝 WiFi 遙控視訊車的硬體

本書使用常見的標準車體套件來打造 WiFi 遙控視訊車，網路上很容易找到相關的組裝說明，因此筆者將簡單介紹 WiFi 遙控視訊車的組裝流程，其基本步驟如下所示：

步驟一：組裝車體、馬達和車輪

樹莓派 WiFi 遙控視訊車使用的是二層四輪的車體套件（與常見的Arduino 車體套件相同），其本身附有組裝說明書。在開始組裝前，請記得先移除車身 2 片亞克力板前後的紙質膠膜，如右圖所示：

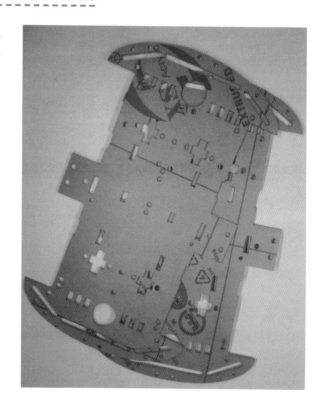

車體套件包含 4 顆馬達、4 個車輪、可安裝 4 顆 3 號電池的電池盒（為了穩定供電，改為使用 2 顆 18650 電池的電池盒），以及組裝所需的電源線、馬達固定件、銅柱、螺絲和螺帽等零件，如下圖所示：

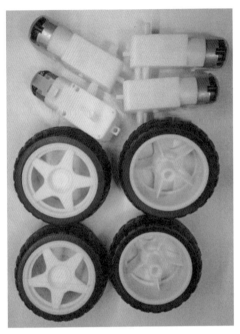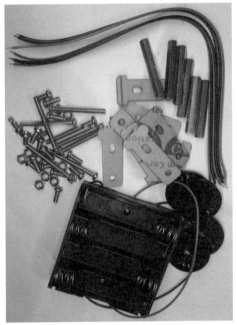

現在，我們就能參閱說明書來組裝車體第一層的 4 顆馬達和 4 個車輪，並以焊接的方式來連接馬達和電源線。

步驟二：安裝樹莓派和 L298N 馬達模組

樹莓派遙控視訊車的車體共有二層，其說明如下所示：

* **第一層是動力驅動層**：組裝完 4 顆馬達和車輪後，就可以在車體後方安裝 L298N 模組，前方則安裝供應電源的 18650 電池盒。

* **第二層是樹莓派層**：在後方固定樹莓派，其前方放置為樹莓派供電的 USB 行動電源（至少提供 5V 3A 的 USB 輸出）。

步驟三：連接直流馬達、樹莓派和 L298N 馬達模組

首先，將 4 顆馬達的電源線連接至 L298N 馬達模組——左邊 2 顆連接到 OUT1/OUT2，右邊 2 顆連接到 OUT3/OUT4。接著，將 L298N 馬達模組連接 18650 電池盒（4 顆馬達是使用 18650 電池盒供電），其接線方式請參閱第 15-2 節。最後，連接樹莓派和 L298N 馬達模組，如下圖所示：

> **Tips** **請注意！**遙控視訊車的二層車體先不要組合在一起，我們需要先測試 L298N 馬達模組的連接線，確認 4 顆直流馬達的旋轉方向沒有問題後，再組合二層車體。而為了方便安裝 18650 電池，請使用 6 根銅柱將第二層增高 2 公分。

步驟四：安裝與連接 Pi 相機模組

請參閱第 9-2-1 節的說明，安裝、連接和設定樹莓派的 Pi 相機模組。然後使用專用亞克力板的 Pi 相機模組架，將相機固定在第二層的最前方；又因其距離樹莓派較遠，故改用 30cm 的 FFC/FPC 排線來連接，如下圖所示：

15-4-2 撰寫遙控視訊車軟體的 Python 程式

　　樹莓派遙控視訊車的 Python 程式是直接使用第 9-5 節的串流視訊，我們將修改其 Python 程式 app.py 和網頁 index.html 來建立串流視訊和遙控控制的 Web 介面。為了提供更佳的操作介面，使用 AJAX 技術來控制 WiFi 遙控視訊車的行進。

　　在撰寫遙控視訊車的 Python 程式前，因 L298N 馬達模組改用 18650 電池盒供電，全速前進時直流馬達的轉速可能過快，故需使用 PWM 控制直流馬達的轉速。可以透過執行 Python 程式：ch15-4-2.py 調校成最適合前進/後退的速度，以及左右轉彎的角度。

直流馬達的 PWM 轉速控制：ch15-4-2.py

　　Python 程式是使用 GPIO Zero 模組的 Motor 物件來控制直流馬達的轉速，其執行結果可以讓我們輸入整數值 1~100 的速度，而其他命令與 ch15-2.py 相同。

　　Motor 物件可以透過參數 pwm 來啟用或關閉 PWM 轉速控制，其預設值 True 是啟用 PWM，False 則不啟用，如下所示：

```
motor1 = Motor(forward=in1, backward=in2, pwm=True)
motor2 = Motor(forward=in3, backward=in4, pwm=True)
```

　　接著，我們可以建立 5 個函式來控制直流馬達的停止、前進、後退、右轉和左轉，由於預設啟用 PWM 轉速，因此在 forward() 和 backward() 方法可以指定參數 speed 的轉速為 0~1（1 是全速），如下所示：

```
def stop():
    motor1.stop()
    motor2.stop()

def forward(speed=1):
    motor1.forward(speed)
    motor2.forward(speed)

def backward(speed=1):
    motor1.backward(speed)
    motor2.backward(speed)

def turn_right(speed=0.5):
    motor1.forward(speed)
    motor2.stop()

def turn_left(speed=0.5):
    motor1.stop()
    motor2.forward(speed)
```

　　上述 forward()、backward()、turn_right() 和 turn_left() 函式的參數為轉速，其值介於 0~1（1 是全速）；而因 PWM 的輸入值介於 0~100，故呼叫時需除以 100，以轉換成 0~1 之間。

安裝與執行遙控視訊車軟體的 Python 程式

請將 WiFi 遙控視訊車的樹莓派接上 5V 3A 行動電源，並在電池盒裝上 2 顆 18650 電池。然後使用第 3-6 節的 WinSCP 工具上傳 app.py、camera_opencv_picam.py（Webcam 則是對應 camera_opencv.py）和 index.html 三個檔案至樹莓派的 flask-video-streaming 目錄，其說明如下所示：

- **使用 Pi 相機模組**：上傳書附「ch15/ch15-4-2_picam」目錄下的檔案和目錄來取代樹莓派「/home/pi/flask-video-streaming」目錄的 Python 程式：app.py、camera_opencv_picam.py 和 index.html。

- **使用 Webcam 網路攝影機**：上傳書附「ch15/ch15-4-2_webcam」目錄下的檔案和目錄來取代樹莓派「/home/pi/flask-video-streaming」目錄的 Python 程式：app.py、camera_opencv.py 和 index.html，然後修改 Python 程式：camera_opencv.py 的 video_source 變數（預設值是 8）。

接著，請在 Windows 電腦使用 PuTTY 遠端連線樹莓派或啟動終端機，並切換至「/home/pi/ch15/flask-video-streaming」目錄，然後輸入下列指令啟動 opencv 虛擬環境來執行 Python 程式：app.py（若在 VS Code 中，請開啟此目錄後，在 opencv 虛擬環境執行 app.py），如下所示：

```
$ cd /home/pi/ch15/flask-video-streaming  Enter
$ workon opencv  Enter
(opencv) $ python app.py  Enter
```

現在，我們可以在樹莓派遠端連接的桌面環境啟動 Web 瀏覽器，並輸入下列網址：

```
http://127.0.0.1:5000
```

　　上述網址可以使用 IP 位址 127.0.0.1，或使用本機 localhost 埠號 5000。成功載入網頁之後，可以看到相機模組的串流視訊，其下方是 5 個直流馬達控制按鈕，用於控制視訊車的行走方向，如下圖所示：

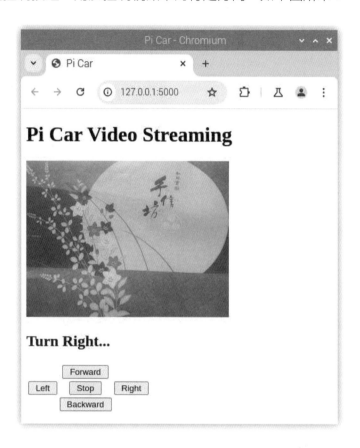

　　若要在 Windows 電腦或 Android 行動裝置啟動瀏覽器，請輸入樹莓派的 IP 位址（以筆者測試的樹莓派為例是 192.168.1.116）和埠號 5000，如下所示：

```
http://192.168.1.116:5000
```

　　其執行結果一樣可以看到串流視訊和遙控視訊車的行走，下圖是 Android 行動裝置放大頁面後的顯示結果：

Python 程式：flask-video-streaming/app.py

Python 程式是修改第 9-5 節的 app.py，新增 L298N 直流馬達控制的
程式碼（即整合 Python 程式：ch15-4-2.py 的馬達控制函式），如下所示：

```python
#!/usr/bin/env python
from importlib import import_module
import os
from flask import Flask, render_template, Response
from gpiozero import Motor
from time import sleep
```

上述程式碼匯入 Flask 框架、GPIO Zero 模組和 time 模組的 sleep() 方
法。在下方是從 Python 程式：camera_opencv_picam.py 匯入 Camera 類
別後，建立 Flask 串流視訊：

```
...
from camera_opencv_picam import Camera

app = Flask(__name__)

motor1 = Motor(forward=18, backward=23, pwm=True)
motor2 = Motor(forward=24, backward=25, pwm=True)

delay = 1
```

上述程式碼建立 Motor 物件後，指定延遲時間變數 delay 為 1 秒。接著在下方建立控制視訊車停止、前進、後退、右轉和左轉的 stop()、forward()、backward()、turn_right() 和 turn_left() 共 5 個函式：

```
def stop():
    motor1.stop()
    motor2.stop()

def forward(speed=1.0):
    motor1.forward(speed)
    motor2.forward(speed)

def backward(speed=1.0):
    motor1.backward(speed)
    motor2.backward(speed)

def turn_right(speed=0.5):
    motor1.forward(speed)
    motor2.stop()

def turn_left(speed=0.5):
    motor1.stop()
    motor2.forward(speed)

speed = 0.5
```

上述程式碼指定轉速 speed 變數值為 0.5。在下方是控制視訊車行走方向的「/f」、「/b」、「/r」、「/l」和「/s」路由。為了避免視訊車行走太快，在呼叫對應前進、後退、右轉和左轉的函式後，暫停 delay 變數的 1 秒，就會呼叫 stop() 函式停止行走，如下所示：

```python
@app.route("/f")
def go_forward():
    forward(speed)
    sleep(delay)
    stop()
    return "Forward..."

@app.route("/b")
def go_backward():
    backward(speed)
    sleep(delay)
    stop()
    return "Backward..."

@app.route("/r")
def go_turn_right():
    turn_right(speed)
    sleep(delay)
    stop()
    return "Turn Right..."

@app.route("/l")
def go_turn_left():
    turn_left(speed)
    sleep(delay)
    stop()
    return "Turn Left..."

@app.route("/s")
def go_stope():
    stop()
    return "Stop..."
```

```
@app.route('/')
def index():
    """Video streaming home page."""
    return render_template('index.html')
```

上述 index() 函式是首頁路由「/」的處理函式，會呼叫 render_
template() 方法，使用 index.html 建立回應的網頁內容。在下方的 gen() 函
式則透過生成器，以 Pi 相機模組的影格來產生串流視訊（詳細的作法說明
請參閱第 15-3-4 節）：

```
def gen(camera):
    """Video streaming generator function."""
    while True:
        frame = camera.get_frame()
        yield (b'--frame\r\n'
                b'Content-Type: image/jpeg\r\n\r\n' + frame + b'\r\n')

@app.route('/video_feed')
def video_feed():
    """Video streaming route. Put this in the src attribute of an img
tag."""
    return Response(gen(Camera()),
                    mimetype='multipart/x-mixed-replace; boundary=frame')

if __name__ == '__main__':
    app.run(host='0.0.0.0', threaded=True)
```

上述程式碼建立串流視訊的「/video_feed」路由，這是呼叫 gen() 函
式產生回應的串流視訊。最後的 if 條件是主程式，使用本機 IP 位址來啟動
Web 伺服器。

Tips **請注意！**在 app.run() 方法不可指定 debug 參數為 True。

HTML 網頁：flask-video-streaming/templates/index.html

HTML 網頁 index.html 除了顯示 Pi 相機模組的串流視訊外，還包含用於馬達控制的 JavaScript 程式碼，此程式碼是使用 jQuery 函式庫以 AJAX 技術送出 HTTP 請求。首先在 \<script\> 標籤中引入 jQuery 函式庫，如下所示：

```
<!DOCTYPE html>
<html>
<head>
<title>Pi Car</title>
<meta http-equiv="content-type" content="text/html;charset=utf-8" />
<script src=" https://code.jquery.com/jquery-3.6.0.min.js"></script>
<script>
function motor(cmd) {
    $.get('/' + cmd, callback);
}
```

上述 motor() 函式是呼叫 jQuery 的 get() 方法送出 AJAX 請求，其中的第 2 個參數值 callback 就是下方的 callback() 回撥函式。

在下方 callback() 函式的 if/else 條件判斷是否請求成功，如果成功，就顯示 app.py 程式回傳的訊息文字：

```
function callback(value, status) {
    if (status == "success") {
        $('#output').text(value);
    }
    else
        $('#output').text("Error!");
}

$(document).ready(function() {
    $('#output').text("Ready...");
});
</script>
```

　　上述程式碼是 jQuery 函式庫 ready 事件的處理函式，可以顯示 "Ready..." 訊息文字。在下方是使用 <img> 標籤顯示串流視訊，和 <span> 標籤顯示訊息文字：

```
</head>
<body>
<h1>Pi Car Video Streaming</h1>
<img src="{{ url_for('video_feed') }}">
<h2><span id="output"></span></h2>
<table>
<tr>
  <td> </td>
  <td align="center">
    <input type="button" onClick="motor('f')" value=" Forward " />
  </td>
  <td> </td>
</tr>
<tr>
  <td><input type="button" onClick="motor('l')" value=" Left " /></td>
  <td align="center">
    <input type="button" onClick="motor('s')" value=" Stop " />
  </td>
  <td><input type="button" onClick="motor('r')" value=" Right " /></td>
</tr>
<tr>
  <td> </td>
  <td align="center">
    <input type="button" onClick="motor('b')" value=" Backward " /></td>
  <td> </td>
</tr>
</table>
</body>
</html>
```

上述 <table> 表格標籤編排 5 個按鈕，並在 onClick 屬性呼叫 motor() 函式，參數為路由，可以使用 AJAX 請求控制視訊車方向的前進、左轉、停上、右轉和後退。

15-4-3　建立 jQuery Mobile 行動頁面的控制程式

為了建立更佳的行動裝置 Web 使用介面，我們準備使用 jQuery Mobile 來建立 WiFi 遙控視訊車的行動頁面。

安裝與執行遙控視訊車軟體的 Python 程式

請使用第 3-6 節的 WinSCP 工具來上傳遙控視訊車軟體的 Python 程式，其說明如下所示：

● **使用 Pi 相機模組**：上傳書附「ch15/ch15-4-3_picam」目錄下的檔案和目錄來取代樹莓派「/home/pi/flask-video-streaming」目錄的 Python 程式：app.py、camera_opencv_picam.py 以及 mobile.html 和 index.html。

● **使用 Webcam 網路攝影機**：上傳書附「ch15/ch15-4-3_webcam」目錄下的檔案和目錄來取代樹莓派「/home/pi/flask-video-streaming」目錄的 Python 程式：app.py、camera_opencv.py 以及 mobile.html 和 index.html，然後修改 Python 程式：camera_opencv.py 的 video_source 變數（預設值是 8）。

Python 程式：app.py 是使用 Flask 框架的 request 物件，可以依據使用者代理（User Agent）資訊來判斷瀏覽器是 PC 電腦或行動裝置，即可自動顯示標準 PC 電腦的 HTML 網頁（index.html），或 jQuery Mobile 行動頁面（mobile.html），如下圖所示：

　　上述圖例是執行 app.py 程式後啟動 Web 伺服器，在 Android 行動裝置上瀏覽的 jQuery Mobile 頁面。

Python 程式：flask-video-streaming/app.py

　　Python 程式是修改第 15-4-2 節的 app.py 程式，在首頁「/」路由新增程式碼判斷瀏覽器是 PC 電腦或行動裝置。首先在程式開頭匯入 request 物件，如下所示：

```
from flask import Flask, render_template, Response, request
```

然後在「/」路由的 index() 函式判斷使用者代理（User Agent）資訊，如下所示：

```python
@app.route('/')
def index():
    """Video streaming home page."""
    user_agent = request.headers.get('User-Agent')
    if 'iPhone' in user_agent or 'Android' in user_agent:
        return render_template('mobile.html')
    return render_template('index.html')
```

上述程式碼使用 request.headers.get('User-Agent') 取得瀏覽器使用者代理（User Agent）資訊。接著在 if 條件判斷該平台是否為 Android 或 iOS，如果是，就回應 mobile.html，否則回應第 15-4-2 節的 index.html。

HTML 網頁：flask-video-streaming/templates/mobile.html

HTML 網頁 mobile.html 是使用 jQuery Mobile 框架的行動頁面，並在 <script> 標籤使用 jQuery 函式庫的 get() 方法發送 AJAX 請求。

在下方 JavaScript 程式碼的 callback() 函式可以取得回傳訊息。而在 ready() 事件處理是使用 delegate() 方法在所有 <a> 標籤註冊 click 事件，當使用者按下按鈕，就呼叫 get() 方法送出 AJAX 請求來控制視訊車方向的前進、左轉、停上、右轉和後退，如下所示：

```javascript
function callback(value, status) {
    if (status == "success") {
        $('#output').text(value);
    }
    else
        $('#output').text("Error!");
}

$(document).ready(function() {
    $('#output').text("Ready...");
```

```
    $("#control").delegate("a", "click", function () {
        $.get('/' + $(this).attr('id'), callback);
    });
});
```

在 jQuey Mobile 頁面的內容區段，首先使用 <img> 標籤顯示相機模組的串流視訊，如下所示：

```
<div data-role="main" class="ui-content">
  <img src="{{ url_for('video_feed') }}">
  <div id="control">
    <div class="ui-grid-b">
      <div class="ui-block-a"><span></span></div>
      <div class="ui-block-b"><span>
          <a id="f" class="ui-btn">Forward</a></span></div>
      <div class="ui-block-c"><span></span></div>
      <div class="ui-block-a"><span>
          <a id="l" class="ui-btn">Left</a></span></div>
      <div class="ui-block-b"><span>
          <a id="s" class="ui-btn">Stop</a></span></div>
      <div class="ui-block-c"><span>
          <a id="r" class="ui-btn">Right</a></span></div>
      <div class="ui-block-a"><span></span></div>
      <div class="ui-block-b"><span>
          <a id="b" class="ui-btn">Back</a></span></div>
      <div class="ui-block-c"><span></span></div>
    </div>
  </div>
</div>
```

上述 <div class="ui-grid-b"> 標籤為 Grid 元件，以格子方式編排 5 個 <a> 標籤，這些 <a> 標籤的外觀是按鈕元件，其中間的三個按鈕以同一行顯示。

學習評量

1. 請簡單說明什麼是樹莓派智慧車？

2. 請說明什麼是 L298N 馬達模組？如何在樹莓派使用 L298N 馬達模組？如何控制馬達的轉速？

3. 請舉例說明如何使用 Flask 框架建立 Web 網站？

4. 請說明如何使用 Flask 框架建立 Web 介面來控制 GPIO？

5. 請參閱第 15-4 節的說明，使用樹莓派自行打造一輛 WiFi 遙控視訊車。

6. 請修改第 15-4 節的 Python 程式和 HTML 網頁，新增 3 個按鈕來控制 PWM 的 3 種車速（可試著用 Copilot 來幫忙改寫程式碼）。

16 硬體介面實驗範例(二):樹莓派 AI 自駕車

▷ 16-1 OpenCV 色彩偵測與追蹤

▷ 16-2 打造自動避障和物體追蹤車

▷ 16-3 車道自動偵測系統

▷ 16-4 打造樹莓派 AI 自駕車

16-1 OpenCV 色彩偵測與追蹤

色彩偵測（Color Detection）是一種在圖片或影像中偵測出特定色彩的技術，在實務上，可以利用此技術追蹤特定色彩的物體，或在圖片或影像中偵測不同色彩的線條和幾何形狀。

16-1-1 OpenCV 圖片的色彩偵測

使用 OpenCV 讀取圖檔後，就能透過相關方法在圖片中找出指定色彩區域的輪廓，其基本步驟如下圖所示：

Python 程式：ch16-1-1.py 是使用 OpenCV 來偵測圖片中黃色區域（即黃球）的輪廓。Python 程式碼在匯入相關套件後，呼叫 imread() 方法讀取 balls.jpg 圖檔，如下所示：

```
import cv2
import numpy as np

img = cv2.imread("images/balls.jpg")
```

步驟一：將圖片的 BGR 色彩轉換成 HSV 色彩

由於 OpenCV 讀取的圖檔為 BGR 色彩模式，而在圖片中偵測特定色彩需改用 HSV 色彩模式，即使用色相（或稱色調）、飽和度和明度來描述特定的色彩，其說明如下所示：

- **色相**（Hue）：色彩屬性，如紅色、綠色或黃色等顏色名稱。

- **飽和度**（Saturation）：色彩純度，其值範圍為 0~100，值愈高表示顏色愈純，值愈低則會逐漸趨向灰色。

- **明度**（Value）：即亮度（Brightness），其值範圍為 0~100，值愈高表示顏色愈明亮。

OpenCV 是呼叫 cvtColor() 方法將 BGR 色彩轉換成 HSV 色彩，其第 2 個參數 cv2.COLOR_BGR2HSV 表示從 BGR 到 HSV 的轉換，如下所示：

```
hsv = cv2.cvtColor(img, cv2.COLOR_BGR2HSV)
```

步驟二：建立黃色範圍的色彩遮罩

色彩偵測的首要工作是從圖片中分割出指定色彩的區域，因此，我們需要建立指定色彩的遮罩來分割圖片。以黃色為例，可以使用 np.array() 方法定義黃色的 HSV 範圍陣列，如下所示：

```
yellow_lower = np.array([17, 100, 100], np.uint8)
yellow_upper = np.array([37, 255, 255], np.uint8)
mask = cv2.inRange(hsv, yellow_lower, yellow_upper)
```

上述程式碼呼叫 inRange() 方法建立黃色範圍的色彩遮罩。

步驟三：消除色彩遮罩的雜訊

在實務上，色彩遮罩或多或少都會有一些雜訊，此時可以使用**影像型態學**（Morphology）**的膨脹**（Dilation）、**侵蝕**（Erosion）、**關閉**（Closing）**和開啟**（Opening）**等運算**來消除色彩遮罩中的雜訊。

Python 程式碼首先使用 np.ones() 方法建立所有元素值為 1、尺寸 7×7 的矩陣作為「**核**」(Kernel)──核的尺寸大小可以是 3×3、5×5 或 7×7。我們將會使用「核」來掃描影像,以執行前述影像型態學的運算,如下所示:

```
kernel = np.ones((7, 7), np.uint8)
mask = cv2.morphologyEx(mask, cv2.MORPH_CLOSE, kernel)
mask = cv2.morphologyEx(mask, cv2.MORPH_OPEN, kernel)
```

上述程式碼呼叫 2 次 morphologyEx() 方法執行影像型態學的運算,其最後 1 個參數是核,而第 2 個參數是運算類型,如下所示:

- **cv2.MORPH_CLOSE**:關閉運算,用於刪除不需要的黑點雜訊。

- **cv2.MORPH_OPEN**:開啟運算,用於去除黑色區域中的白色雜訊。

步驟四:使用色彩遮罩分割出偵測色彩

現在,我們可以執行**影像分割**(Image Segmentation)操作,也就是使用遮罩從圖片中分割出特定色彩的區域。在 Python 程式碼是呼叫 bitwise_and() 方法執行 AND 位元運算來執行影像分割,如下所示:

```
segmented_img = cv2.bitwise_and(img, img, mask=mask)
cv2.imshow("Segmented Image", segmented_img)
```

上述程式碼在執行影像分割後,呼叫 imshow() 方法顯示分割後的圖片,顯示 OpenCV 偵測出的黃球,如下圖所示:

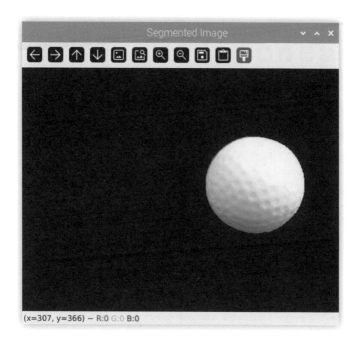

步驟五：找出和繪出色彩區域的物體輪廓線

影像分割出特定色彩區域的物體後，Python 程式即可呼叫 findContours() 方法找出此色彩區域的輪廓，其回傳值為延著邊緣的所有連續點，如下所示：

```
contours, hierarchy = cv2.findContours(mask.copy(),
                                cv2.RETR_EXTERNAL,
                                cv2.CHAIN_APPROX_SIMPLE)
output_segmented = cv2.drawContours(segmented_img,
                                contours, -1, (0, 0, 255), 3)
cv2.imshow("Segmented Output", output_segmented)
```

上述程式碼呼叫 drawContours() 方法繪製黃色球體邊緣的紅色輪廓線之後，呼叫 imshow() 方法來顯示處理後的圖片，如下圖所示：

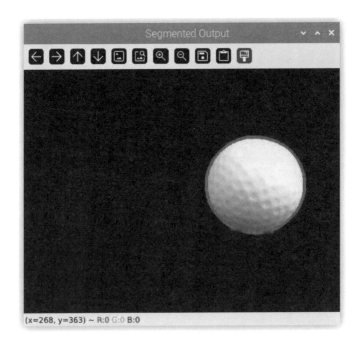

步驟六：在原始圖片繪出物體的輪廓線

再次呼叫 drawContours() 方法，在原始圖片上繪出黃色球體的紅色輪廓線，如下所示：

```
output_original = cv2.drawContours(img, contours, -1, (0, 0, 255), 3)
cv2.imshow("Original Output", output_original)
cv2.waitKey(0)
cv2.destroyAllWindows()
```

上述程式碼接著呼叫 imshow() 方法，以顯示繪製輪廓線的原始圖片，如下圖所示：

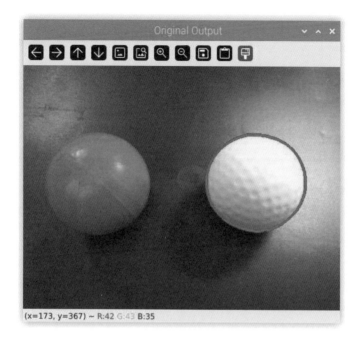

Python 程式：ch16-1-1a.py 可以在圖片中偵測出紅球，其輸出結果顯示紅色球體邊緣的黃色輪廓線，如下圖所示：

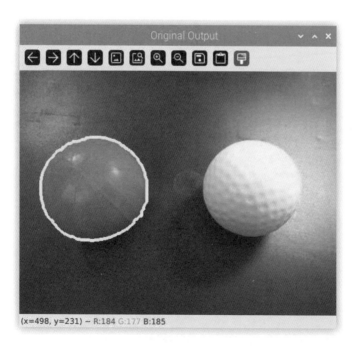

16-1-2　使用 OpenCV 即時追蹤黃色球體

在認識 OpenCV 的色彩偵測後，我們就能開啟 Pi 相機模組或 Webcam 攝影機，並使用 OpenCV 來即時追蹤黃球。

補充說明

由於室內光線和色差的影響，即使是同樣的黃色，色彩仍會有些許差異。為了找出仕不同環境下黃色的最佳 Hue（色相）值，請執行 Python 程式：hsv_tester.py（適用於 Webcam）或 hsv_tester_picam.py（適用於 Pi 相機模組），並嘗試輸入不同的 Hue 值。儘可能找出一個色相值，能夠偵測出最大的黃色物體區域，並確保該物體移動至不同位置時也能穩定被偵測到。例如：筆者測試的黃球可以找出的最佳 Hue 值是 27。

使用 Webcam 即時追蹤黃色球體：ch16-1-2.py

Python 程式的執行結果可以開啟 Webcam 攝影機來即時追蹤手上的黃色球體，位在中間的紅點是球的圓心，如下圖所示：

Python 程式碼首先匯入 Numpy 和 OpenCV 套件，如下所示：

```python
import numpy as np
import cv2

hue_value = 27
yellow_lower = np.array([hue_value-10, 100, 100], np.uint8)
yellow_upper = np.array([hue_value+10, 255, 255], np.uint8)
kernel = np.ones((7,7), np.uint8)


cap = cv2.VideoCapture(8)
```

上述程式碼將最佳 Hue 值指定為 27，並建立黃色的 HSV 上下範圍色彩陣列，然後使用 np.ones() 方法建立 7×7 的核，以及建立 VideoCapture 物件。接著在下方的 while 無窮迴圈中，使用 read() 方法讀取每個影格的影像：

```python
while True:
    ret, frame = cap.read()
    if not ret:
        break
    hsv = cv2.cvtColor(frame, cv2.COLOR_BGR2HSV)
    mask = cv2.inRange(hsv, yellow_lower, yellow_upper)
    mask = cv2.morphologyEx(mask, cv2.MORPH_CLOSE, kernel)
    mask = cv2.morphologyEx(mask, cv2.MORPH_OPEN, kernel)
    cnts = cv2.findContours(mask.copy(), cv2.RETR_EXTERNAL,
                            cv2.CHAIN_APPROX_SIMPLE)
```

上述程式碼首先使用 cvtColor() 方法將影格轉換成 HSV 色彩，再呼叫 inRange() 方法建立色彩遮罩，接著使用 morphologyEx() 方法進行影像型態學運算來清除雜訊，最後呼叫 findContours() 方法找出黃球的輪廓。

在下方使用 cnts[-2] 取出輪廓，由於 findContours() 方法的回傳值是包含 2 個元素的串列，故 [-2] 為取出該串列的第 1 個元素。接著使用 if 條件判斷是否有找到黃色球體，如果有，就使用 cv2.contourArea 來計算輪廓面積，並搭配 max() 函式找出最大面積的黃球，如下所示：

```
    balls = cnts[-2]    # 取得輪廓
    # 是否有偵測到
    if len(balls) > 0:
        # 找出最大面積的球
        c = max(balls, key=cv2.contourArea)
        # 取出座標和半徑
        (x, y), radius = cv2.minEnclosingCircle(c)
        M = cv2.moments(c)
        # 計算出圓心座標
        center = (int(M["m10"] / M["m00"]), int(M["m01"] / M["m00"]))
        # 只處理半徑是 50~300 之間的球
        if (radius < 300) & ( radius > 50 ) :
            # 繪出球的外框
            cv2.circle(frame, (int(x), int(y)), int(radius), (0, 255,
255), 2)
            cv2.circle(frame, center, 5, (0, 0, 255), -1)  # 繪出中心點
```

上述程式碼使用 minEnclosingCircle() 方法取出黃球的座標和半徑，並計算圓心的座標。接著使用 if 條件判斷該球體的半徑是否介於 50~300，如果是，就繪製黃球的輪廓線及其圓心的紅色標記點。然後在下方呼叫 imshow() 方法顯示影格：

```
    cv2.imshow("Frame", frame)
    if cv2.waitKey(1) & 0xFF == ord('q'):
        break

cap.release()
cv2.destroyAllWindows()
```

Python 程式：ch16-1-2_red.py 是使用 Webcam + OpenCV 來即時追蹤紅色球體。

使用 Pi 相機模組即時追蹤黃色球體：ch16-2-1_picam.py

如果樹莓派使用 Pi 相機模組來顯示即時影像，可以結合 OpenCV + Picamera2 套件來建立即時追蹤黃色球體的 Python 程式。

Python 程式碼首先匯入 Picamera2 類別、OpenCV 和 Numpy 套件，如下所示：

```
from picamera2 import Picamera2
import cv2
import numpy as np

hue_value = 27
yellow_lower = np.array([hue_value-10, 100, 100], np.uint8)
yellow_upper = np.array([hue_value+10, 255, 255], np.uint8)
kernel = np.ones((7,7), np.uint8)

# Camera setup
camera = Picamera2()
camera.configure(camera.create_preview_configuration(
                          main={"size": (640, 480)}))
camera.start()
```

上述程式碼建立 PiCamera2 物件並指定影格尺寸，接著呼叫 start() 方法啟用 Pi 相機模組。在下方的 while 無窮迴圈中，呼叫 camera.capture_array() 方法來讀取影格，而因相機輸出的格式是 RGB，故需先轉換成 BGR，再轉換成 HSV，如下所示：

```
while True:
    frame = camera.capture_array()
    frame = cv2.cvtColor(frame, cv2.COLOR_RGB2BGR)
    hsv = cv2.cvtColor(frame, cv2.COLOR_BGR2HSV)
    ...
```

之後的程式碼與 Webcam 版相同，筆者就不重複說明。Python 程式：ch16-1-2_red_picam.py 是 ch16-1-2_red.py 的 Pi 相機模組版，可以使用 Pi 相機模組來即時追蹤紅色球體。

16-2 打造自動避障和物體追蹤車

　　在了解 OpenCV 的色彩偵測與追蹤後，我們就可以著手打造 OpenCV 物體追蹤車。為了偵測前方的障礙物，筆者已改造第 15 章的智慧車，在車輛前方安裝超音波感測器 HC-SR04 來打造自動避障車，並且調整 Pi 相機模組的高度與角度，使其面向下方，以便偵測路面上的物體以及第 16-3 節的車道，如下圖所示：

16-2-1 在樹莓派使用超音波感測器

　　超音波感測器（Ping Sensor）模組是由超音波發射器、接收器和控制電路所組成，市面上容易購買到的型號是 HC-SR04，建議選購 HC-SR04P 型號，這是同時支援 5V 和 3.3V 開發板的版本，如下圖所示：

上述超音波感測器的工作原理是發射一連串 40KHz 的聲波（這種高頻聲音已超出人類的聽力範圍），當聲波遇到物體時，會反彈回感測器，而感測器接收回音並測量花費的時間，即可計算出物體的距離。

HC-SR04P 超音波感測器共有 4 個接腳，其說明如下表所示：

HC-SR04P 接腳	說明
Vcc	VCC 電源 3.3V
Trig	連接數位 GPIO，當輸出 HIGH 時發送聲波
Echo	連接數位 GPIO，接收 Trig 腳位發送的反彈聲波
Gnd	GND 接地

電子電路設計

完成本節實驗的電子電路設計需要使用到的電子元件，如下所示：

- HC-SR04P 超音波感測器 3.3V × 1
- 麵包板 × 1
- 公 - 母杜邦線 × 4

請依據下圖連接方式建立電子電路，其中 HC-SR04P 超音波感測器的 Trig 接腳連接 GPIO16，Echo 接腳連接 GPIO12，VCC 接腳連接 3V3，GND 接腳連接 GND，即可完成本節實驗的電子電路設計，如下圖所示：

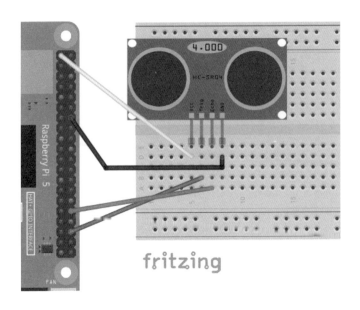

使用超音波感測器測量距離：ch16-2-1.py

Python 程式是匯入 GPIO Zero 模組的 DistanceSensor 類別來使用 HC-SR04P 超音波感測器，其執行結果顯示測量的距離值，單位為公分 cm，如下圖所示：

Python 程式碼在匯入 gpiozero 的 DistanceSensor 類別後，指定 Trigger 和 Echo 接腳分別為 GPIO16 和 GPIO12，以及最大距離 5 公尺，如下所示：

```
from gpiozero import DistanceSensor
from time import sleep

TRIGGER_PIN = 16
ECHO_PIN = 12
MAX_DISTANCE = 5

sensor = DistanceSensor(echo=ECHO_PIN,
                        trigger=TRIGGER_PIN,
                        max_distance=MAX_DISTANCE)
```

上述程式碼建立 DistanceSensor 物件 sensor，其參數依序是 Echo 與 Trigger 腳位，和最大距離。在下方的 while 無窮迴圈是使用 distance 屬性來取得測量到的距離，其單位是公分，如下所示：

```
while True:
    distance = int(sensor.distance * 100)
    print(distance, "cm")
    sleep(1)
```

16-2-2　打造超音波感測器的自動避障車

將超音波感測器 HC-SR04P 安裝在樹莓派智慧車的前方之後，即可透過距離測量來打造一台自動避障車，當偵測到前方有障礙物時，就隨機左轉或右轉以避開障礙物。

調整直流馬達的轉速誤差：moto_tester.py

在實務上，由於每顆直流馬達的轉速都會存在些許誤差，因此 Python 程式：moto_tester.py 修改了第 15 章 ch15-4-2.py 的車輛行走函式，新增左/右輪的轉速變數，以透過調整直流馬達的 PWM 轉速來修正兩輪之間的轉速差，如下所示：

```
f_lspeed = 0.45
f_rspeed = 0.5
t_rspeed = 0.5
t_lspeed = 0.59
```

上述變數分別設定前進時的左輪與右輪轉速，以及右轉與左轉的轉速。接著在車輛行走函式新增轉速參數和延遲時間，就能控制車輛前進、後退、左轉和右轉的行走速度與時間，如下所示：

```
def forward(left_speed=1.0, right_speed=1.0, delay=1):
    motor1.forward(left_speed)
    motor2.forward(right_speed)
    sleep(delay)
    stop()

def backward(left_speed=1.0, right_speed=1.0, delay=1):
    motor1.backward(left_speed)
    motor2.backward(right_speed)
    sleep(delay)
    stop()

def turn_right(speed=0.5, delay=1):
    motor1.forward(speed)
    motor2.stop()
    sleep(delay)
    stop()

def turn_left(speed=0.5, delay=1):
    motor1.stop()
    motor2.forward(speed)
    sleep(delay)
    stop()
```

超音波避障車：ch16-2-2.py

Python 程式：ch16-2-2.py 是超音波自動避障車的控制程式，該程式使用 moto_tester.py 的車輛行走函式，並同時開啟 Webcam 攝影機來顯示行駛時的即時影像（若使用 Pi 相機模組，請參考 Python 程式：ch16-2-3_picam.py）。

程式碼中自動避障部分，則是在超音波偵測到前方障礙物的距離後，隨機決定左轉或右轉來避障行走，如下所示：

```python
result = sensor.distance * 100
print(result, "cm")
if result <= 25:  # 在前方有障礙物
    if result < 20:  # 太近, 後退後才轉彎
        backward(f_lspeed, f_rspeed, 1)
    import random
    if random.randint(1, 100) > 50:
        turn_left(t_lspeed, 1)
    else:
        turn_right(t_rspeed, 1)
else:
    forward(f_lspeed, f_rspeed, 1)
```

上述 if/else 條件判斷前方障礙物的距離，當距離小於等於 25 公分時，表示前方有障礙物，需要轉彎；若距離過近（小於 20 公分），則先呼叫 backward() 函式後退一小段距離，再透過亂數隨機決定呼叫 turn_left() 函式左轉，或呼叫 turn_right() 函式右轉。而若前方沒有障礙物，就呼叫 forward() 函式繼續前行。

16-2-3　打造 OpenCV 黃色球體自動追蹤車

我們只需活用第 16-1-2 節的 Python 程式範例，即可輕鬆打造出一台 OpenCV + Webcam 自動追蹤黃色球體的自走車。Python 程式：ch16-2-3.py 是使用第 16-1-2 節的方式來追蹤黃球，並透過其在影格中的位置來判斷車輛的行進方向，以便自走車能夠持續追蹤該球體（若使用 Pi 相機模組，請參考 Python 程式：ch16-2-3_picam.py）。

程式碼中追蹤黃球部分，首先宣告 4 個變數來儲存黃球的面積、圓心座標和半徑。接著透過 for 迴圈逐一處理偵測到的黃球，以找出面積最大的黃球（本節使用與第 16-1-2 節不同的方法來找出最大的黃球），如下所示：

```
ball_area = 0
ball_x = 0
ball_y = 0
ball_radius = 0
for contour in contours:
    # 找出最大的球
    x, y, width, height = cv2.boundingRect(contour)
    found_area = width * height    # 計算面積
    center_x = x + (width / 2)
    center_y = y + (height / 2)
    if ball_area < found_area:
        ball_area = found_area
        ball_x = int(center_x)
        ball_y = int(center_y)
        ball_radius = int(width / 2)
```

上述程式碼呼叫 boundingRect() 方法找出球體範圍的長方形方框，並計算其面積（此處的面積指的是此方框的面積，而非圓面積）與中心點座標。接著使用 if 條件判斷找到的面積是否大於目前記錄的最大面積，如果是，則更新目前最大面積的黃色球體資訊。

在下方的 if 條件判斷找到的黃球是否達到足夠的面積大小，如果是，即表示已偵測到黃色球體，並繪製其輪廓線與圓心座標；若不是，則表示沒有找到黃球，並呼叫 stop() 函式停止行走，如下所示：

```
if ball_area > 10000:  # 找到球
    print(ball_area)
    # 繪出球的外框
    cv2.circle(frame, (ball_x, ball_y), ball_radius, (0, 255, 255), 2)
    cv2.circle(frame, (ball_x, ball_y) , 5, (0, 0, 255), -1)  # 繪出中心點
    if ball_x > (center_image_x + (image_width/3)):  # 偏右
        turn_right(t_rspeed, 0.3)
        print("Turning right")
```

```
    elif ball_x < (center_image_x - (image_width/3)): # 偏左
        turn_left(t_lspeed, 0.3)
        print("Turning left")
    else:
        forward(f_lspeed, f_rspeed, 1)
        print("Forward")
else:
    stop()
    print("Stop")
```

上述 if/elif/else 條件用來判斷黃色球體的位置——若球體位於影格右側 1/3 的區域，就呼叫 turn_right() 函式右轉；若位於左側 1/3 的區域，就呼叫 turn_left() 函式左轉；而若球體接近影格中央，則呼叫 forward() 函式繼續前行。

16-3 車道自動偵測系統

目前市面上銷售的車輛大多已配備「車道維持輔助系統」(Lane Keep Assist System，LKAS)，這是專門針對快速道路或高速公路行駛所設計的輔助系統，可以降低因駕駛不小心偏離行駛車道而產生的風險。

基本上，車道維持輔助系統主要包含兩大元件：一是車道自動偵測 (如何檢測出車道線)，二是路徑/動作規劃 (如何轉動方向盤來維持車輛行駛在車道的中央)。

在這一節我們準備使用 OpenCV 建立車道自動偵測系統，以檢測出圖片中的左右白色車道線，其執行結果如下圖所示：

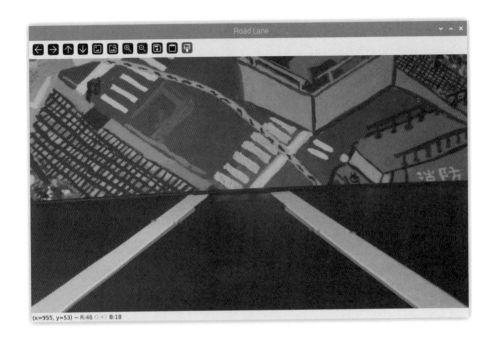

上述圖例的下半部分使用 2 條紅線標示出左/右車道線，此即為圖片中檢測出的白色車道線。車道自動偵測的基本步驟，如下圖所示：

步驟一：將目標圖片轉換成灰階圖片

由於圖片中的兩條車道線是白色的，因此我們只需將其轉換成灰階圖片，即可偵測出白色車道線。如果車道線是其他顏色，則需轉換成 HSV 色彩；同樣地，可以使用 HSV 色彩來偵測白色車道線，其 HSV 色彩範圍如下所示：

```
white_lower = np.array([80,0,0] , np.uint8)
white_upper = np.array([255,160,255] , np.uint8)
```

　　Python 程式：ch16-3.py 首先將目標圖片轉換成灰階圖片，如下所示：

```
import cv2

image = cv2.imread("images/road_lane1.jpg")
img = cv2.cvtColor(image, cv2.COLOR_BGR2GRAY)
cv2.imshow("Road Lane", img)

cv2.waitKey(0)
cv2.destroyAllWindows()
```

　　上述程式碼呼叫 cvtColor() 方法將彩色圖片轉換成灰階圖片，其執行結果如下圖所示：

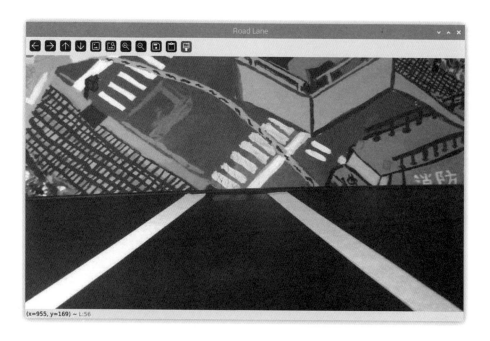

步驟二:使用高斯模糊讓影像平滑模糊化

高斯模糊(Gaussian Blur)是 Photoshop 和 GIMP 等影像處理軟體廣泛支援的特效處理。這是一種濾波器,可以過濾掉影像中的高頻內容(例如:雜訊和細節層次),使影像邊緣變得比較模糊,因此也稱為高斯平滑(Gaussian Smoothing)。

OpenCV 的邊緣檢測對雜訊非常敏感,故需使用高斯模糊先過濾掉圖片的雜訊。Python 程式:ch16-3a.py 使用高斯模糊讓影像平滑化,如下所示:

```
...
image = cv2.imread("images/road_lane1.jpg")
image = cv2.cvtColor(image, cv2.COLOR_BGR2GRAY)
img = cv2.GaussianBlur(image, (5, 5), 0)
cv2.imshow("Road Lane", img)
...
```

上述程式碼呼叫 GaussianBlur() 高斯模糊方法,第 2 個參數是核尺寸,其執行結果顯示的圖片看起來較為模糊,如下圖所示:

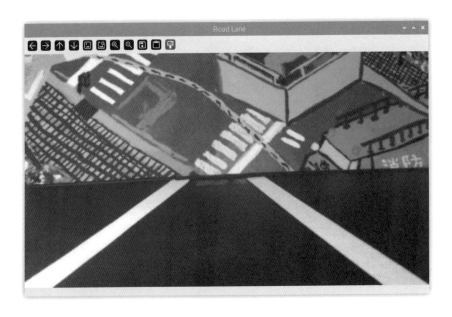

步驟三：使用 Canny 運算執行邊緣檢測

基本上，邊緣檢測的原理是檢查灰階圖片中亮度的急劇變化，以截取出圖片中不連續部分的特徵，即各種物體的邊緣。目前有多種邊緣檢測方法，其中 Canny 運算是由 John F. Canny 在 1986 年開發的邊緣檢測方法。

Python 程式：ch16-3b.py 是使用 OpenCV 的 Canny() 方法來執行邊緣檢測，如下所示：

```
...
edges = cv2.Canny(image,50, 150)
cv2.imshow("Road Lane edges", edges)
...
```

上述程式碼呼叫 Canny() 邊緣檢測方法，此方法的 3 個參數中，最後 2 個參數為閾值：第 2 個參數（低閾值）用於過濾梯度低於此值的像素點，這些點將不被視為邊緣；第 3 個參數（高閾值）則決定梯度大於此值的像素點可以直接被視為邊緣，其執行結果如下圖所示：

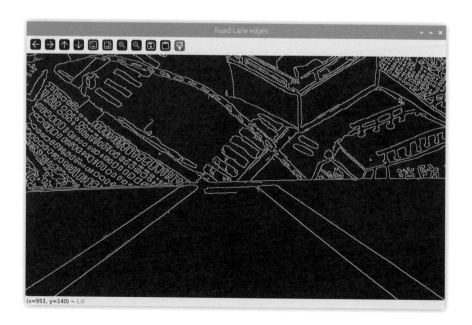

當車道線不是白色，而是其他顏色時，可以使用第 16-1-1 節的方法建立色彩遮罩，Python 程式：ch16-3b_yellow.py 是黃色車道的邊緣檢測，如下所示：

```python
hsv = cv2.cvtColor(image, cv2.COLOR_BGR2HSV)
hsv = cv2.GaussianBlur(hsv, (5, 5), 0)
hue_value = 25
yellow_lower = np.array([hue_value-10, 100, 100], np.uint8)
yellow_upper = np.array([hue_value+10, 255, 255], np.uint8)
mask_yellow = cv2.inRange(hsv, yellow_lower, yellow_upper)
cv2.imshow("Mask Yellow", mask_yellow)
edges = cv2.Canny(mask_yellow, 50, 150)
cv2.imshow("Road Lane edges", edges)
```

Python 程式：ch16-3b_blue.py 是藍色車道的邊緣檢測，而 Python 程式：ch16-3b_yellow_blue.py 可以同時執行藍色或黃色車道的邊緣檢測。

步驟四：分割出圖片中車道所在的區域

現在，我們已經透過邊緣檢測找出圖片中所有物體的邊緣，但問題是，欲找出的 2 條車道線到底位在圖片中的哪一個區域？

Python 程式：ch16-3c.py 是使用三角形來分割圖片中車道線所在的區域，在取得圖片的高和寬後，使用 Numpy 陣列定義三角形的 3 個頂點，如下所示：

```python
...
height, width = edges.shape
print(height, width)
# 三角形區域
triangle = np.array([[(0, height),
                      (width//2-20, height//2),
                      (width, height)]])
# 建立相同尺寸的黑色圖片
mask = np.zeros_like(edges)
```

```
# 截取出車道位置的三角形
mask = cv2.fillPoly(mask, triangle, 255)
isolated_area = cv2.bitwise_and(edges, mask)
cv2.imshow("Isolated Area", isolated_area)
```

上述程式碼在建立與原圖相同尺寸的黑色圖片後，呼叫 fillPoly() 方法建立填滿三角形的遮罩圖片，然後使用 bitwise_and() 方法執行 AND 位元運算來分割圖片，其執行結果顯示分割後的圖片中僅包含左右 2 條車道線，如下圖所示：

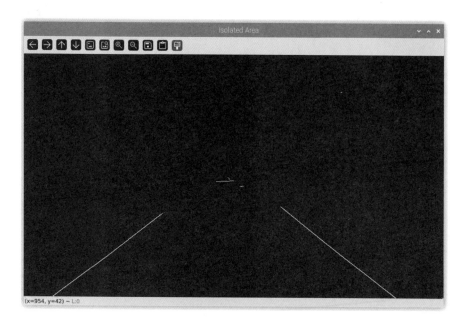

接著，在下方呼叫 addWeighted() 方法依據權重來合併 2 張圖片，如下所示：

```
isolated_area2 = cv2.addWeighted(mask, 0.8, isolated_area, 1, 1)
cv2.imshow("Isolated Area2", isolated_area2)
...
```

上述 imshow() 方法顯示合併後的圖片，其執行結果可以看到位在三角形分割區域中的兩條車道線，如下圖所示：

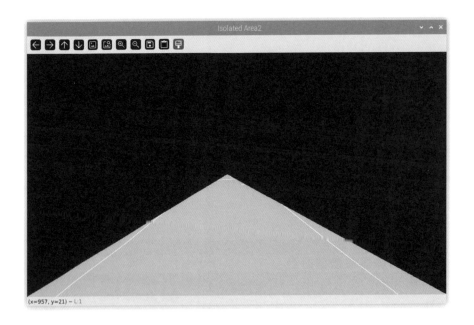

經觀察後發現，由於車道線主要位於圖片的下半部分，因此 Python 程式：ch16-3c_rectangle.py 改用長方形來分割圖片中的車道線區域，如下所示：

```
rectangle = np.array([[
        (0, int(height * 1 / 2)+20),
        (width, int(height * 1 / 2)+20),
        (width, height),
        (0, height),
        ]])
```

上述程式碼將分割區域指定為圖片的下半部分，其執行結果顯示偵測到的左右車道邊緣線各有 2 條，如下圖所示：

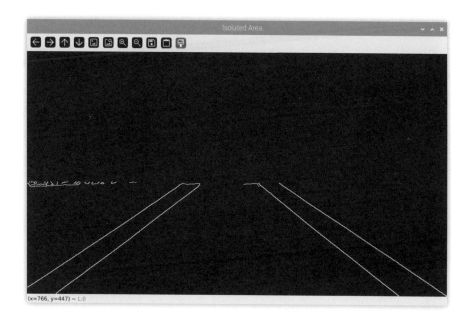

步驟五：霍夫變換的直線檢測

霍夫變換（Hough Transform）是在 1962 年由 Paul Hough 首次提出，並由 Richard Duda 和 Peter Hart 在 1972 年推廣此變換方法。霍夫變換可用於從影像中檢測出幾何形狀，例如直線、圓形和橢圓等。

Python 程式：ch16-3d.py 使用霍夫變換來檢測直線，可以偵測出圖片中的 2 條車道線，其執行結果即為本節的首張圖片。在步驟四分割出車道線的所在區域後，呼叫 display_lines() 函式在圖片上繪製直線，以標示出偵測到的車道線，如下所示：

```
...
def display_lines(image, lines):
    lines_image = np.zeros_like(image)
    if lines is not None:
        for line in lines:
            x1, y1, x2, y2 = line.reshape(4)
            cv2.line(lines_image, (x1, y1), (x2, y2), (0, 0, 255), 10)
    return lines_image
```

上述程式碼首先建立 lines_image 黑色圖片的 Numpy 陣列，再使用 if 條件判斷是否找到車道線，若有找到，就使用 for 迴圈一一取出直線的座標，並呼叫 line() 方法繪出直線。

在下方的 average_slope_intercept() 函式可以計算每條車道邊緣線的斜率和截距，然後依據斜率來分辨屬於左車道或右車道的邊緣線。此函式建立了 3 個串列來分別儲存所有車道線、左車道線和右車道線，如下所示：

```python
def average_slope_intercept(image, lines):
    lane_lines = []
    left_fit = []
    right_fit = []

    if lines is not None:
        for line in lines:
            print(line)
            x1, y1, x2, y2 = line.reshape(4)
            parameters = np.polyfit((x1, x2), (y1, y2), 1)
            print(parameters)
            slope = parameters[0]
            intercept = parameters[1]
            if slope < 0:    # 這是右車道線
                right_fit.append((slope, intercept))
            else:            # 這是左車道線
                left_fit.append((slope, intercept))
```

上述 if 條件判斷是否檢測到直線，如果是，就使用 for 迴圈取出每條邊緣線（邊緣線可能會有很多條），接著呼叫 reshape() 方法重塑形狀，再呼叫 polyfit() 方法進行曲線擬合，即可取得 parameters[0] 的斜率，與 parameters[1] 的截距。最後的 if/else 條件依據斜率值來區分左右車道線，若值小於 0 即屬於右車道線，否則屬於左車道線。

在下方計算左右車道線的平均斜率和截距（因為可能有多條直線），然後呼叫 make_points() 函式，依據平均斜率和平均截距來計算出標示左右車道線的直線座標，該函式回傳的即為偵測到的車道線，如下所示：

```
    # 計算左右車道的平均斜率和截距
    right_average = np.average(right_fit, axis=0)
    left_average = np.average(left_fit, axis=0)
    # 依據平均斜率和截距來計算出左右車道線
    lane_lines.append(make_points(image, left_average))
    lane_lines.append(make_points(image, right_average))
    return lane_lines

def make_points(image, average):
    print(average)
    try:  # 避免斜率是 0
        slope, intercept = average
    except TypeError:
        slope, intercept = 0.001, 0
    y1 = image.shape[0]
    y2 = int(y1 * (3/5))
    x1 = int((y1 - intercept) // slope)
    x2 = int((y2 - intercept) // slope)
    return np.array([x1, y1, x2, y2])
```

上述 make_points() 函式可以產生繪出標示車道線的 Numpy 陣列，首先從參數 average 取出斜率和截距，接著計算出直線的起點和終點座標，並回傳直線座標的 Numpy 陣列。

在下方呼叫 HoughLinesP() 方法進行霍夫變換的直線檢測，其參數 minLineLength 表示最小直線長度，maxLineGap 表示各線段之間的最大間隙值。然後呼叫 average_slope_intercept() 函式計算平均斜率和截距，再呼叫 display_lines() 函式繪製車道線標示，如下所示：

```
lines = cv2.HoughLinesP(isolated_area, 2, np.pi/180, 100,
            np.array([]), minLineLength=40, maxLineGap=5)
averaged_lines = average_slope_intercept(copy, lines)
black_lines = display_lines(copy, averaged_lines)
lanes = cv2.addWeighted(copy, 0.8, black_lines, 1, 1)
cv2.imshow("Road Lane", lanes)
...
```

上述程式碼呼叫 addWeighted() 方法，將紅色的車道線標示以加權方式疊加到原圖上。

若使用三角形區域來分割圖片，只偵測到單邊車道線的機率較大，例如：road_lane3.jpg 和 road_lane4.jpg 圖檔。

Python 程式：ch13-6e.py 改用長方形區域來分割圖片，所以能成功在 road_lane3.jpg 和 road_lane4.jpg 中偵測並標示出 2 條車道線。但因為是計算 2 條邊緣線的平均值，最終標示的車道線會繪製在白色車道線的中央，如下圖所示：

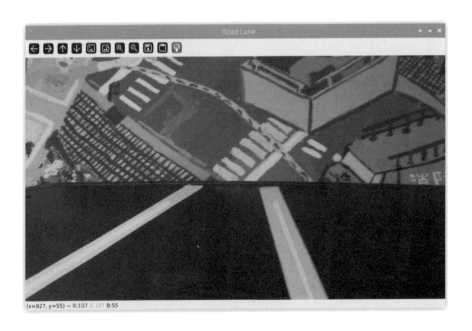

Python 程式：ch16-3f.py 是 Webcam 版的即時車道偵測，而 Python 程式：ch16-3f_picam.py 是 Pi 相機模組版的即時車道偵測。

16-4 打造樹莓派 AI 自駕車

　　AI 自駕車是使用深度學習（Deep Learning）技術來自動控制車輛的行駛，本節將透過 GitHub 上的開源專案 DeepPiCar 來說明打造樹莓派 AI 自駕車的原理和實作方法。

 Tips **請注意！**本節內容的主要目的是說明 AI 自駕車的原理和實作方法。由於本書所使用的車體不具備轉向機構，而使用 PWM 模擬轉向涉及的變數太多，筆者無法保證一定能夠依據本節的說明、範例和步驟來打造出一台可成功自動行駛的 AI 自駕車。此外，**在 VS Code 需開啟「ch16-4」目錄來執行本節的 Python 程式。**

16-4-1 DeepPiCar 專案

　　DeepPiCar 是一個開放原始碼的 GitHub 專案，其專案的 URL 網址，如下所示：

https://github.com/dctian/DeepPiCar

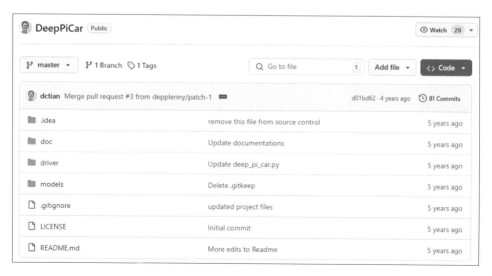

請點選 **Code** 鈕，執行 **Download ZIP** 選項下載整個專案的檔案。然後，請捲動至 GitHub 頁面底部，可以看到此專案的 6 篇 Medium 文章，依序說明如何打造車體並撰寫相應的 Python 程式碼。GitHub 專案目錄的簡要說明，如下所示：

- **doc 目錄**：專案更新文章和最新的安裝設定步驟說明。

- **driver 目錄**：在 code 子目錄是自駕車的 Python 程式檔，data 子目錄是測試用的圖檔和影片檔。

- **models 目錄**：lane_navigation 和 object_detection 兩個子目錄分別是自動導航行駛和障礙物與交通號誌偵測的深度學習 Python 程式，可以訓練自駕車所需的 TensorFlow 和 TensorFlow Lite 模型。

在 Python 虛擬環境 opencv 安裝 TensorFlow Lite

由於本書改寫的 DeepPiCar 專案是改用 TensorFlow Lite，請參考第 12-1-1 節的安裝說明和步驟，在 Python 虛擬環境 opencv 安裝 TensorFlow Lite，或直接使用第 12-1-1 節的 Python 虛擬環境 tflite。

本書改寫的 DeepPiCar 專案：drive_main.py

在原始的 DeepPiCar 專案中，是使用樹莓派 3 + Google 邊緣運算 TPU 的 USB 加速棒來實作，其測試的 2 條車道線是藍色的。而本書改用樹莓派 5，並且支援多種顏色的車道線，但因未配備 TPU 加速棒，為了提升執行效能，已將原先的 TensorFlow 模型轉換成 TensorFlow Lite 版本，並改寫 Python 程式，改為使用 TensorFlow Lite 來執行自動導航行駛。

完整 Python 程式檔和 TensorFlow Lite 模型檔是位在「ch16-4」子目錄，如下圖所示：

上述「images」子目錄是測試用的圖檔和影片檔，「model_result」子目錄是 TensorFlow Lite 模型檔。Python 程式：drive_main.py 是自駕車的主程式，在程式開頭的 if/else 條件判斷樹莓派是使用 Webcam 或 Pi 相機模組，以便匯入正確的 DeepPiCar 類別，如下所示：

```python
cap = cv2.VideoCapture(8)
if cap.isOpened():
    from deep_pi_car import DeepPiCar
else:
    from deep_pi_car_picam import DeepPiCar
cap.release()
```

上述 Python 模組檔案 deep_pi_car.py 是 Webcam 版，deep_pi_car_picam.py 是 Pi 相機模組版。在下方的 main() 函式建立 DeepPiCar 物件後，呼叫 drive() 方法來自動導航行駛，其參數為車速值 1~100，如下所示：

```
def main():
    # print system info
    logging.info('Starting DeepPiCar, system info: ' + sys.version)

    with DeepPiCar() as car:
        car.drive(30)
```

在 Python 程式：deep_pi_car.py 或 deep_pi_car_picam.py 的 DeepPiCar 類別宣告裡，我們是在 __init__() 建構子方法建立直流馬達控制和導航行駛所需的物件，如下所示：

```
self.motor = MotorControl()

self.lane_follower = HandCodedLaneFollower(self)
#from end_to_end_lane_follower import EndToEndLaneFollower
#self.lane_follower = EndToEndLaneFollower(self)

self.traffic_sign_processor = ObjectsOnRoadProcessor(self)
```

上述 MotorControl 物件是控制直流馬達的 pi_car_motor.py 程式。預設情況下，系統是使用第 16-4-2 節 hand_coded_lane_follower.py 程式的 HandCodedLaneFollower 物件來自動導航行駛。而註解掉的 2 列則是另一個導航選項，為第 16-4-3 節 end_to_end_lane_follower.py 程式的 EndToEndLaneFollower 物件，這是基於深度學習的自動導航方式（兩種導航方式只能擇一使用）。最後是第 16-4-4 節 objects_on_road_processor.py 程式的 ObjectsOnRoadProcessor 物件，其利用遷移學習來偵測障礙物和交通號誌。DeepPiCar 類別的主要方法說明，如下表所示：

方法	說明
drive()	開啟 Webcam 或 Pi 相機模組進行車道偵測與自動導航行駛，預設註解掉偵測障礙物和交通號誌的程式碼
follow_lane()	呼叫 HandCodedLaneFollower 物件的 follow_lane() 方法來自動導航行駛
process_objects_on_road()	處理偵測到的障礙物和交通號誌

　　本節後續小節將逐步介紹各個相關的 Python 程式檔案。雖然本書是使用四輪自走車套件來打造自駕車，但因為該套件不具備轉向機構，所以只能透過 PWM 控制左右馬達的轉速差來進行轉向，這導致轉向反應不夠靈敏，呈現出逐步轉向的效果，故存在一定的誤差。

　　此外，由於樹莓派沒有搭配邊緣運算的 TPU 加速棒，因此圖形處理效能較差，這使得自駕車的導航行駛和轉彎速度都需要經過多次調校後，才能找到最佳參數，以避免車道偵測回傳的角度跟不上車輛行駛和轉向的速度。

　　為此，在 drive() 方法中已將每秒 30 幀的影像降至每秒 5 幀，這是先將變數 target 設定為 5（30fps/6=5fps），再配合計數器 counter 控制每 6 個影格只取出 1 個影格進行車道偵測。Python 程式：deep_pi_car.py 是 Webcam 版，其程式碼如下所示：

```
...
fps = int(self.camera.get(5))
print("Camera fps:", fps)

target = 5    # 1/6
counter = 0

while self.camera.isOpened():
    if counter == target:
        ret, image_lane = self.camera.read()
        counter = 0
    else:
        ret = self.camera.grab()
        counter += 1
        continue
...
```

　　Python 程式：deep_pi_car_picam.py 是 Pi 相機模組版，其程式碼如下所示：

```
...
metadata = self.camera.capture_metadata()
frame_duration = metadata[ "FrameDuration" ]  # 單位為微秒
fps = 1e6 / frame_duration  # 將微秒轉換為秒並計算 FPS
print("Camera fps:", fps)

target = 5   # 1/6
counter = 0

while True:
    image_lane = self.camera.capture_array()
    image_lane = cv2.cvtColor(image_lane, cv2.COLOR_RGB2BGR)
    if image_lane is None:
        break
    if counter == target:
        counter = 0
    else:
        counter += 1
        continue
...
```

直流馬達控制的 MotorControl 類別：pi_car_motor.py

原始 DeepPiCar 專案的車體是使用 SunFounder PiCar Robot Kit，此套件已提供 Python 套件 picar 來控制直流馬達。而由於本書是使用一般的自走車套件，因此筆者新增了 Python 程式：pi_car_motor.py，透過 MotorControl 類別來控制直流馬達，此類別是使用 GPIO Zero 模組的 Motor 物件來執行馬達控制。

當 OpenCV 偵測出車道後，自駕車需要調整方向以維持車輛行駛在車道中央，但因該車體不具備轉向機構，故 MotorControl 類別中，是藉由左/右輪的 PWM 轉速差來逐步進行車輛的轉向。車道導航 Python 程式：hand_coded_lane_follower.py 回傳的角度範圍，如下圖所示：

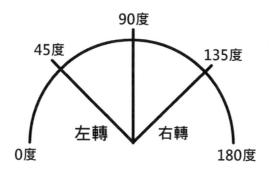

上述角度為 90 度時是直行；而當車道有所偏移時，若回傳 91~180 度表示向右轉，回傳 0~89 度則表示向左轉。在 MotorControl 類別的建構子方法會初始化相關屬性，如下所示：

```
self.left_speed = 0.26
self.right_speed = 0.29
self.MINI_SPEED = 0.25
self.current_speed = 0.40
```

上述 left_speed 和 right_speed 屬性為基本速度的 PWM 值，用於調整左/右輪的轉速差。而 MINI_SPEED 是最低速度，current_speed 是目前速度（因 DeepPiCar 自駕車沒有 GPU 加速，所以降低行駛車速，設定的車速範圍是 0.25~0.40）。在程式碼中是使用 MINI_SPEED 和 current_speed 這2 個屬性值來計算出直流馬達最終輸出的 PWM 值。

DeepPiCar 自駕車是使用 move() 方法來前行與轉向，其 speed 參數是車速範圍（0.25~0.40），lef_inc 和 right_inc 分別是左/右輪的 PWM 增量值。在 move() 方法中，首先更新 current_speed 屬性值為目前參數的車速，如下所示：

```
def move(self, speed=0.40, left_inc=0, right_inc=0, dir=True, delay=0):
    self.current_speed = speed
    lspeed = self.left_speed + (speed - self.MINI_SPEED) + left_inc
    rspeed = self.right_speed + (speed - self.MINI_SPEED) + right_inc
    if lspeed < 0: lspeed = 0
```

```
if lspeed > 1: lspeed = 1
if rspeed < 0: rspeed = 0
if rspeed > 1: rspeed = 1
print(lspeed, rspeed)
if dir:    # forward
    self.forward(lspeed, rspeed)
else:      # backward
    self.backward(lspeed, rspeed)
sleep(delay)
```

　　車輛在行駛過程中的逐步轉向是透過調整左/右輪不同的 PWM 值來達成的，這是使用下列運算式計算出左/右輪的實際 PWM 值（left_inc 和 right_inc 分別是向左/右轉的 PWM 增量值），如下所示：

```
lspeed = self.left_speed + (speed - self.MINI_SPEED) + left_inc
rspeed = self.right_speed + (speed - self.MINI_SPEED) + right_inc
```

　　上述運算式是基本速度的 PWM 值，加上速度差和左/右輪的增量值。在此之後的 4 個單選 if 條件可以避免超過速度範圍，然後再使用 if/else 條件判斷車輛是向前或向後行駛。

　　MotorControl 類別的 turn_angle() 方法會根據回傳的角度值，轉換成左/右輪的 PWM 增量值，以便控制轉向，而其中的變數 weights 為增量權重，如下所示：

```
def turn_angle(self, angle=90):
    weights = 5
    if angle > 90:
        # turn right
        inc = (angle - 90)
        inc = inc // 2 + weights
        self.move(self.current_speed, left_inc=inc/100.0,
                                      right_inc=-(inc/100.0))
```

上述 if 條件判斷角度是否大於 90 度，如果是，就逐步向右轉。在計算出 PWM 增量值為角度差一半的 inc 之後，即可呼叫 move() 方法來轉向（調整左輪的 PWM 加上增量值，右輪的 PWM 則減少增量值）。

Tips　請注意！ 實際增量值 inc 的計算公式，需要依據車輛自行調校出專屬的增量值公式。

在下方 if 條件判斷角度若小於 90 度，則逐步向左轉（調整右輪的 PWM 加上增量值，左輪的 PWM 則減少增量值），如下所示：

```
if angle < 90:
    # turn left
    inc = (90 - angle)
    inc = inc // 2 + weights
    self.move(self.current_speed, right_inc=inc/100.0,
                            left_inc=-(inc/100.0))
sleep(0.2)
self.move(self.current_speed)
```

上述程式碼最後呼叫 sleep() 暫停一段時間後（在此期間進行轉向，5fps 對應 0.2 秒的間隔時間），再呼叫 move() 方法恢復成目前速度的左/右輪 PWM 值。

Tips　請注意！ 當偵測車道線計算出的轉向角度大幅變動時，表示車輛正進入不同曲度的彎道，此時 PWM 值可能需要加權（透過調整 weights 變數）來增加轉向速度。此部分因車輛差異，請自行調校以找出合適的 PWM 增量值公式。

　　基本上，DeepPiCar 專案的車道偵測是使用第 16-3 節的方法來偵測左右車道線，而自動導航行駛部分則是使用位於車頭中央的方向線來計算出模擬方向盤的轉動角度。

　　Python 程式：hand_coded_lane_follower.py 用於車道偵測與自動導航行駛，可以藉由 2 條車道線的斜率來計算導航行駛的模擬方向盤角度（並沒有使用深度學習）。如果是單獨執行此 Python 程式，可以開啟 video01.avi 影片檔進行自動導航行駛測試（影片中的車道線為藍色）。

　　如果是在第 16-4-1 節執行 drive_main.py 自駕車主程式，預設會匯入 HandCodedLaneFollower 類別，即可呼叫 HandCodedLaneFollower 物件的 follow_lane() 方法進行自動導航行駛，並在影格中顯示偵測到的車道線（因為光線問題，筆者是以黃色車道線為例）。在偵測到兩條車道線後，位於中間的紅線即為車頭方向，如下圖所示：

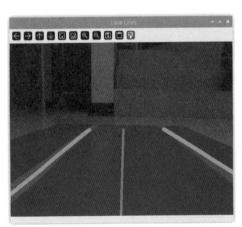 

　　當影格只有偵測到一條車道線時，因無法計算出中間線，將延著單一車道的斜率來計算出紅色的車頭線，如下圖所示：

 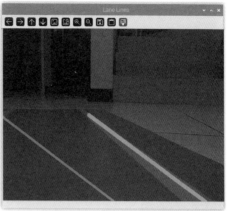

Python 程式碼是呼叫 HandCodedLaneFollower 物件的 follow_lane()
方法，執行車道偵測與自動導航行駛，並透過 steer() 方法計算出模擬方向
盤的轉動角度。其主要函式的說明，如下表所示：

函式	說明
detect_lane()	依序呼叫 detect_edges()、region_of_interest() 等函式來偵測車道線
detect_edges()	使用程式檔案開頭的 _LANE_COLOR 常數值，設定偵測的是藍色、黃色、白色、紅色或黑色車道線
region_of_interest()	使用長方形分割出車道區域為影格的下半部分，可以透過 _HEIGHT_OFFSET 常數調整高度位移
detect_line_segments()	偵測左 / 右 2 條車道線
average_slope_intercept()	計算左 / 右 2 條車道線的平均斜率和截距
compute_steering_angle()	計算模擬方向盤的轉動角度

在 hand_coded_lane_follower.py 程式中，可以在開頭的常數指定車道
線的顏色（_LANE_COLOR）、影格中車道線區域的高度位移（_HEIGHT_
OFFSET）和攝影機置中的偏移百分比（_MID_OFFSET_PERCENT），如下
所示：

```
...
#_LANE_COLOR = "blue"
_LANE_COLOR = "yellow"
#_LANE_COLOR = "white"
#_LANE_COLOR = "red"
#_LANE_COLOR = "black"
_HEIGHT_OFFSET = 20
_MID_OFFSET_PERCENT = 0        #0.02
...
```

16-4-3　深度學習的自動導航行駛

在第 16-4-2 節執行 Python 程式時，系統會自動錄製行駛過程的影像，並將各影格儲存成檔名包含方向盤角度的圖檔，也就是說，這些圖檔可用於訓練深度學習模型來進行自動導航行駛。

訓練 Nvidia 自駕車的深度學習模型

DeepPiCar 原專案是使用位在「models/lane_navigation/code」目錄下名為 end_to_end_lane_navigation.ipynb 的 Jupyter Notebook 來訓練深度學習模型，請使用 Google Colab 執行模型訓練。

訓練模型所需的圖檔位在「models/lane_navigation/data/images」目錄中，而完成訓練的 TensorFlow 模型檔是位在「models/lane_navigation/data/model_result」目錄的 lane_navigation.h5。

Python 程式中採用的深度學習模型是基於 Nvidia 自駕車的 CNN 卷積神經網路，其相關模型文件檔的 URL 網址，如下所示：

https://images.nvidia.com/content/tegra/automotive/images/
2016/solutions/pdf/end-to-end-dl-using-px.pdf

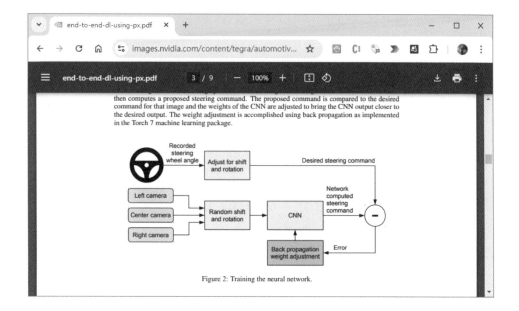

上述深度學習模型是擁有 10 層的 CNN 卷積神經網路，其輸出結果是方向盤的轉動角度。

轉換成 TensorFlow Lite 模型：convert_keras2tflite.py

Jupyter Notebook：end_to_end_lane_navigation.ipynb 訓練完成的 TensorFlow 模型檔名為 lane_navigation.h5，為了提升執行效能，筆者已將該模型轉換成 TensorFlow Lite 版本，並改用 TensorFlow Lite 載入模型以進行推論。

請在 Google Colab 上或於已安裝 TensorFlow 的 Windows 電腦中，執行位在「ch16-4」子目錄的 Python 程式：convert_keras2tflite.py，即可將 TensorFlow 模型轉換成 TensorFlow Lite 版本，如下所示：

```
import tensorflow as tf

model = tf.keras.models.load_model('model_result\lane_navigation.h5')
converter = tf.lite.TFLiteConverter.from_keras_model(model)
tflite_model = converter.convert()
open("model_result\lane_navigation.tflite", "wb").write(tflite_model)
```

上述程式碼的執行結果，可以在「ch16-4/model_result」目錄建立轉換的 lane_navigation.tflite 模型檔，如下圖所示：

lane_navig-
ation.h5

lane_navig-
ation.tflite

深度學習的自動導航行駛：end_to_end_lane_follower.py

Python 程式：end_to_end_lane_follower.py 已改用 TensorFlow Lite 載入 lane_navigation.tflite 模型檔來進行推論，單獨執行此 Python 程式時，可開啟 video01.avi 影片檔來進行自動導航行駛的測試。

在 Python 程式碼是呼叫 EndToEndLaneFollower 物件的 follow_lane() 方法來自動導航行駛，compute_steering_angle() 方法是使用 TensorFlow Lite 推論出模擬方向盤的轉動角度，如下所示：

```
input_details = self.model.get_input_details()
output_details = self.model.get_output_details()
input_data = np.expand_dims(preprocessed, axis=0)
input_data = input_data.astype("float32")
self.model.set_tensor(input_details[0]["index"],input_data)

self.model.invoke()

steering_angle = self.model.get_tensor(output_details[0]["index"])
steering_angle = steering_angle[0][0]
```

16-4-4　遷移學習的障礙物和交通號誌偵測

在人類的學習過程中，常會將之前任務中學習到的知識直接套用在目前的任務上，這就是「遷移學習」（Transfer Learning）。遷移學習是一種機器學習技術，能夠將原來針對特定任務所訓練的模型，直接更改來訓練出解決其他相關任務的模型。

使用遷移學習訓練偵測障礙物和交通號誌的模型

DeepPiCar 原專案是使用位在「models/object_detection/code」目錄名為 tensorflow_traffic_sign_detection.ipynb 的 Jupyter Notebook。我們可以在 Google Colab 上利用遷移學習來訓練 MobileNet_ssd_v2 深度學習模型，以辨識出 6 種障礙物和交通號誌。

訓練模型所需的圖檔位在「models/object_detection/data/images」目錄中，訓練完成的 TensorFlow Lite 模型檔是位在「models/object_detection/data/model_result」目錄，其中共有 2 個檔案，如下圖所示：

road_sign_l-　road_signs_
abels.txt　　quantized.t-
　　　　　　flite

偵測障礙物和交通號誌：objects_on_road_processor.py

Python 程式：objects_on_road_processor.py 是使用 TensorFlow Lite 來載入前述透過遷移學習訓練的模型，以進行推論，其執行結果可以辨識出樂高積木的行人和多種交通號誌，如下圖所示：

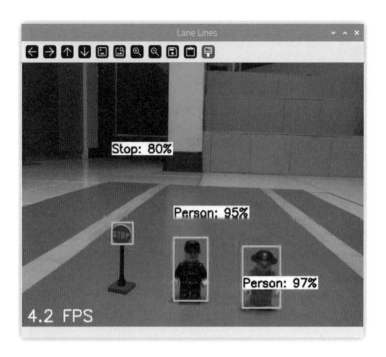

在 Python 程式碼是呼叫 ObjectsOnRoadProcessor 物件的 process_objects_on_road() 方法,來處理車道上的障礙物和路旁的交通號誌,如下所示:

```
def process_objects_on_road(self, frame):
    # Main entry point of the Road Object Handler
    logging.debug('Processing objects.................................')
    #frame = cv2.cvtColor(frame, cv2.COLOR_BGR2RGB)
    objects, final_frame = self.detect_objects(frame)
    self.control_car(objects)
    logging.debug('Processing objects END.............................')

    return final_frame
```

上述程式碼在影像被轉換成 RGB 色彩後,呼叫 detect_objects() 方法來偵測物體,如果有偵測到,就呼叫 control_car() 方法以控制自駕車的行駛。

在 ObjectsOnRoadProcessor 類別的 __init__ 建構子方法中，首先載入 TensorFlow Lite 模型和標籤檔，接著使用 Python 字典定義 6 種可辨識的物體，如下所示：

```
self.traffic_objects = {0: GreenTrafficLight(),
                        1: Person(),
                        2: RedTrafficLight(),
                        3: SpeedLimit(25),
                        4: SpeedLimit(40),
                        5: StopSign()}
```

上述字典定義 6 種物體的物件，即紅燈（RedTrafficLight）、綠燈（GreenTrafficLight）、停止號誌（StopSign）、行人（Person）、速限 25（SpeedLimit(25)）與速限 40（SpeedLimit(40)）。字典中的鍵所對應的值是定義在 Python 程式：traffic_object.py 中的 5 種物件（2 種速限是使用相同的 SpeedLimit 物件），這些物件都是繼承自 TrafficObject 類別，並實作 set_car_state() 方法，以便在行駛過程中應對不同的障礙物和交通號誌。

ObjectsOnRoadProcessor 類別的主要成員方法說明，如下表所示：

方法	說明
control_car()	依據偵測到的物體來設定速限或停車，並在最後呼叫 resume_driving() 方法來恢復行駛
resume_driving()	依據參數的自駕車狀態呼叫 set_speed() 方法來停車或恢復行駛
set_speed()	指定參數值的車速，值 0 表示停車，非 0 則設為指定車速
detect_objects()	使用 TensorFlow Lite 模型來偵測障礙物和交通號誌

Python 程式：traffic_sign_detect.py 和 traffic_sign_detect_picam.py 可以測試 TensorFlow Lite 是否能夠成功偵測到障礙物和交通號誌。

學習評量

1. 請問 OpenCV 如何執行色彩偵測？其基本偵測步驟為何？

2. 請問 Python 程式是如何使用 OpenCV 追蹤一顆黃色球體？

3. 請簡單說明超音波感測器，以及樹莓派如何使用超音波感測器來測量距離？

4. 請問什麼是車道自動偵測系統？其基本偵測步驟為何？

5. 請簡單描述第 16-4 節 AI 自駕車的功能。

6. 如果手上有一顆藍色的球，請修改第 16-1-2 節的 Python 程式，使其能夠追蹤手中的這顆藍球。